TRAITÉ

THÉORIQUE ET PRATIQUE

DE LA

CONSTRUCTION

DES

PONTS MÉTALLIQUES

TRAITÉ

THÉORIQUE ET PRATIQUE

DE LA

CONSTRUCTION

DES

PONTS MÉTALLIQUES

PAR

MM. L. MOLINOS ET C. PRONNIER

INGÉNIEURS CIVILS,

ANCIENS ÉLÈVES DE L'ÉCOLE CENTRALE.

TEXTE.

PARIS

A. MOREL ET Cᵉ, LIBRAIRES-EDITEURS,

Rue Vivienne, 18.

1857

PRÉFACE.

L'exécution des chemins de fer a eu sur l'art des constructions une influence remarquable. Les problèmes soulevés à chaque instant par l'établissement des immenses réseaux qui sillonnent maintenant l'Europe, en présentant des difficultés sans cesse renaissantes, au milieu d'exigences nouvelles, devaient nécessairement communiquer à cet art une impulsion puissante. Toutes les branches de l'industrie en ont ressenti les effets ; mais le résultat le plus remarquable, celui qui constituera dans l'avenir le cachet des constructions de notre époque, c'est l'introduction définitive et sur une grande échelle du métal dans les travaux d'art. La nécessité de construire des ponts avec des portées inconnues jusqu'alors, de couvrir des espaces considérables, libres de points d'appui, pour offrir à l'exploitation des gares en harmonie avec le mouvement qu'elles concentrent, fit bientôt reconnaître l'impuissance des moyens de construction qui avaient offert jusque-là des ressources suffisantes. Ces ressources étaient d'ailleurs restées celles de la civilisation ancienne, car il est à remarquer que depuis les temps les plus reculés le domaine de l'art s'était peu enrichi sous ce rapport.

Les constructions métalliques sont donc une conquête qui appartient à notre époque. C'est à des besoins nouveaux qu'on a dû les premiers essais des ponts en fonte ; puis, les progrès de la métallurgie aidant, les constructions en tôle, dont l'ère s'est trouvée ouverte par une audacieuse et gigantesque conception, qui les a placées, du premier coup, au rang qu'elles doivent occuper. La construction du pont de Menai a révélé subitement tout le parti qu'on pouvait tirer de la tôle pour résoudre des problèmes auxquels il aurait fallu renoncer sans elle.

Ces ponts se sont rapidement répandus en Angleterre, qui en compte maintenant de nombreux et magnifiques modèles.

L'introduction en France des ponts en tôle date de la construction des ponts de Clichy et d'Asnières, sous le chemin de fer de Saint-Germain.

Le pont d'Asnières est le premier pont important, construit sur des idées rationnelles, que nous ayons possédé. C'est donc à M. Flachat, alors ingénieur en chef de ce chemin, qu'on devra les premières constructions métalliques dont le succès brillant a vaincu les préjugés qui s'attachent, en général, trop facilement en France aux idées nouvelles. Ces constructions ont ensuite été appliquées sur une très-grande échelle et tout à fait vulgarisées dans l'exécution des chemins du Midi.

Le but de l'ouvrage que nous publions est de donner sur la théorie et la construction des ponts métalliques des éléments et des indications encore peu répandus, et qui, en présence de l'importance chaque jour croissante de ce genre de construction, pourront paraître intéressants et rendre quelques services. A cet effet, après avoir rappelé les résultats des expériences sur la résistance du fer et de la fonte qui ont précédé en Angleterre l'application du métal dans les grands travaux d'art, nous avons donné dans la première partie de l'ouvrage des méthodes de calcul pour les différents systèmes de ponts, en indiquant les simplifications qui permettent de les abréger; nous avons reproduit la méthode de M. Bélanger, enseignée depuis 1842 à l'Ecole des ponts et chaussées, et plus complétement ensuite à l'Ecole centrale, par ce savant professeur, qui, le premier, a traité cette question d'une manière générale. Nous indiquons ensuite la méthode ingénieuse de M. Clapeyron, qui présente une abréviation notable dans les calculs.

La construction est traitée d'une manière spéciale dans la deuxième partie; l'étude des assemblages et les expériences qui laissent peu d'incertitude aujourd'hui sur cette partie de la construction y sont très-détaillées ; nous avons également indiqué les points principaux de la fabrication des matières, l'état actuel de la métallurgie et les ressources qu'elle offre à la construction des travaux d'art ; nous donnons ensuite la description détaillée des diverses opérations que nécessite la construction des ponts métalliques, ainsi que les règles d'une bonne exécution.

Dans la troisième partie de l'ouvrage, plusieurs applications numériques des formules générales à des travaux d'un haut intérêt, des détails circonstanciés sur l'exécution de plusieurs d'entre eux, achèveront d'éclaircir les points qui pourraient paraître incomplets ou douteux dans l'exposé des méthodes générales ; ces applications nous ont conduit à établir, pour les cas les plus usuels, des formules immédiatement applicables et qui dispenseront le lecteur d'un travail assez long pour tous les ponts de moins de six travées.

Enfin, nous avons essayé de jeter quelque lumière sur le choix du meilleur système de ponts, en cherchant à établir que cette question délicate dépend d'une foule de conditions dont les valeurs relatives varient pour chaque cas particulier et exigent pour chacun d'eux des appréciations nouvelles. Nous avons réagi en cela contre une tendance très-commune qui porte à généraliser d'une manière excessive un système dont l'application a été quelquefois heureuse. Nous croirons avoir atteint notre but si, par l'analyse des différents systèmes de ponts, nous avons montré les ressources propres à chacun d'eux et déduit les raisons qui doivent les faire prévaloir

Bien des points de cet ouvrage laissent beaucoup à désirer. L'étude de notre sujet soulève des questions de mécanique d'une solution très-difficile ; elle touche souvent à des points de la résistance des matériaux qui n'ont pas encore été éclaircis par des expériences nécessaires. C'est peut-être avec une forme trop affirmative que nous avons préconisé certains types de ponts, mais nous avons pensé qu'une conclusion un peu absolue vaut mieux que l'incertitude. Nous espérons que l'on nous tiendra compte de ces difficultés, dont la moindre n'a pas été de nous soustraire à l'influence d'opinions erronées, mais consacrées souvent par des exemples imposants.

Nous avons réuni dans un atlas les types de tous les ponts qui, jusqu'à ce jour, ont reçu dans les arts une application ; nous nous sommes à dessein renfermés dans ce programme, car la reproduction d'une foule d'ouvrages dérivés de ces types et n'en différant que par des modifications accessoires que chaque ingénieur peut varier à l'infini, ne présente qu'un intérêt tout à fait secondaire. Nous nous sommes pénétrés de l'idée que, pour obtenir d'un atlas semblable de vrais services, il faut qu'il soit un recueil de modèles, avec des renseignements complets et authentiques, dans l'étude desquels on puisse trouver un guide pour tous les problèmes à résoudre. Les dessins qu'il renferme ont été faits avec une exactitude minutieuse sur des documents nombreux, contrôlés avec l'exécution, de manière, en un mot, à pouvoir servir à la reproduction identique du type qu'ils représentent. A ce point de vue, tout détail, tout accessoire est important ; nous n'en avons donc négligé aucun, et nous ne craignons pas de recommander cette portion de notre travail, qui est le fruit de recherches très-longues, arides et souvent fort difficiles.

Nous ne terminerons pas sans remercier notre ami M. de Dion, à qui nous devons un grand nombre de renseignements intéressants, parmi lesquels nous signalerons un ouvrage remarquable, le pont de Langon, dont il a fait toutes les études sous la direction de MM. E. Flachat et Clapeyron.

TRAITÉ

THÉORIQUE ET PRATIQUE

DE

LA CONSTRUCTION

DES

PONTS MÉTALLIQUES

PREMIÈRE PARTIE.

CHAPITRE I.

DE LA RÉSISTANCE DU FER ET DE LA FONTE.

Lors de la construction des ponts de Conway et de Britannia, en Angleterre, M. Stephenson, pour déterminer exactement les propriétés de la fonte et du fer, fit exécuter une série d'expériences sur une très-grande échelle. Des expérimentateurs d'un rare mérite y participèrent; les résultats de ces expériences, accompagnées de toutes celles qu'ils avaient entreprises précédemment, ont été consignés dans des publications fort étendues, et on ne doit pas s'attendre à les voir exposés dans un ouvrage rédigé comme celui-ci dans un but pratique.

I

Nous indiquerons donc seulement, dans un résumé très-succinct, les résultats principaux de ces recherches; c'est tout ce qu'il est nécessaire de connaître pour se rendre un compte exact de la théorie d'un pont; nous renvoyons, pour de plus amples détails, aux sources elles-mêmes (').

Les expériences dont nous parlons avaient pour objet principal :

1° De rechercher la loi qui relie les extensions et les compressions du fer et de la fonte aux efforts qui les produisent;

2° De déterminer s'il existe pour ces métaux une *limite d'élasticité*, c'est-à-dire un point à partir duquel les allongements ou les raccourcissements produits par une force extérieure disparaissent complétement par la suppression de la force.

Voici les lois générales que ces expériences ont mises en évidence. Nous nous occuperons d'abord du fer.

§ I. — FER.

Résistance du fer à l'extension. — Lorsqu'une tige de fer est soumise à un effort de traction, elle s'allonge d'une quantité d'abord proportionnelle à la force; cette loi se maintient tant que la force agissante ne dépasse pas 15 kilogrammes par millimètre carré.

Limite d'élasticité à l'extension. — Si on supprime cette force, le fer ne revient pas exactement à sa première dimension, mais paraît avoir subi un allongement de $0^m,00001$ par mètre. Cet allongement s'appelle, pour cette raison, *permanent*. Il est donc absolument négligeable tant que la charge supportée par le métal ne dépasse pas le chiffre cité plus haut. — Au delà de cette limite, les allongements permanents deviennent tout à fait perceptibles, les allongements

(') Voir *Report of the Commisioners appointed to inquire into the application of iron railway structures*.

totaux cessent de croître proportionnellement aux charges, et à partir de 18$^{\text{kil.}}$74 augmentent rapidement, jusqu'à la rupture, qui se produit vers 35 kilog. (¹).

En considérant la courbe qui représente graphiquement ces résultats, on verra qu'ilsemble que les allongements totaux reprennent une nouvelle loi de proportionnalité aux charges à partir de 22 kilog. environ. Quoi qu'il en soit, voici les conséquences frappantes qui doivent ressortir pour nous de ces expériences qui, répétées un grand nombre de fois, ont donné des résultats aussi concordants que le permettent les variations auxquelles la qualité du métal est elle même soumise.

Coefficient d'élasticité à l'extension. — 1° Pour des efforts moindres que 15 kilog. par millimètre carré, le rapport de la force à l'allongement est constant; c'est-à-dire qu'en désignant par i l'allongement correspondant à une force P :

$$\frac{P}{i} = E.$$

En prenant le mètre pour unité de longueur, et le mètre carré pour unité de surface,

$$E = 19,816,440,000$$

et s'appelle *coefficient d'élasticité*.

Cette valeur de E est une moyenne.

2° Lorsqu'on arrive à une charge correspondant à 15 kilog. par millimètre carré de section, les allongements permanents devenant sensibles et croissant rapidement avec les charges, la proportionnalité cesse, et on atteint ce qu'on appelle la *limite d'élasticité.*

(¹) Les chiffres que nous donnons pour la rupture du fer à l'extension et à la compression conviennent à des qualités de métal très-médiocres; ces chiffres varient nécessairement beaucoup, et ceux que nous indiquons n'ont qu'une valeur relative, c'est-à-dire qu'il faut les considérer comme fixant à peu près le rapport des deux modes de résistance. Au reste, la limite d'élasticité varie beaucoup moins avec la qualité du fer que les points de rupture.

Au delà de ce point, les qualités du métal sont évidemment altérées. Il resterait à déterminer si cette altération est définitive, si le temps ne peut la faire disparaître, de même que si la durée de l'effort produit peut avoir une influence sur elle; c'est une question qui exigerait, pour être éclaircie, une assez longue série d'observations, et qui actuellement ne peut être définitivement tranchée; nous admettrons donc qu'en pratique on ne doit jamais atteindre cette limite, même pour des efforts temporaires.

Ainsi, en résumé, si on appelle A la section d'une tige, L sa longueur, P le poids qui détermine un allongement i, on aura :

$$E i = \frac{PL}{A}.$$

$\frac{P}{A i}$ est constant tant que P est inférieur à 15 kilog., et la valeur du rapport est :

$$19,816,440,000$$

En pratique, nous admettrons généralement, pour l'effort que doit supporter le fer à la traction, 5 à 6 kilog. par millimètre carré, et au plus 7 à 8 kilog.

Résistance du fer à la compression.—Lorsqu'on soumet une tige de métal à la compression, on peut observer deux résultats très-différents : cette tige, se trouvant alors dans un état d'équilibre instable, peut fléchir ou se maintenir parfaitement droite. Dans le premier cas, les conditions de sa résistance sont tout à fait modifiées, la pièce pouvant arriver à supporter un effort de flexion.

Nous supposerons donc d'abord que la tige est assez courte pour ne pas fléchir, ou que, dans le cas contraire, on prend les précautions nécessaires pour empêcher ce mouvement de se produire.

Il semble que lorsqu'on soumet dans ces conditions une tige à un effort de compression, on devrait déterminer un raccourcissement égal à l'allongement obtenu par la même force agissant à l'extension; car si en enlevant la force comprimante la tige revient à ses dimensions premières, elle se conduit par le fait comme si elle s'allongeait sous l'action d'une force égale agissant à l'extension.

Ceci n'est vrai que dans de certaines limites, tant que les efforts auxquels le fer est soumis n'atteignent pas la *limite d'élasticité*, c'est-à-dire environ 14 kilog.

Limite d'élasticité à la compression. — En effet, en soumettant des barres de fer à la compression, M. Hodgkinson a trouvé que jusqu'à 14 kilog. par millimètre carré et même sensiblement jusqu'à 18 kilog., la proportionnalité s'observe entre les forces et les compressions correspondantes.

Coefficient d'élasticité à la compression. — La valeur de E varie entre 16 et 17,000,000,000, c'est-à-dire qu'elle est, à peu de chose près, la même que celle qui correspond à l'extension. Cette égalité est du reste encore plus sensible si, au lieu de prendre pour E les moyennes des valeurs de $\frac{P}{i}$ entre zéro et 18 kilog., on ne les prend pour l'extension et la compression que jusqu'à une limite beaucoup plus faible, par exemple de zéro à 10 ou 12 kilog.

Nous insistons donc sur ce point, qui est la base de la théorie de la flexion des poutres : que, jusqu'à un coefficient de beaucoup supérieur à celui qu'on emploie en pratique, on est fondé à considérer les extensions comme égales aux compressions produites par les mêmes efforts.

Au delà du chiffre de 14 kilog., que nous appellerons toujours *limite d'élasticité*, les compressions cessent d'être proportionnelles aux charges et croissent rapidement jusqu'à la rupture, qui arrive aux environs de 25 kilog.

Cependant, comme la limite d'élasticité est la même pour le fer, quel que soit le signe de l'effort, il est rationnel d'admettre en pratique le même effort à la compression qu'à l'extension. Au reste, nous reviendrons plus loin sur ce point et sur les divergences d'opinion auxquelles il a donné lieu.

§ II. — FONTE.

Résistance de la fonte à l'extension. — La fonte est un métal dont les propriétés sont, pour ainsi dire, plus incertaines que celles du fer, à cause de l'influence considérable qu'exerce sur sa constitution le mode de fabrication au moyen duquel on l'obtient. — Le fer, en effet, subit toujours un certain nombre de préparations, telles que laminage, réchauffage, etc., qui tendent au moins à donner à ses propriétés une certaine constance.

La qualité de la fonte, au contraire, dépendra : de celle des minerais, du charbon, de l'emploi de l'air chaud ou de l'air froid, du nombre de fusions qu'elle aura subies ou de la composition des mélanges pour les fontes de deuxième fusion, et enfin, dans une grande mesure, de la forme et des dimensions des pièces coulées.

Si l'on ajoute à toutes ces causes de variations de qualités les défauts qui peuvent provenir d'accidents de fabrication, tels que : soufflures, cristallisations, etc., qui peuvent rendre sa résistance presque nulle, sans qu'aucun signe extérieur en avertisse, on comprendra que le rôle de ce métal soit borné dans l'industrie, et qu'il ne doive être employé, dans tous les cas, qu'avec de grandes précautions.

On se convaincra de l'influence de ces divers éléments si l'on compare les charges de rupture sous lesquelles rompent les fontes des diverses provenances suivant les différentes circonstances de leur fabrication. Les fontes anglaises de Blaenavon et de Low-Moor rompent environ à 9 kilog. par millimètre carré, tandis que les fontes françaises rompent environ à 16, 18 k. et même quelquefois à des coefficients supérieurs.

L'emploi de l'air chaud diminue la résistance des fontes ; les fusions successives l'augmentent d'abord quand elles sont très-grises, puis la diminuent lorsqu'elles arrivent à blanchir notablement le métal. En un mot, on peut juger approximativement, à l'aspect de la fonte, de ses qualités résistantes suivant la nature du grain présenté par la cassure. — Les fontes grises à grain serré doivent être préférées.

Limite d'élasticité de la fonte à l'extension. — Les expériences de M. Hodgkinson sur la résistance des fontes et le rapport qui lie les allongements aux efforts ont établi que la loi de la proportionnalité de ces allongements aux forces correspondantes est plus éloignée d'être vérifiée que pour le fer. Pourtant, jusqu'à des efforts de 5 à 6 kilog., les allongements permanents sont assez faibles pour qu'on puisse les négliger et regarder la loi de proportionnalité comme exacte; c'est donc aux environs de ces chiffres que nous devrons poser la *limite d'élasticité*.

La résistance de la fonte à un effort de traction est inférieure de près de moitié à celle du fer ; la limite d'élasticité arrive presque au tiers de celle de ce métal. On voit donc que le nombre des applications où la fonte devra travailler à la traction se trouve naturellement très-réduit par ces propriétés.

Le coefficient d'élasticité, pris en moyenne dans les limites où la loi de proportionnalité est exacte, est :

$$E = 9,000,000,000 \text{ environ.}$$

Il est donc la moitié de celui du fer, c'est-à-dire que, sous les mêmes charges, une tige de fonte subit des allongements doubles de ceux d'une tige de fer de même dimension.

Résistance à la compression. — Pour la résistance à la compression, au contraire, le point de rupture est beaucoup plus éloigné pour la fonte que pour le fer. Cette rupture n'a lieu en effet que sous des efforts à peu près doubles de ceux qui rompraient une barre de fer de mêmes dimensions.

Limite d'élasticité à la compression. — Mais la limite d'élasticité, très-variable d'ailleurs avec la nature des fontes, oscille entre 10 kilog.

et 18 kilog., et la moyenne paraît devoir être assez notablement inférieure à 14 kilog. ; par conséquent, et nous insistons sur ce point, quoique la fonte puisse supporter sans rompre des efforts plus considérables
que le fer, ceux qu'elle peut supporter sans que ses qualités soient altérées sont au plus égaux à ceux qui produiraient le même effet sur ce
dernier métal.

Coefficient d'élasticité à la compression. — Le coefficient d'élasticité, pris dans les limites de la loi de proportionnalité, a pour valeur :

$$E = 8,000,000,000 \text{ environ.}$$

Il est à peu près le même que le coefficient d'extension.

On peut donc admettre encore pour la fonte que, dans la limite des
coefficients adoptés en pratique, les allongements et les compressions
sont égaux sous des charges égales ; ces allongements, dans les mêmes
conditions, sont doubles de ceux du fer.

Ces diverses expériences ont conduit, en Angleterre, à des conséquences
fort importantes ; on en a conclu, à notre avis d'une manière un peu
trop radicale, que la fonte devait toujours être employée à la compression, même à l'exclusion du fer. Cette opinion, basée sur l'observation
des points de rupture et non sur celle des limites d'élasticité, a donné
naissance aux poutres à sections non symétriques et aux poutres composées.

Ce n'est pas ici le lieu de discuter la valeur de ces combinaisons, nous
reviendrons plus loin sur ce point important. Nous nous contenterons
maintenant de faire remarquer, en nous résumant, qu'en considérant,
ainsi qu'il est logique de le faire, la *limite d'élasticité* comme la limite
extrême des efforts qu'on puisse admettre dans tous les cas pour un
métal, cette limite a lieu, en moyenne, à l'extension :

Pour le fer à . . . . .   14 kilog.
Pour la fonte à . . . .   5 ou 6 kilog.

à la compression :

> Pour le fer à. . . .   14 kilog.
> Pour la fonte à. . .   12 ou 14 kilog.

Coefficients de résistance pratique du fer et de la fonte à l'extension et à la compression. — Les coefficients qu'on admet en pratique sont, à l'extension :

> Pour le fer, de. . . .   5 à 8 kilog.
> Pour la fonte, de. . . .   2 à 3 kilog.

à la compression :

> Pour le fer. . . . .   5 à 8 kilog.
> Pour la fonte. . . . . . . : . . .   5 à 8 kilog.

Ces chiffres sont basés sur la distance de la *limite d'élasticité*, et non sur celle de la *rupture*.

Nous avons supposé, dans ce qui précède, que les tiges soumises à un effort de compression ne pouvaient fléchir. Lorsque ces tiges sont d'une certaine longueur par rapport à leur diamètre, cette condition peut, sous certaines charges, arriver à n'être pas remplie; l'équilibre entre le poids agissant et les réactions des fibres étant instable, la moindre action suffira à déplacer le point de passage de la résultante; dès que cette dernière aura quitté le centre de gravité de la section, elle s'en écartera de plus en plus, et finira même par exercer une compression sur les fibres d'une certaine portion de la section, et une tension sur celles de l'autre portion.

On a recherché quelles sont les charges que peut supporter par unité de surface un pilier avant de fléchir, et ces charges, dépendant nécessairement du rapport de la longueur au diamètre, ou à la plus petite dimension, ont été consignées dans des tableaux qui peuvent évite. tout calcul. La théorie de la flexion des piliers, ainsi que les chiffres d'expérience qui y sont relatifs, sortant tout à fait de notre sujet, nous ne nous y arrêterons pas et nous renverrons aux ouvrages spéciaux où elle est développée [1].

§ III. — RÉSISTANCE DU FER ET DE LA FONTE A LA FLEXION.

Résistance du fer à la flexion. — Lorsqu'une barre de métal reposant sur deux appuis est soumise à l'action d'un ou de plusieurs poids placés entre ces appuis, cette barre fléchit et les flexions augmentent avec les poids jusqu'à ce que la rupture se produise. Ce mode de résistance est différent de ceux que nous venons d'examiner, en ce sens qu'il est de deux natures; toutes les fibres d'une même section de la pièce ne sont pas, comme on l'a cru dans l'origine, soumises à un effort unique, soit de traction, soit de compression; une certaine portion de ces fibres est tendue, tandis que l'autre est comprimée, et toujours de manière que la somme algébrique de ces deux efforts opposés soit nulle.

Si les deux extrémités de la barre sont libres, toutes les fibres situées à la partie supérieure d'une section quelconque subissent un effort de compression qui va en diminuant depuis l'extrémité supérieure jusqu'au centre de gravité, point pour lequel la compression devient nulle; les fibres situées en dessous du centre de gravité par rapport à un plan horizontal supportent, au contraire, un effort de traction qui va en croissant depuis ce point jusqu'à l'extrémité inférieure. La ligne des fibres qui ne subissent aucun effort s'appelle *axe neutre*.

Nous démontrerons plus loin que cette ligne passe en effet par les centres de gravité de toutes les sections, fait qui a d'ailleurs été vérifié directement par un grand nombre d'expériences, et dernièrement encore au Conservatoire des arts et métiers, par M. le général Morin.

Nous reviendrons, au commencement du chapitre suivant, sur les

[1] Voir le *Report of the Commissioners*, etc.

circonstances de ce mode de résistance ; ce qu'il importe d'étudier maintenant, ce sont les conséquences que nous pouvons tirer, par rapport à la résistance à la flexion, des expériences sur la compression et la traction que nous avons rapportées plus haut.

Nous venons de dire que dans une poutre travaillant à la flexion, les fibres supportent des efforts de compression et de traction qui vont en croissant depuis le centre de gravité de la section jusqu'aux deux extrémités supérieure et inférieure de cette section. Une pièce de dimensions connues étant soumise à des poids déterminés de valeur et de position, il est facile de trouver la valeur de l'effort supporté par la fibre la plus fatiguée. Nous indiquerons, en effet, dans le chapitre suivant, des formules qui lient entre elles toutes ces quantités.

Le calcul d'une pièce soumise à un effort de flexion se résume donc à déterminer les dimensions de la pièce, de manière que l'effort maximum supporté par la fibre la plus fatiguée ne s'approche jamais de plus d'une quantité donnée de la limite d'élasticité ; nous savons que pour le fer cette limite d'élasticité est la même pour la traction que pour la compression, et oscille entre 14 et 18 kilog. ; il suffira donc de poser dans la formule : $R = 5$, 6 ou 7 kilog., suivant la distance de cette limite à laquelle on juge prudent de se placer, et cette marche sera exacte si nous pouvons vérifier que les choses se passent en effet en pratique, comme l'indique la théorie. Ces recherches ont donné lieu à un grand nombre d'expériences : Perronet, Duleau, en France ; Barlow, Fairbairn, en Angleterre, ont fourni sur ce sujet des indications assez précises ; ce n'est pas ici le lieu de rapporter en détail les nombreuses expériences faites par ces ingénieurs ; de même que pour la résistance à la traction et à la compression, nous nous bornerons à rapporter la conclusion définitive, les résultats qu'on peut maintenant regarder comme incontestables, en renvoyant pour les détails aux ouvrages spéciaux ([1]).

([1]) Voir : P. Barlow, *Treatise on the strength of timber ;* — Fairbairn, *Menay and*

Nous choisirons comme type d'expériences celles de M. W. Fairbairn sur la résistance à la flexion de fers forgés en double T de 0ᵐ,2129 de hauteur, dont la section est représentée (*fig.* 1).

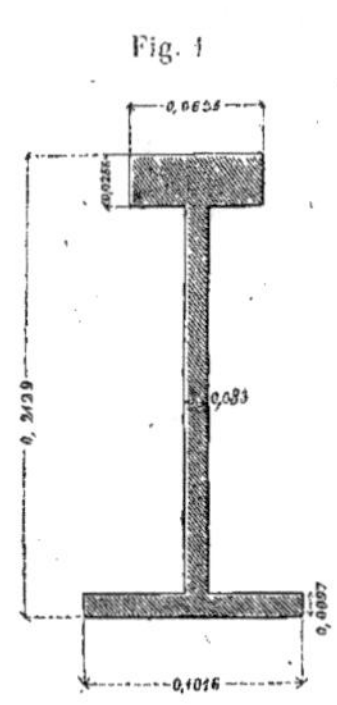

Fig. 1

La portée de ces fers était de 3ᵐ,05. — Ce fer, étant soumis à des charges croissantes depuis 400ᵏⁱˡ,91 jusqu'à 5868ᵏⁱˡ,62, on observa que les flexions augmentaient proportionnellement aux charges jusque vers un poids égal à 3507ᵏⁱˡ,58; au delà de cette charge, les flexions croissaient rapidement et des flexions permanentes se manifestaient. On peut donc admettre que la charge de 3507ᵏⁱˡ,58 correspondait à peu près à la limite d'élasticité à la flexion.

Or, en calculant au moyen de formules que nous indiquerons plus loin, la charge qu'on peut faire supporter à la pièce précédente, en admettant que la fibre la plus fatiguée supporte un effort R correspondant à la limite d'élasticité, que des expériences sur la résistance à la traction et à la compression nous ont démontré être environ 14 kilog. par millimètre carré, on trouve que cette pièce porterait alors 3925 kilog. — Ce fait établit que la limite d'élasticité à la flexion n'est atteinte que lorsque la fibre la plus fatiguée de la pièce l'atteint elle-même; on est donc fondé à réduire le calcul des dimensions d'une pièce soumise à la flexion, à la considération d'un simple effort de traction et de compression dont la valeur maxima exacte est fournie par les formules théoriques.

Les expériences faites sur une grande échelle lors de la construction du pont de Menai ont donné des résultats tout à fait concordants avec

Conway, *Tubular bridges;* — *Report of the Commissioners.* etc.; — et Morin, *Résistance des matériaux.*

ceux que nous venons d'indiquer ; on éprouva, en effet, un tube modèle du pont de Britannia réduit au sixième, ce tube avait 28ᵐ,875 de longueur sur 1ᵐ,37 de hauteur au milieu, et 0ᵐ,813 de largeur. La section de ce tube représentait aussi proportionnellement celle du grand tube. — Ce tube, soumis à des charges croissantes jusqu'à la rupture, puis réparé et rompu de nouveau à plusieurs reprises, a confirmé les lois précédentes ; les flexions ont crû proportionnellement aux charges jusqu'à un poids de 60,000 kilog., lequel est supérieur à celui qu'indiquerait la limite d'élasticité à une traction ou à une compression directe. Cette loi fondamentale de la résistance a donc été vérifiée par des expériences nombreuses et exécutées sur une très-grande échelle.

Résistance de la fonte à la flexion. — La flexion de la fonte a été observée par de nombreuses séries d'expériences. Sauf les différences qui doivent résulter de la nature variable de ce métal, on peut dire que les résultats généraux sont très-concordants.

M. Stephenson a fait exécuter un grand nombre d'essais sur des fontes soit de première fusion, soit de mélanges de provenances diverses ; la conclusion qu'on peut tirer de leur ensemble est que le coefficient d'élasticité est supérieur à la moyenne des coefficients pour la traction et la compression.

La valeur E déduite de ces expériences est en effet de

$$E = 12,000,000,000.$$

Quant à la valeur du coefficient de rupture, on trouve :

$$R = 32,141,000 \text{ kilog.}$$

Il faut remarquer du reste, que lorsqu'on dépasse la limite d'élasticité que nous avons indiquée §§ 1 et 2, les compressions cessent d'être égales aux extensions sous les mêmes charges ; dans ce cas, l'axe neutre ne passe plus par le centre de gravité ; il se fait une autre répartition des efforts, qui a pour résultat de diminuer l'effort de traction supporté par la fibre la plus fatiguée, tandis qu'au contraire la compression augmente; c'est pour cela que la poutre ne rompt pas à une charge qui correspondrait pour R au point de rupture à la traction, c'est-à-dire à environ 12,000,000 kilog. pour les fontes anglaises dont il s'agit; au reste, ce point sera éclairci dans les chapitres suivants.

En résumé, voici la conclusion qu'on peut tirer de ces expériences et de celles qui ont été entreprises dans ces dernières années par MM. Fairbairn, J. Hosking, Hodgkinson, etc.

Lorsqu'une barre de fonte est soumise à la flexion, les flèches produites sont proportionnelles aux poids. Cette loi se maintient jusqu'à la *limite d'élasticité*, qui ne diffère pas pour la flexion de celle que nous avons indiquée pour une traction et une compression directes. La valeur du coefficient d'élasticité à la flexion paraît un peu supérieure à celle du même coefficient pour les efforts directs; enfin, l'axe neutre se déplace notablement à mesure que les efforts font approcher la pièce du point de rupture, ce qui tient à l'inégalité des compressions et des extensions pour les mêmes charges au delà de la limite d'élasticité.

Ces expériences, dont quelques-unes ont été faites sur une grande échelle, permettent donc, comme pour le fer, d'adopter pour R les valeurs que nous avons indiquées §§ 1 et 2, et de donner une confiance entière aux formules théoriques qui sont basées sur ces faits.

CHAPITRE II.

CALCUL D'UN PONT DROIT.

§ I. — PRÉLIMINAIRES.

Avant d'indiquer en détail les méthodes qui servent à calculer un pont droit, nous croyons nécessaire de rappeler en peu de mots les principes sur lesquels elles sont fondées, et dont nous ferons dans la suite un usage continuel. Nous empruntons en grande partie les généralités qui vont suivre à M. Bélanger ([1]).

Théorie de la flexion des poutres. — Lorsqu'un prisme est sollicité par des forces perpendiculaires à sa direction, il se courbe, et l'on admet comme principe fondamental que les fibres qui, avant la flexion, se trouvaient comprises entre deux plans normaux à l'axe du prisme, se trouvent, après la flexion, comprises entre deux plans devenus normaux aux courbes qui remplacent les arêtes rectilignes.

Soit (*fig.* 2) un prisme AB fléchi par des forces extérieures et en

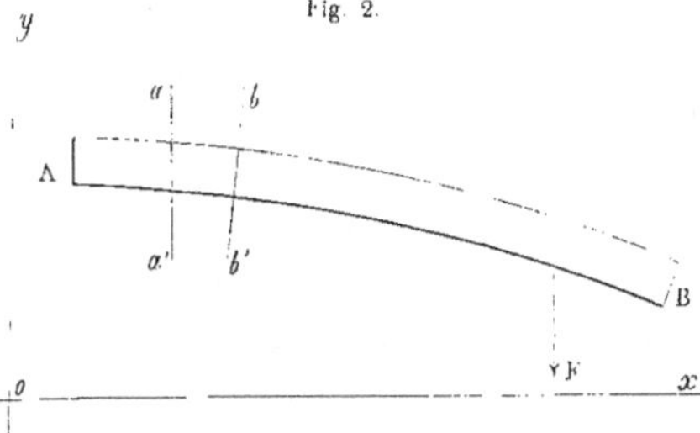

repos, soient *aa'* et *bb'* deux sections infiniment voisines primitive-

([1]) *Cours de mécanique appliquée.*

ment parallèles, et faisant après la flexion un angle infiniment petit.
Nous supposons que la résultante des forces extérieures F est sensiblement parallèle au plan aa'. La partie bb'B du prisme est sollicitée
par la résultante des forces extérieures F, et par les actions moléculaires que les éléments de la section aa' exercent sur ceux de la section
bb'; nous appellerons ces dernières forces A.

Les différentes forces que nous venons d'énumérer doivent satisfaire
aux équations d'équilibre qui, dans ce cas, toutes les forces étant supposées parallèles à un plan, sont au nombre de trois; savoir : 1° la
somme des moments par rapport à l'axe z perpendiculaire au plan des
xy nulle; 2° la résultante des forces par rapport à l'axe des x nulle;
3° la résultante des forces par rapport à l'axe des y nulle. On aura, par
conséquent :

$$(1) \quad \Sigma F_x + \Sigma A_x = 0,$$

ou, d'après l'hypothèse,

$$(2) \quad \Sigma A_x = 0,$$

Par conséquent, les forces A_x sont les unes positives, les autres né-
gatives, c'est-à-dire que certaines fibres du prisme sont allongées,
d'autres raccourcies, et, par conséquent, une fibre intermédiaire reste
invariable.

On peut prendre à volonté l'axe des moments; prenons celui qui se
projette en o' (*fig.* 3), point par où passe la fibre de longueur invariable,
nous aurons :

$$(3) \quad \Sigma M_o F = \Sigma M_o A \,(^1),$$

en prenant pour positifs les moments des forces A situées d'un côté
de l'axe, pour négatifs ceux des forces situées de l'autre côté.

(^{1}) $\Sigma M_0 A$). Cette notation signifie la somme des moments des forces A pris par
rapport à l'axe o.

Cette quantité $\Sigma M_0 A$ est ce qu'on appelle le moment d'élasticité du prisme, dans la section aa', pour l'état de flexion résultant de l'action des forces F.

Il résulte de l'équation (3) que lorsque les distances des forces F à l'axe o sont très-grandes par rapport aux dimensions transversales du prisme, la somme des forces A_x est très-grande par rapport aux intensités des forces F. Nous reviendrons plus tard sur les conséquences de cette remarque.

En projetant sur un axe des y parallèle à aa' on a :

$$\Sigma A_y + \Sigma F_y = o.$$

ΣF_y, d'après l'hypothèse, étant sensiblement égale à ΣF, il résulte de la remarque précédente que la somme des composantes verticales des actions moléculaires est, dans le cas dont nous avons parlé plus haut, très-petite par rapport à la somme absolue des forces A_x. C'est par cette raison qu'on peut regarder (*fig.* 3) le plan bb' qui contient l'extrémité des fibres considérées, comme s'étant écarté de sa position pri-

Fig 3.

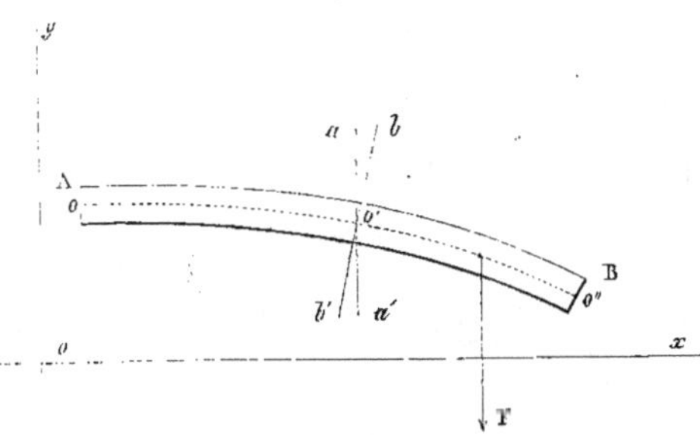

mitive, par rapport à aa', en tournant autour de o', sans glisser; de sorte que le point o' ne change pas sensiblement de position par rapport au plan aa'; il s'ensuit aussi que les forces A peuvent être considérées comme normales à aa'.

Soit $d\omega$ un élément superficiel de aa' ; v' sa distance à l'axe o, positive ou négative, suivant que $d\omega$ est au-dessus ou au-dessous de o. La force normale A qu'il exerce sur la section bb' étant proportionnelle au raccourcissement ou à l'allongement de la fibre qui a cet élément pour base, et cette variation de longueur étant elle-même proportionnelle à v, on a :

$$A = \varphi v \, d\omega,$$

en appelant $\varphi d\omega$ la valeur de la force qui aurait lieu à l'unité de distance. Or, ΣA étendue à toute la section est nulle (équation (2)), donc :

$$\Sigma \varphi v \, d\omega = o \quad \text{ou} \quad \Sigma v \, d\omega = o ;$$

par conséquent l'axe o passe par le centre de gravité de la section projetée en aa'.

Le moment d'élasticité $\Sigma M_0(A)$ peut s'exprimer de diverses manières.

1° Pour l'élément $d\omega$, la force A étant $\varphi v \, d\omega$, son moment est $\varphi v^2 d\omega$, et pour toute la section on a :

$$\Sigma M_0(A) = \varphi \Sigma v^2 d\omega ;$$

$\Sigma v^2 d\omega$ est ce qu'on appelle le *moment d'inertie* de la surface aa' par rapport à l'axe projeté en o. Cet axe s'appelle *axe neutre*. Nous désignerons, pour abréger, la somme $\Sigma v^2 d\omega$ par I ; ainsi :

$$\Sigma v^2 d\omega = I.$$

2° Soit R le quotient $\dfrac{A}{d\omega}$, c'est-à-dire la résistance (tension ou compression) rapportée à l'unité de surface que l'élément $d\omega$, placé dans la section aa' à la distance V' de l'axe projeté en o, exerce sur l'élément correspondant de la section bb', pour s'opposer soit à son rapprochement, soit à son éloignement, on a donc :

$$R = \varphi V' \quad \text{ou} \quad \varphi = \frac{R}{V'} ;$$

d'où :
$$\Sigma M_0(A) = \frac{RI}{V'}.$$

Dans cette formule, on prend pour R la valeur de la plus grande résistance par unité de surface dans la section *aa'*, alors R et V' étant proportionnels, V' exprime en même temps la distance de cette fibre la plus fatiguée à l'axe neutre.

3° Soit C (*fig.* 4) le point de rencontre de *aa'* et *bb'*, ou le centre de courbure de la pièce en *aa'*, l'élément *nn'*, dont la section est $d\omega$, et dont la distance à *oo'* est v, est allongé de *nn'-oo'*, et la force répulsive qu'il exerce en *n'* est :

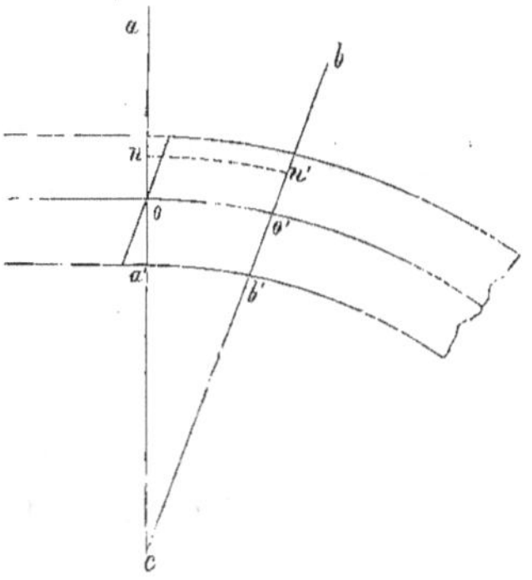

$$A = E \frac{nn' - oo'}{oo'} d\omega \,;$$

Les triangles semblables donnent

$$\frac{nn' - oo'}{oo'} = \frac{v}{\rho} \,;$$

d'où

$$A = Ev \frac{d\omega}{\rho}.$$

Fig. 4.

La somme des moments des forces A est donc $\dfrac{E\Sigma v^2 d\omega}{\rho}$, quel que soit d'ailleurs le signe de la force A, par conséquent :

$$\Sigma M_0(A) = \frac{EI}{\rho}.$$

Enfin, pour les applications qui vont suivre, on peut donner à cette expression une forme plus simple et suffisamment approchée ; les rayons de courbures seront en effet toujours très-grands en comparaison de la longueur des pièces, car il importe dans les constructions que les déformations soient toujours peu sensibles. Si donc on suppose un axe des x tangent en un point de la ligne passant par les centres de gravité des sections transversales de la pièce, l'inclinaison de la courbe sur cet axe sera partout très-petite.

L'expression générale du rayon de courbure de la courbe dont l'équation est $y = f(x)$,

est

$$\rho = \frac{\left(1 + \left[f'(x)\right]^2\right)^{\frac{3}{2}}}{f''(x)};$$

mais, d'après ce que nous venons de dire, $f'(x)$ sera toujours très-petite, on pourra donc prendre $\rho = \frac{1}{f''(x)}$; dans ce cas l'expression ci-dessus devient $\Sigma M_u(A) = E f''(x)$ ou $\Sigma v^2 d\omega = E I f''(x)$.

§ II. — DES MOMENTS D'INERTIE.

Nous avons dit qu'on appelait moment d'inertie d'une section plane la somme des produits qu'on obtient en multipliant chaque surface élémentaire de la section par le carré de la distance de cette surface à l'axe neutre. Cette expression entrant dans la valeur du moment d'élasticité d'un prisme est dans les calculs de résistance d'un usage continuel; il est donc important de les calculer d'avance pour les formes des plus usitées, et d'avoir une idée exacte de la manière de les obtenir.

La dénomination impropre de moment d'inertie a été empruntée à la dynamique; elle résulte de l'analogie qui existe entre la valeur de I que nous venons de donner et l'expression qu'on désigne en mécanique sous le même nom, et qui, pour une même vitesse angulaire, est proportionnelle à la puissance vive des corps tournants autour d'un axe. Tous les théorèmes qu'on démontre en mécanique, touchant les moments d'inertie des masses, seront également vrais pour ceux dont il est question ici; c'est ainsi, par exemple, qu'on peut obtenir le moment d'inertie d'une section par rapport à un axe, lorsqu'on le connaît par rapport à un autre axe parallèle.

Supposons, en effet, que y représente la distance d'un élément ou d'une section à un axe, v la distance du même élément à un autre axe parallèle au premier, et passant par le centre de gravité, K la distance des deux axes, on aura:

$$y^2 = (v \pm \mathrm{K})^2 \text{ et } \Sigma y^2 d\omega = \Sigma v^2 d\omega + \mathrm{K}^2 \Sigma d\omega;$$

car
$$\Sigma v d\omega = o,$$

c'est-à-dire que I représentant le moment d'inertie d'un corps par rapport à un axe quelconque; Ig le moment d'inertie du même corps, par rapport à un axe parallèle passant par le centre de gravité; K, la distance des deux axes et Ω l'aire de la section, on aura :

$$\mathrm{I} = \mathrm{I}g + \mathrm{K}^2 \Omega.$$

Cette formule fait connaître le moment d'inertie d'une section par rapport à un axe quelconque, quand on le connaît par rapport à un autre parallèle au premier.

L'expression générale du moment d'inertie est $\mathrm{I} = \Sigma v^2 d\omega$; pour trouver le moment d'inertie d'une section quelconque, il suffira d'intégrer en évaluant v en fonction d'une seule variable; ce calcul n'offre aucune difficulté d'ailleurs.

Pour les pièces de grande dimension, où la matière se trouve concentrée à la partie supérieure et à la partie inférieure de la section, on peut employer une formule approximative, d'un usage plus simple que les précédentes, et suffisante dans la pratique. — Considérons, en effet, une pièce en double T (*fig.* 5).

On peut supposer que R est constant dans toute l'étendue de la section *abcd*, si cette section est faible par rapport à la hauteur h; dans ce cas la résistance de la section $abcd = S$ serait RS, et son moment,

par rapport au centre de gravité g serait $\dfrac{RSh}{2}$. — Il

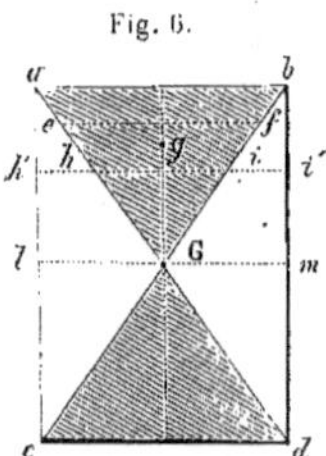

en résulte que le moment d'inertie d'une pièce en double T, telle que $abef$, par exemple, serait RSh; cette formule simple doit être employée dans la pratique de préférence à la formule exacte pour des poutres de grandes dimensions; les résultats qu'elle donne sont suffisamment approchés. On peut d'ailleurs calculer par la méthode ordinaire le moment d'inertie de la paroi verticale, et l'ajouter au moment d'inertie des tôles horizontales calculé comme nous venons de l'indiquer.

Recherche géométrique des moments d'élasticité pour des sections composées d'éléments rectangulaires. — M. Clark indique dans son ouvrage sur les ponts tubes de Britannia et de Conway un procédé graphique qui peut servir à déterminer, indépendamment de tout calcul, le moment d'élasticité d'une section rectangulaire ou composée d'éléments rectangulaires. Nous la rappelons plutôt à cause de son intérêt théorique que pour rechercher une simplification offerte déjà dans toute la limite désirable par la formule précédente.

1° Soit un rectangle $abcd$ (*fig.* 6) dont le centre de gravité est en G.

Si nous menons les diagonales ad, bc, nous allons former un triangle abG, dont le sommet est au centre de gravité de la section, dans lequel chaque parallèle à la base ab, ef, hi, etc., est proportionnelle à l'allongement subi par les fibres du solide correspondant aux lignes ab, $h'i'$, etc., et par conséquent est proportionnelle aussi à l'effort qu'elles supportent.

Il y a donc égalité entre l'effort produit sur les fibres hi et celui qui

serait exercé sur les fibres $h'i$, en supposant la même valeur pour R
qu'en ab; il en résulte que la surface du triangle aGb est proportionnelle à l'effort total supporté par la partie supérieure de la pièce
$almb$, et que la résultante de toutes les actions élémentaires du
triangle passe en son centre de gravité g. Par conséquent, le moment
d'élasticité de la section, qui n'est autre que la somme des moments de
ces actions élémentaires, ou que le moment de leur résultante, est
ainsi représenté par le produit de la surface du triangle, par la
distance de son centre de gravité g à l'axe lm; en sorte que sa valeur
exacte sera :

$$2 \text{ surf } abG \cdot Gg \cdot R$$

R représentant la résistance de l'unité de surface du triangle,
résistance constante et égale à celle de la fibre la plus tendue du
solide.

2° Soit maintenant une pièce de forme non symétrique, telle que
$abcd$ (fig. 7), dont le centre de gravité est en G. Considérons d'abord la
partie $efgh$. D'après ce qui précède, on verra
sans peine que la surface qui représentera la
résultante totale de l'effort supporté par cette
portion de la pièce sera les deux triangles
Gik et eGf. Pour le reste de la partie $ablm$, il
suffit de joindre aG et bG et les trapèzes $apy'e$;
$fz'qb$ exprimeront la résultante des efforts de
$aeyl$ et $fzmb$. Pour la partie inférieure $nc'cg$,
$h'ohd$, si on mène la ligne rs à la même distance du point G que ab, on voit sans peine
qu'en joignant Gr et Gs les trapèzes $vt'ti$,

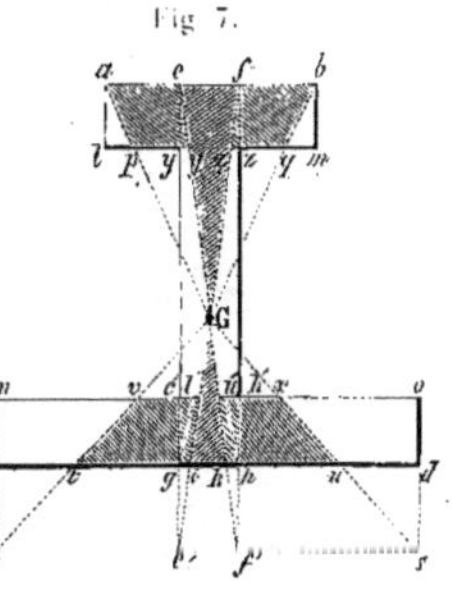

$u'xku$ représenteront la résultante des efforts des surfaces $nc'gc$
et $odh'h$. Le moment d'élasticité de la pièce se trouverait dès lors,
comme plus haut, en multipliant chacune des surfaces par la dis-

tance du point G à son centre de gravité, et la somme des produits par R (¹).

(¹) On peut toujours, pour une section quelconque, trouver une surface qui représente la résultante des efforts élémentaires supportés par chaque fibre, et par conséquent trouver le moment d'élasticité de la section, en multipliant cette surface par la distance de son centre de gravité à l'axe neutre. Mais lorsque les sections cessent d'être composées d'éléments rectangulaires, cette marche devient assez compliquée pour perdre tout intérêt pratique; l'exemple d'un cercle suffira à le démontrer.

Soit AB (*fig.* 8) une section circulaire dont l'axe neutre est en 𝗢; *ab* sera un élément de la surface dont toutes les fibres sont équidistantes de l'axe neutre. L'effort total supporté par cet élément est proportionnel à sa distance OC de l'axe neutre et à la longueur *ab*; c'est-à-dire que si cet élément était situé à la distance *o*D, son effort serait représenté par D*b'*, mais comme celle-ci n'est qu'en *c*, il sera représenté par *cm*. On peut déduire de cette remarque un procédé pour construire par points le lieu géométrique des points M; nous pouvons également en trouver l'équation. En effet, l'équation du cercle rapportée aux axes *ox* et *oy* est : $x^2 + y^2 = r^2$. Les coordonnées du point *b'* sont r et $\sqrt{r^2 - m^2}$, si $y = m$ est l'équation de la droite *ab*; par conséquent l'équation de *ob'* sera $y = \dfrac{r}{\sqrt{r^2 - m^2}}\,x$, et celle du lieu géométrique cherché sera $y\sqrt{r^2 - y^2} = rx$, d'où : $x = \dfrac{y}{r}\sqrt{r^2 - y^2}$.

Fig. 8.Fig. 9.

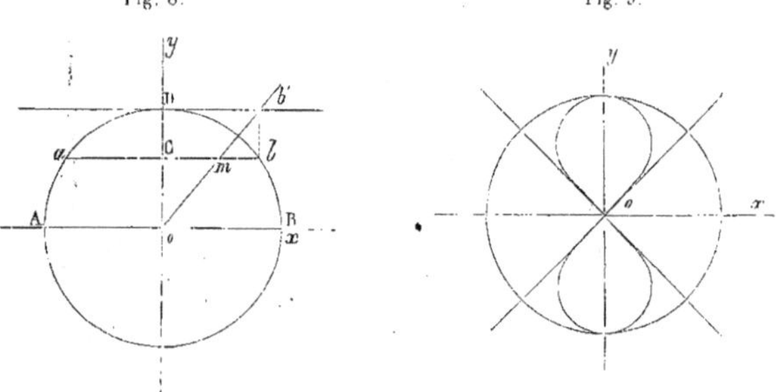

La discussion de cette équation donnera une courbe en forme de 8 (*fig.* 9), rapportée à son centre et à ses axes, dont le point le plus éloigné de l'axe des *y* a pour abscisse $x = \dfrac{r}{2}$ et pour ordonnée $y = \dfrac{r}{\sqrt{2}}$. Cette courbe est symétrique par rapport aux

Nous nous contenterons d'avoir rappelé les quelques généralités qui précèdent, et qui forment tout le fondement de la théorie de la résistance des poutres; ce qu'elles pourraient encore présenter d'obscur sera éclairci par les applications que nous ferons dans les calculs qui vont suivre.

§ III. — EXPOSÉ DE LA MÉTHODE GÉNÉRALE POUR LE CALCUL D'UN PONT.

Recherche de la courbe des moments maximum. — Le calcul d'un pont à poutres droites se compose toujours de deux opérations distinctes : l'une, dont la solution générale présente de grandes difficultés, consiste à déterminer les efforts maximum supportés par les fibres d'une section quelconque de la poutre; l'autre, à déduire, de la connaissance de ces efforts, les dimensions qu'il convient de donner aux différentes sections de cette poutre.

Pour bien comprendre, en effet, l'esprit de la recherche à laquelle nous allons nous livrer, supposons le cas le plus général qu'on puisse avoir à traiter : soit une poutre continue reposant sur un certain nombre d'appuis situés à des distances inégales et chargée d'un poids constant et uniformément réparti, qui serait, par exemple, le poids propre du pont, plus, d'une surcharge variable de position, telle qu'un train

deux axes du cercle et est tout entière comprise entre les deux lignes à 45°, menées de part et d'autre de l'axe des y. Si maintenant on veut trouver le moment d'élasticité par la considération de cette courbe, il faut en chercher la surface et multiplier cette surface par la distance de son centre de gravité à l'axe neutre, et par R, résistance de la fibre la plus fatiguée. — Ces deux opérations peuvent se faire graphiquement par approximation ; mais si on veut les faire exactement par le calcul, on est ramené à une quadrature plus compliquée que l'intégration par la méthode directe ; en un mot, cette méthode toute graphique ne peut s'appliquer avec avantage que lorsqu'elle conduit à des surfaces dont on connaît *à priori* la quadrature et le centre de gravité.

de chemin de fer s'avançant sur le pont en couvrant et découvrant une ou plusieurs travées successives.

Si l'on considère, pendant la variation des positions de cette surcharge, une quelconque des sections de la poutre, il est clair que cette section se trouvera dans une série de conditions d'équilibre très-différentes, et qui dépendront elles-mêmes de la position et de la valeur des surcharges. Or, le but qu'on se propose en calculant un pont en tôle, c'est de rechercher quelle est la forme de la section et la quantité de métal qu'il faut mettre aux différents points du pont, pour que jamais, dans aucune circonstance, cette section n'ait à supporter par unité de surface, un effort dépassant une certaine valeur fixée à l'avance.

Le problème général à résoudre serait donc celui-ci :

Rechercher quel est, eu égard aux différentes positions que peut prendre la surcharge, l'effort maximum qu'aura à supporter chacune des sections du pont.

On pourrait alors construire une courbe dont les diverses ordonnées seraient proportionnelles à ces efforts ou moments maximum, et, au moyen de cette courbe, on déterminerait ensuite les dimensions de la pièce par un calcul qui n'offre plus aucune difficulté, et que nous indiquerons plus loin.

Hypothèses sur la position des surcharges pour simplifier la méthode générale. — Pour obtenir cette courbe des moments maximum, par exemple pour une poutre à une seule travée, il faudrait, en désignant par l' la longueur du train engagé sur la poutre, écrire l'équilibre de la poutre en fonction de cette longueur; en différentiant ensuite l'équation par rapport à l', considérant x comme constante et égalant la différentielle à o, on obtiendrait une équation qui donnerait, pour chaque point de la poutre, une valeur de l' correspondant au maximum du moment de rupture. — Mais, pour une poutre reposant sur plusieurs appuis, ce calcul se complique au point de devenir pour

ainsi dire inextricable, surtout lorsque le nombre des appuis est
un peu considérable; la solution de cette question ne peut donc pas
être cherchée par la méthode absolument rigoureuse que nous venons
d'indiquer, et, pour la simplifier, on est contraint de se borner à l'examen de quelques cas particuliers relativement à la position des surcharges qui donnent les conditions les plus défavorables pour les points
les plus intéressants de la poutre, tels que les sections placées sur les
piles, et les sections du milieu des travées. Quant aux sections intermédiaires, on admet qu'elles se trouvent aussi, relativement à la résistance, dans des conditions intermédiaires.

Ainsi, au lieu de construire une courbe des moments maximum,
on construit une série de courbes des moments de rupture dans les
conditions les plus défavorables pour les principales sections du pont,
et on prend les plus grandes ordonnées de ces courbes en chaque point
comme représentant approximativement les ordonnées de la courbe
des moments maximum.

Quelques détails sont nécessaires pour faire comprendre comment
il importe de choisir la position des surcharges pour placer les principales sections du pont dans les conditions les plus désavantageuses.

Lorsqu'une poutre est posée sur deux appuis, et uniformément chargée, on sait que le maximum du moment de rupture se trouve au milieu de la poutre, et que sur les piles ce moment est nul. Si, au contraire, on encastre la poutre sur les piles, c'est-à-dire si on soumet les
extrémités de la poutre à un moment qui rende horizontale en ces
points la tangente à la courbe décrite par la pièce, les sections des extrémités supportent le plus grand effort, celui de la section du milieu,
qui est de signe contraire, diminue et devient égal à la moitié de celui
des extrémités. Il y a alors dans la pièce deux points symétriques situés
à partir des deux bouts à 0,212 l., qui ne supportent aucun moment de
rupture; les moments de rupture vont en décroissant depuis l'extrémité jusqu'en ces points, et la partie intermédiaire de la pièce se trouve

dans des conditions identiques à celles d'une pièce qui serait simplement posée sur les points D et E (*fig.* 10); ainsi donc, à mesure qu'on fait augmenter le moment de rupture aux points A et B, depuis 0 jusqu'à la valeur correspondant à l'encastrement, les points D et E, qu'on appelle *points d'inflexion*, parce que c'est en ces points que la courbure de la pièce change de signe, s'éloignent des extrémités en se rapprochant du centre, et le moment de rupture du milieu diminue.

Fig. 10.

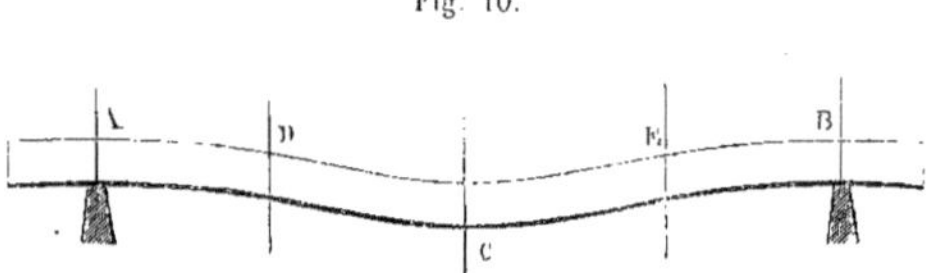

Lorsqu'on considère une poutre continue reposant sur plusieurs appuis que nous supposerons, par exemple, tous équidistants, le poids d'une travée produit, par rapport à la travée suivante, une espèce d'encastrement sur la pile intermédiaire; seulement cet encastrement qui n'est pas complet, car la première travée a toujours une extrémité libre sur la culée, s'éloigne encore plus de cet état lorsque des surcharges mobiles viennent modifier les conditions d'équilibre de la poutre. Ainsi, si l'on suppose un train ayant juste la longueur d'une travée, lorsque ce train couvrira exactement une travée, elle s'approchera le plus des conditions d'une *poutre posée*, et le moment du milieu prendra sa plus grande valeur. Si, au contraire, ce train se trouve à cheval sur une pile, la poutre se rapprochera des conditions de l'encastrement et le moment sur cette pile augmentera.

La simplification notable que nous apporterons à la méthode générale consistera donc à substituer à la considération de longueurs de trains variables s'avançant successivement sur le pont, l'étude d'une série de positions séparées dans lesquelles nous supposerons toujours que la longueur du train est un multiple de celle des travées.

Ainsi, nous supposerons d'abord qu'une travée quelconque est surchargée, toutes les autres ne portant que leur propre poids ; puis que deux travées successives sont seules chargées, ce qui correspond à la valeur maxima du moment de rupture sur cette pile. — Généralement même on pourra remplacer ces dernières hypothèses par une seule, celle d'une charge uniformément répartie sur tout le pont ; les valeurs des moments sur les piles sont très-peu différentes dans ces deux derniers cas (¹), au moins lorsque le nombre des travées du pont est un peu considérable.

Dans ces diverses hypothèses, les valeurs des moments de rupture des sections intermédiaires entre les piles et le milieu des travées subissent des variations qui sont nettement exprimées par les courbes de résistance et les changements de position des points d'inflexion. Comme nous l'avons dit plus haut, nous ne ferons pas d'hypothèses spéciales pour ces points quant à la position des surcharges ; en construisant, au moyen de toutes les courbes précédentes, la courbe des *ordonnées maximum* en chaque point, on peut admettre que cette courbe diffère très-peu de la courbe théorique *des moments maximum*, et donne en pratique une exactitude suffisante.

Lorsque nous avons parlé tout à l'heure de la recherche de la section au milieu de la poutre, nous nous sommes servis d'une expression qui n'est pas tout à fait exacte, car ce que ces courbes indiqueront de plus intéressant sont les maximum, qui ne se trouvent pas au milieu de la poutre, mais au milieu des *deux points d'inflexion*.

2° Détermination des sections de la poutre au moyen de la courbe des moments maximum. — Supposons maintenant que ces courbes soient construites, ainsi que celle que nous prenons pour la courbe des moments maximum, et qui a pour ordonnée en chaque point la plus grande ordonnée des courbes précédentes. Voyons comment dé-

(¹) Voir les calculs du pont d'Asnières, page 272.

terminer les différentes sections de la poutre. — Il est évident que, puisque nous admettons que chaque ordonnée de la courbe représente au point correspondant l'effort maximum que la pièce aura à y supporter, il faut, pour que l'effort de la fibre la plus fatiguée soit R, que nous ayons, en désignant par I le moment d'inertie de la poutre, et par N l'ordonnée considérée :

$$\frac{RI}{V'} = N.$$

En mettant dans cette équation les différentes valeurs de N, on en déduira celles de I, et par conséquent les dimensions de la poutre en ses différentes sections ([1]).

Cette dernière partie de la question est donc fort simple, et se trouvera d'ailleurs suffisamment éclaircie par les exemples que nous en donnons plus loin. Il nous reste maintenant à étudier en détail les méthodes qui servent à établir les courbes des moments de résistance, ainsi que les différentes propriétés de ces courbes, qui peuvent servir à abréger les calculs.

Méthode de M. Bélanger. — Nous examinerons de suite le cas le plus général qu'on puisse avoir à traiter, celui d'une poutre reposant sur plusieurs appuis, que nous supposerons d'abord de niveau, mais pouvant être placés à des distances inégales.

Supposons (*fig.* 11) une poutre reposant sur $n + 1$ points d'appui :

Soient l', l''... etc., les longueurs des différentes travées; R', R''...etc., les valeurs des $n + 1$ réactions des appuis; p', p''... etc., les poids par mètre courant des différentes travées, que nous supposerons toujours constants dans l'étendue d'une seule d'entre elles. — Prenons pour axe des x l'horizontale passant par l'axe neutre de la pièce, l'axe des y vertical, l'origine des coordonnées à l'extrémité gauche de la poutre.

---

[1] La valeur de I tirée de cette équation n'est pas rigoureusement exacte, car les courbes des moments maximum sont établies en supposant I constant; ce n'est qu'une approximation, mais elle est assez près de la vérité.

Ecrivons l'équilibre d'une section quelconque de chacune des travées du pont, et prenons d'abord les équations des moments.

Fig. 11.

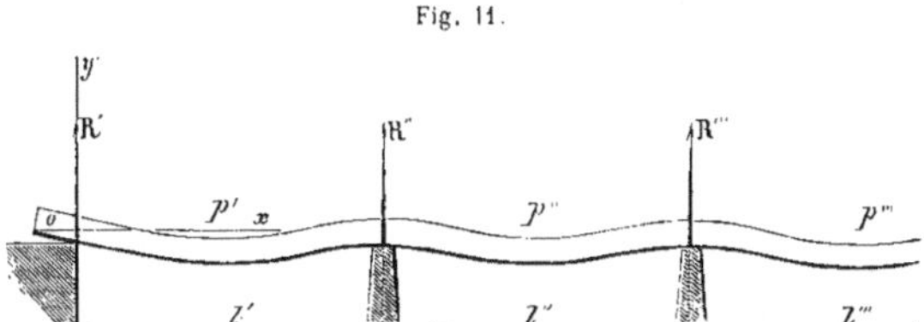

On sait que, dans une section quelconque, le moment d'élasticité de la poutre est égal à la somme des moments des forces extérieures ; on aura donc :

Pour la première travée :

$$(1) \quad \frac{RI}{V'} = \frac{\varepsilon d^2 y}{dx^2} = \frac{p'x^2}{2} - R'x \ (^1).$$

Pour la deuxième travée :

$$(2) \quad \frac{\varepsilon d^2 y}{dx^2} = p'l'\left(x - \frac{l'}{2}\right) + p''\frac{(x-l')^2}{2} - R'x - R''(x-l').$$

Pour la troisième travée :

$$(3) \quad \frac{\varepsilon d^2 y}{dx^2} = p'l'\left(x - \frac{l'}{2}\right) + p''l''\left(x - l' - \frac{l''}{2}\right) + p'''\frac{(x-l'-l'')^2}{2} - R'x - R''(x-l') - R'''\left(x-(l'+l'')\right),$$

Et ainsi de suite pour les n travées.

Dans ces équations, R', R'', R'''..., etc., sont inconnues.

Si ces réactions étaient connues, les équations précédentes donneraient immédiatement le moyen de trouver la valeur de $\frac{RI}{V'}$ pour un

______

$(^1)$ $\varepsilon = EI$. E et I ayant les significations indiquées plus-haut.

point quelconque, dans toutes les circonstances de valeur et de sur-charge qu'on peut avoir à supposer; il faut donc déterminer ces réactions. Pour cela, intégrons deux fois toutes les équations précédentes. nous aurons:

Pour la première travée :

$$(a_1) \qquad \frac{\varepsilon dy}{dx} = \frac{p'x^3}{6} - \frac{R'x^2}{2} + A_1,$$

$$(b_1) \qquad \varepsilon y = \frac{p'x^4}{24} - \frac{R'x^3}{6} + A_1 x + B_1.$$

Pour la deuxième travée :

$$(a_2) \quad \frac{\varepsilon dy}{dx} = p'l\left(\frac{x^2}{2} - \frac{l'x}{2}\right) + \frac{p''}{2}\left(\frac{x^3}{3} - l'x^2 + l'^2x\right) - \frac{R'x^2}{2} - R''\left(\frac{x^2}{2} - l'x\right) + A_2,$$

$$(b_2) \quad \varepsilon y = p'l\left(\frac{x^3}{6} - \frac{l'x^2}{4}\right) + \frac{p''}{2}\left(\frac{x^4}{12} - \frac{l'x^3}{3} + \frac{l'^2x^2}{2}\right) - \frac{R'x^3}{6} - R''\left(\frac{x^3}{6} - \frac{l'x^2}{2}\right) + A_2 x + B_2.$$

Pour la troisième travée :

$$(a_3) \quad \frac{\varepsilon dy}{dx} = p'l\left(\frac{x^2}{2} - \frac{l'x}{2}\right) + p''l''\left(\frac{x^2}{2} - \left(l' + \frac{l''}{2}\right)x\right) + \frac{p'''}{2}\left(\frac{x^3}{3} - (l' + l'')x^2 + (l' + l'')^2x\right) -$$

$$(R' + R'' + R''')\frac{x^2}{2} + (R'' + R''')l'x + R'''l''x + A_3,$$

$$(b_3) \quad \varepsilon y = p'l\left(\frac{x^3}{6} - \frac{l'x^2}{4}\right) + p''l''\left\{\frac{x^3}{6} - \left(l' + \frac{l''}{2}\right)\frac{x^2}{2}\right\} + \frac{p'''}{2}\left\{\frac{x^4}{12} - (l' + l'')\frac{x^3}{3} + (l' + l'')^2\frac{x^2}{2}\right\} -$$

$$(R' + R'' + R''')\frac{x^3}{6} + R'' + R''')\frac{l'x^2}{2} + R'''\frac{l''x}{2} + A_3 x + B_3.$$

et ainsi de suite pour les n travées.

Ces intégrations ont introduit dans les équations de nouvelles inconnues, ce sont les constantes A_1, B_1, A_2, B_2, A_3, B_3, etc., au nombre de $2n$. Le nombre total des inconnues, tant auxiliaires que principales, est donc, en comptant les $n + 1$ réactions, $3n + 1$; voyons maintenant combien nous avons d'équations pour les déterminer.

Les courbes formées par les diverses travées de la poutre se raccordent sur les piles, c'est-à-dire qu'en tous ces points elles ont même tangente et même ordonnée, et d'après l'hypothèse, cette dernière est égale à zéro. Nous pourrons donc écrire que dans les équations (a_1) et (a_2), (a_2) et (a_3), etc., si on fait $x = l'$, $l' + l''$, etc., les valeurs des deux premiers membres sont égales; ce qui donne $n - 1$ équations. — D'un autre côté, si on fait dans les équations (b_1), (b_2), etc., $x = o$, l', $l' + l''$,....... $l' + ...l''$, pour chacune de ces valeurs, celle de y correspondante sera égale à zéro, ce qui donne $n + 1$ équations, total $2n$ équations, qui permettront de déterminer les $2n$ constantes A_1, A_2,........ B_1, B_2,...... en fonction des réactions R', R''........

De plus, les courbes de deux travées successives se raccordant sur les piles, si les équations successives (b_1) (b_2), (b_2) (b_3), etc., prises deux à deux, on fait $x = l'$ dans les deux premières, $x = l' + l''$ dans les deux suivantes, etc., les valeurs d'y correspondantes sont égales, on aura ainsi $n - 1$ équations.

Enfin l'équilibre a lieu entre les réactions des piles et le poids du pont, par conséquent en projetant sur un axe vertical, on aura :

$$R' + R'' + ... = p'l' + p''l'' + ...$$

et en prenant les moments par rapport à une extrémité du pont :

$$R''l + R'''(l' + l'') + R \ (l' + l'' + l''') + ... = \frac{p'l'}{2} + p''l''\left(l' + \frac{l''}{2}\right) + ...$$

total $n + 1$ équations qui serviront à déterminer les $n + 1$ inconnues restant après l'élimination des $2n$ inconnues auxiliaires: $A_1, A_2 ... B_1, B_2 ...$

On voit donc que le problème sera déterminé et qu'on pourra toujours, au moyen des équations précédentes, connaître la valeur des réactions R', R'', R'''....., etc., et par conséquent les substituer dans les équations (1), (2), (3), qui donneront alors pour chaque valeur de x, c'est-à-dire pour chaque section de la poutre celle de $\dfrac{RI}{V}$.

On pourra donc construire une courbe dont les abscisses seront les distances des différentes sections à l'origine, et les ordonnées les valeurs de ces moments de rupture.

Les calculs que nous venons d'exposer deviennent fort longs lorsque le nombre de travées du pont est un peu considérable; on voit, en effet, que pour un pont de n arches, il est nécessaire, afin d'arriver à la détermination des $n+1$ réactions, d'éliminer $2n$ inconnues auxiliaires, en sorte qu'on a en réalité à opérer sur $3n+1$ équations, qui peuvent devenir elles-mêmes fort compliquées.

Ainsi pour trouver la courbe des moments de rupture pour un pont à six arches, il faudrait opérer sur 19 équations; ces calculs seraient rebutants, aussi lorsque le nombre des travées est un peu considérable, il faut renoncer à suivre cette marche.

Méthode de M. Clapeyron. — M. Clapeyron a indiqué une méthode beaucoup plus rapide pour arriver à la détermination de la courbe des moments de rupture. — Les inconnues auxiliaires, qui rendent si complexe le calcul précédent n'entrent point dans celui-ci. Voici en quoi consiste cette ingénieuse méthode :

Soit AB (*fig.* 12), une travée d'une poutre reposant sur un nombre quelconque d'appuis; Q_0 le moment de rupture sur la pile A, dû

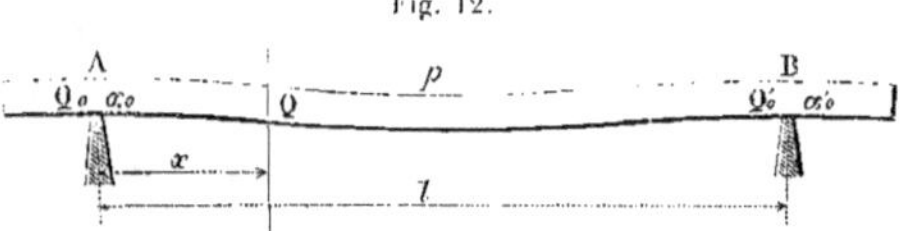

Fig. 12.

à l'action des travées précédentes; Q'_0 le moment de rupture sur la pile B, Q le moment de rupture en un point quelconque de la travée AB.

Soit α_0 la tangente de l'angle formé par la poutre avec l'horizontale au-dessus de la première pile; α'_0 la tangente sur la deuxième pile; α la tangente en un point quelconque; p le poids par mètre courant.

Nous allons chercher comment, connaissant Q_0 et α_0 sur une pile, et le poids agissant sur la travée AB, on peut déterminer Q'_0 et α'_0; pour cela, écrivons l'équilibre des moments au point m, nous aurons:

$$Q = Q_0 + \frac{px^2}{2} - Ax.$$

A représentant la réaction sur la première pile due à l'action de la travée AB. — Éliminons A : pour cela, prenons les moments par rapport au point B, nous aurons:

$$Q'_0 - Q_0 + Al - \frac{pl^2}{2} = o; \qquad \text{d'où} \quad A = \frac{pl}{2} + \frac{Q_0 - Q'_0}{l};$$

et en substituant: (1) $Q = Q_0 + \dfrac{px^2}{2} - \left(\dfrac{pl}{2} + \dfrac{Q_0 - Q'_0}{l}\right)x.$

Q est aussi égal à $\dfrac{\varepsilon d^2 y}{dx^2}$; intégrons deux fois cette équation, et divisons par ε, nous aurons:

$$(2) \quad \frac{dy}{dx} = \alpha = \alpha_0 + \frac{px^3}{6\varepsilon} - \left(\frac{pl}{2} + \frac{Q_0 - Q'_0}{l}\right)\frac{x^2}{2\varepsilon} + \frac{Q_0 x}{\varepsilon};$$

la constante est α_0, car pour $x = o$, on a $\alpha = \alpha_0$.

Si maintenant nous faisons $x = l$, nous aurons:

$$(3) \quad \frac{dy}{dx} = \alpha'_0 = \alpha_0 - \frac{pl^3}{12\varepsilon} + (Q_0 + Q'_0)\frac{l}{2\varepsilon}.$$

Intégrons l'équation (2), nous aurons:

$$(4) \quad y = \alpha_0 x + \frac{px^4}{24\varepsilon} - \left(\frac{pl}{2} + \frac{Q_0 - Q'_0}{l}\right)\frac{x^3}{6\varepsilon} + \frac{Q_0 x^2}{2\varepsilon};$$

La constante est nulle, car si on fait $x = o$, on a $y = o$.

Si, dans cette équation, on fait $x = l$, on aura $y = o$;

d'où :
$$o = \alpha_0 l + \frac{pl^4}{24\varepsilon} - \left(\frac{pl}{2} + \frac{Q_0 - Q'_0}{l}\right)\frac{l^3}{6\varepsilon} + \frac{Q_0 l^2}{2\varepsilon};$$

ou :
$$(5) \qquad \alpha_0 = \frac{pl^3}{24\varepsilon} - \frac{l}{6\varepsilon}(2Q_0 + Q'_0).$$

Substituons la valeur de α_0 dans α'_0, on aura :

$$(6) \qquad \alpha'_0 = -\frac{pl^3}{24\varepsilon} + \frac{l}{6\varepsilon}(Q_0 + 2Q'_0).$$

Posons maintenant :

$$(a) \quad \begin{cases} \alpha_0 = \dfrac{l^3}{24\varepsilon}\,\theta, & \alpha'_0 = \dfrac{l^3\theta'}{24\varepsilon}, \\[2mm] Q_0 = \dfrac{2}{8}ql^2, & Q'_0 = \dfrac{2}{8}q'l^2. \end{cases}$$

Substituons et enlevons les facteurs communs, les deux équations (5) et (6) deviendront :

$$\theta = p - 2q - q',$$
$$\theta' = -p + q + 2q';$$

D'où nous tirerons :

$$(7) \qquad q' = p - 2q - \theta$$
$$(8) \qquad \theta' = p - 3q - 2\theta$$

Ces deux dernières équations, au moyen des relations (a), permettent de déterminer le moment et la tangente sur une pile connaissant les mêmes quantités sur la pile précédente, et les efforts qui agissent sur la portion de la poutre comprise entre les deux piles.

Il est facile de voir maintenant comment nous pourrons nous servir des relations précédentes pour le calcul d'un pont.

Soient (fig. 13) Q_0 et α_0 le moment de rupture et la tangente de l'angle sur la culée d'un pont à n arches, que nous supposerons d'abord toutes égales; q, θ les inconnues auxiliaires correspondantes; Q'_0, α'_0, q', θ', les mêmes quantités pour la première pile;

Fig 13.

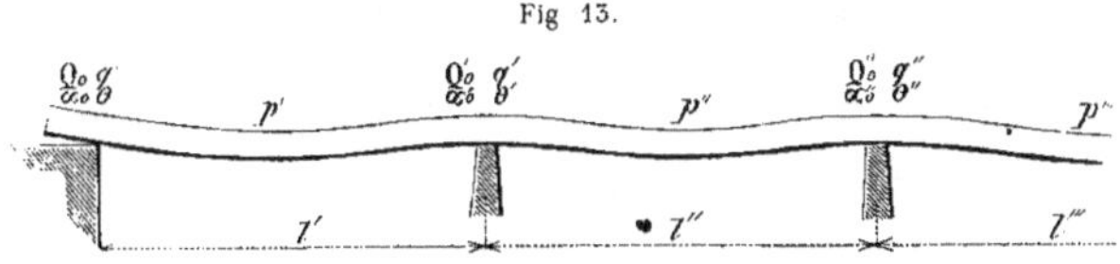

Q''_0, α''_0, q'', θ'' pour la $n^{\text{ième}}$ travée;

p', p'', p'''.....p^n les poids par mètre courant correspondant.

Pour chaque pile, les quantités Q_0, α_0, q et θ seront liées par des relations analogues aux relations (a).

Nous pouvons maintenant écrire, pour chaque travée, les équations (7) et (8); elles donneront:

Pour la première travée:
$$\begin{cases} q' = p' - 2q - \theta, \\ \theta' = p' - 3q - 2\theta, \end{cases}$$

Pour la deuxième travée:
$$\begin{cases} q'' = p'' - 2q' - \theta', \\ \theta'' = p'' - 3q' - 2\theta', \end{cases}$$

. . . .

Pour la $n^{\text{ième}}$ travée:
$$\begin{cases} q^n = p^n - 2q^{n-1} - \theta^{n-1}, \\ \theta^n = p^n - 3q^{n-1} - 2\theta^{n-1}, \end{cases}$$

C'est-à-dire en tout $2n$ équations entre $2n + 2$ inconnues.

Il sera maintenant très-facile d'évaluer chacune des quantités q, θ,..... $q^n \theta^n$, en fonction de deux quelconques d'entre elles, telles, par exemple, que θ' et q'. Nous pouvons de plus écrire que le moment de rupture est nul sur les culées extrêmes, c'est-à-dire qu'on a $q = o$ et $q^n = o$, on obtiendra ainsi deux équations fonctions seulement de q' et θ', qui permettront de les déterminer, et, par suite, toutes les inconnues auxiliaires analogues; les moments Q_0 et Q'_0 se déduiront des équations (a).

L'équation d'une travée quelconque du pont, de la $m^{ième}$, par exemple, sera :

$$Q = Q_0{}^{m-1} + \frac{px^2}{2} - \left(\frac{p^m l}{2} + \frac{Q_0{}^{m-1} - Q_0{}^m}{l} \right) x.$$

Si la longueur des travées est inégale, ce calcul doit subir une modification.

Appelons, en effet (*fig.* 14), Q_0, Q'_0, Q''_0, les moments de rupture sur les différentes piles; si nous posons :

$$(c) \quad \begin{cases} Q'_0 = \dfrac{2}{8}\, q'_1 l'^2 = \dfrac{2}{8}\, q'_2 l''^2, \\[2ex] Q''_0 = \dfrac{2}{8}\, q''_1 l''^2 = \dfrac{2}{8}\, q''_2 l'''^2. \end{cases}$$

Fig. 14.

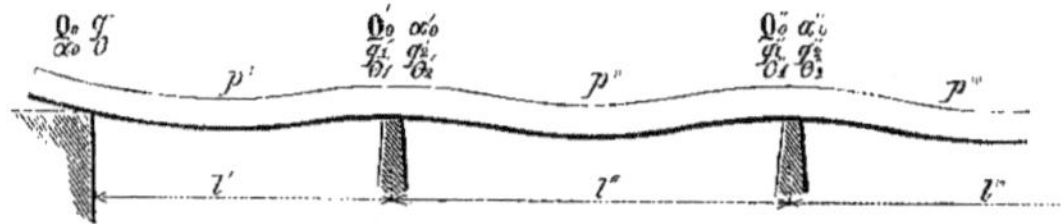

Si nous posons de même :

$$(d) \quad \begin{cases} \alpha'_0 = \dfrac{l'^3 \theta'_1}{24\varepsilon} = \dfrac{l''^3 \theta'_2}{24\varepsilon}, \\[2ex] \alpha''_0 = \dfrac{l''^3 \theta''_1}{24\varepsilon} = \dfrac{l'''^3 \theta''_2}{24\varepsilon}. \end{cases}$$

Les équations deviendront alors :

Pour la première travée :
$$\begin{cases} q'_1 = p' - 2q - \theta, \\ \theta'_1 = p' - 3q - 2\theta, \end{cases}$$

Pour la deuxième travée :
$$\begin{cases} q''_1 = p'' - 2q'_2 - \theta'_2, \\ \theta''_1 = p'' - 3q'_2 - 2\theta'_2, \end{cases} \qquad (e)$$

$$\cdots \cdots \cdots \cdots \cdots \cdots$$

Pour la $n^{ième}$ travée :
$$\begin{cases} q_1{}^n = p^n - 2q_2{}^{n-1} - \theta_2{}^{n-1}, \\ \theta_1{}^n = p^n - 3q_2{}^{n-1} - 2\theta_2{}^{n-1}. \end{cases}$$

Dans ces équations, la valeur des moments et des tangentes est exprimée pour chaque pile en fonction de deux quantités q'_1, q'_2, et θ'_1, θ'_2, etc., suivant qu'on la prend par rapport à l'une ou à l'autre des travées qui aboutissent à la pile; mais toutes ces quantités sont liées entre elles, deux à deux, par les relations (c) et (d).

La première chose à faire sera donc d'éliminer, au moyen de ces relations, tout un système de ces inconnues en fonction de l'autre. Par exemple, on éliminera

$$q'_2, \quad q''_2, \quad q'''_2, \quad \text{et } \theta'_2, \quad \theta''_2, \quad \theta'''_2,$$

Les relations (e) ne contiendront plus alors que q'_1, q''_1,... etc.

On achèvera alors le calcul absolument comme dans le cas précédent, en exprimant toutes ces variables en fonction de deux d'entre elles, qu'on déterminera en écrivant que les deux moments sur les culées sont nuls.

Cette hypothèse de l'inégalité de toutes les travées n'apporte que peu de complication dans les calculs; au reste, on conçoit qu'on ne la rencontrera que rarement en pratique dans toute sa généralité, un certain nombre de travées au moins se trouvant presque toujours égales.

Nous avons également supposé que tous les points d'appui étaient de niveau; cette hypothèse est encore plus généralement satisfaite. Si pourtant on avait à calculer un pont dont les piles ne seraient pas de niveau, la seule modification qu'il y aurait à apporter dans les calculs précédents serait qu'au lieu d'écrire qu'à l'extrémité de chaque travée l'y de la courbe est nul, il faudrait l'égaler à la valeur qu'il aurait en effet. Toute la différence serait donc qu'il y aurait une constante dans l'équation de la courbe; mais ce cas a trop peu d'importance pour que nous nous y arrêtions plus longtemps.

Les deux méthodes de calcul que nous venons d'exposer, quelque dissemblables qu'elles paraissent au premier abord, ne diffèrent que dans la forme; il est facile de montrer qu'on peut retomber d'une équation dans l'autre.

Soient en effet (*fig. 15*) A et A′ les réactions sur les piles a et b, dues à la travée ab.

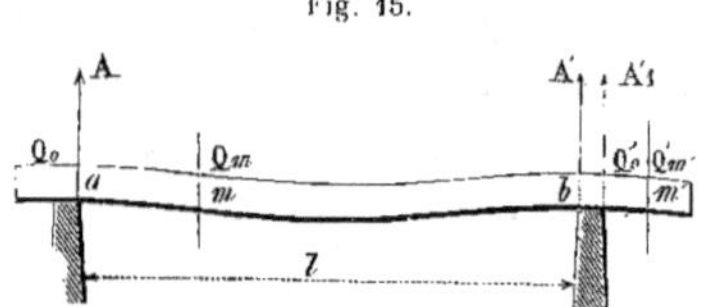

Q_0 et Q'_0 les moments de rupture sur ces mêmes piles, dus à l'action des travées voisines; nous aurons :

$$Q_m = \frac{px^2}{2} - Ax$$

pour le point m.

De même, $$Q_{m'} = \frac{px^2}{2} - Ax - (A' + A'_1)(x - l)$$

pour le point m'.

Si nous transportons l'origine des coordonnées au point b, pour cette dernière équation, nous aurons

$$Q_m' = \frac{p(x'+l)^2}{2} - A(x'+l) - (A'+A'_1)x'.$$

Si on remarque que :

$$Q'_0 = \frac{pl_2}{2} - Al, \quad \text{et que} \quad A' = pl - A,$$

on aura, toute réduction faite :

$$Q_m = Q'_0 + \frac{px'_2}{2} - A'_1 x,$$

ce qui est l'équation qui sert de base au calcul de M. Clapeyron. Ceci n'offre d'ailleurs d'autre intérêt que de montrer comment, dans ces équations, entre la portion de la réaction due à la travée considérée.

Il faut remarquer que les méthodes de calcul que nous venons d'in-

diquer ne sont pas rigoureuses lorsqu'on les applique, comme dans
le cas qui nous occupe, à des poutres dont le moment d'inertie est
variable dans les différentes sections; il est clair, en effet, que cette
circonstance a une influence sur la forme de la poutre infléchie, sur
la position des points d'inflexion, sur la valeur des réactions des piles,
et par suite sur l'équation même des moments. L'erreur que nous
commettons ainsi se traduit dans le calcul, en ce que dans les intégrations successives de l'équation des moments nous considérons I
comme une constante. Pour rendre ce calcul exact, il faudrait donc
préalablement remplacer I par une fonction d'x exprimant la loi de
sa variation, et intégrer à la fois dans les deux membres. On pourrait,
par exemple, supposer que I varie exactement comme les moments de
rupture, et par suite le représenter par une fonction parabolique de la
forme $I = ax^2 + bx + c$. Dans ce cas, ρ est constant, et la pièce infléchie a la forme d'un arc de cercle. Lorsqu'il s'agit d'une poutre en tôle,
cette hypothèse ne serait pas vérifiée, I ne variant pas d'une manière
continue, mais brusque, en des points déterminés et connus à l'avance.
On peut aussi tenir compte exactement de cette hypothèse; on trouvera
la marche qu'il faudra suivre alors indiquée au chap. III, car le calcul
exact des flèches d'une poutre de section variable n'est pas une question
différente. Au reste, cette méthode exacte conduit à des complications
de calcul qu'on doit éviter en pratique, l'influence de l'erreur commise
en considérant I comme constant, eu égard aux hypothèses d'où l'on
part pour la position des surcharges, n'est pas assez grande pour
légitimer une recherche minutieuse et aussi longue.

§ IV. — PROPRIÉTÉS DES COURBES DES MOMENTS DE RUPTURE.

Les courbes représentant les moments de rupture d'une poutre
offrent quelques propriétés remarquables qu'il importe d'étudier avec

soin, à cause des simplifications notables qu'elles peuvent apporter dans les calculs précédents et des vérifications qu'elles permettent.

Si on jette les yeux sur l'équation d'une courbe de résistance, dans des conditions de surcharges quelconques, pourvu que les poids soient *uniformément* répartis, on verra que les équations sont toutes de la forme :

$$Q = \frac{px^2}{2} - Ax + Q_1,$$

c'est-à-dire de la forme générale

$$y = ax^2 + bx + c.$$

Cette observation met en relief les propriétés suivantes :

1° Toutes les courbes représentant les moments de rupture de poutres chargées de poids uniformément répartis sont des paraboles ou des arcs de paraboles ;

2° Les axes de ces paraboles sont toujours verticaux ;

3° Le paramètre de ces paraboles ne dépend absolument que du poids uniformément réparti, et est $\frac{1}{p}$.

Il découle de cette remarque plusieurs faits importants :

D'abord la courbe est indépendante de la longueur de la pièce, c'est-à-dire que si on considère une série de poutres de longueurs différentes toutes chargées des mêmes poids par mètre courant, les courbes de résistance de ces différentes pièces seront la même parabole déplacée par rapport aux axes des coordonnées.

De même, si on considère un pont à plusieurs travées, chargé d'un même poids uniformément réparti sur toute sa longueur, les courbes des moments de résistance de chaque travée seront toutes la même parabole, mais placée différemment pour chaque travée par rapport à ses axes.

Simplifications apportées aux calculs par ces propriétés. — Or, on a vu plus haut que dans les calculs à faire pour l'établissement d'un pont à plusieurs travées, on n'avait jamais à considérer une travée que comme chargée de son propre poids par mètre courant, égal par exemple à p, ou surchargée d'un train, c'est-à-dire pesant p' par mètre courant; il s'ensuit qu'on n'aura jamais dans toute la série de ces calculs à considérer que deux paraboles : l'une, ayant pour paramètre $\dfrac{1}{p}$, l'autre $\dfrac{1}{p'}$; on peut donc abréger considérablement le nombre des calculs numériques à faire pour la construction de ces courbes et les réduire, par exemple, au calcul des moments sur les piles. — Supposons, en effet, un pont à cinq arches (*fig.* 16); cherchons la courbe des moments de rupture pour le cas où la première travée est surchargée, c'est-à-dire pèse p', les autres pesant p.

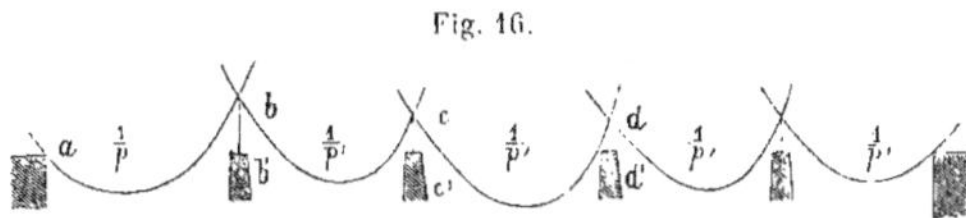

Fig. 16.

Calculons par une des méthodes indiquées plus haut les moments sur les piles, et portons sur ces piles des ordonnées bb', cc', etc., représentant ces moments.—Traçons maintenant sur deux cartons, par exemple, deux paraboles, l'une ayant pour paramètre $\dfrac{1}{p}$, l'autre pour paramètre $\dfrac{1}{p'}$; faisons glisser les cartons de manière que la tangente au sommet reste horizontale, et que la parabole passe par a et b, puis traçons-la dans cette position; répétons la même opération pour les autres travées et pour la parabole $\dfrac{1}{p'}$, et nous aurons de suite, avec une exactitude tout à fait suffisante, si on prend l'échelle assez grande, les moments de résistance de la poutre. On n'a ainsi pour chaque hypothèse que quatre ordonnées à calculer; c'est une méthode commode et dont l'usage est avantageux, surtout lorsque le nombre des courbes semblables est considérable.

Avant de quitter cette question, disons de suite que cette propriété remarquable des courbes des moments de rupture est encore plus générale que nous ne l'avons énoncé.

Considérons, en effet, un cas qui se présente souvent en pratique, comme nous le verrons plus loin, celui d'une poutre reposant sur deux appuis, et supportant un ou plusieurs poids discontinus en mouvement. Quelle serait la courbe des moments de rupture à chaque position du poids en mouvement?

Soit d'abord (*fig.* 17) un poids unique P; le moment au point M sera donné par l'équation

$$\varepsilon \frac{d^2 y}{dx^2} = \mathrm{P}x - \frac{\mathrm{P}x^2}{l},$$

c'est-à-dire que c'est une parabole dont le paramètre est $\dfrac{l}{2\mathrm{P}}$.

Fig. 17.

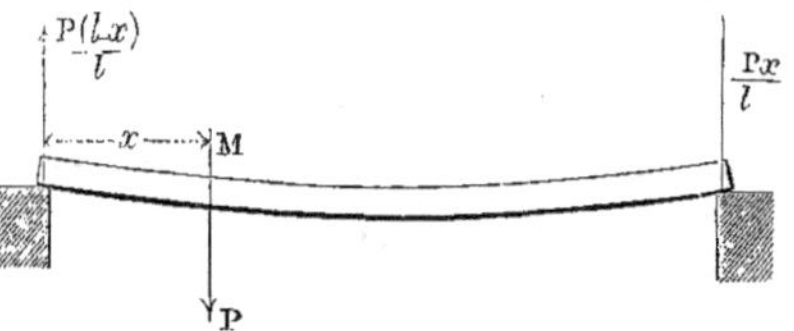

Supposons maintenant trois poids P, P′, P″, dont les distances soient δ et δ' et se mouvant simultanément comme les roues d'une machine; si nous supposons que la deuxième force soit à une distance de l'origine égale à x, on aura l'équation :

$$\varepsilon \frac{d^2 y}{dx^2} = \left\{ \frac{\mathrm{P}(l-x+\delta)}{l} + \frac{\mathrm{P}'(l-x)}{l} + \mathrm{P}''(l-x-\delta') \right\} x,$$

qui représente une parabole dont le paramètre est $\dfrac{l}{2(\mathrm{P}+\mathrm{P}'+\mathrm{P}'')}$.

Nous pouvons donc conclure de cela cette loi générale que, lorsqu'un pont est chargé d'un nombre quelconque de poids distincts, la courbe représentant les moments de rupture aux différentes positions du poids en mouvement, est une parabole dont le paramètre est $\dfrac{l}{2\Sigma \mathrm{P}}$. —

Lorsqu'on a obtenu la courbe des moments de rupture maximum, il reste à déterminer les sections de la poutre.

Nous avons exposé plus haut comment au moyen de l'équation $\dfrac{\mathrm{R}\mathrm{I}}{\mathrm{V}''} = \mathrm{N}$, N représentant une ordonnée quelconque de la courbe, on pouvait résoudre cette question; comme elle ne présente aucune difficulté, nous ne nous y arrêterons pas plus longtemps; nous renvoyons aux exemples de ces calculs que nous donnons plus loin, pour lever complétement les doutes que les développements précédents pourraient encore avoir laissé subsister.

Effort tranchant. — Dans tous les calculs qui précèdent, il n'a été question que d'une seule des trois équations d'équilibre; il importe maintenant d'examiner la signification des deux autres.

Les deux autres équations écrivent l'équilibre des forces sur deux axes, l'un horizontal, l'autre vertical. La première de ces conditions exprime, comme nous l'avons dit, que l'axe neutre de la pièce passe par le centre de gravité, lorsque toutes les forces extérieures sont verticales; quant à la seconde, elle signifie que deux sections, infiniment voisines de la poutre, sont toujours sollicitées dans le sens vertical par une force qui tend à les faire glisser l'une sur l'autre, en inclinant la direction de l'effort que supportent les fibres, et que nous désignerons désormais sous le nom d'*effort tranchant*.

Dans les calculs précédents, où nous avons toujours supposé la réaction des fibres horizontales, nous avons négligé cette influence; il est facile d'en déterminer la valeur pour une section quelconque.

Supposons (*fig.* 18) une travée d'une poutre, reposant sur plusieurs appuis.

Fig. 18.

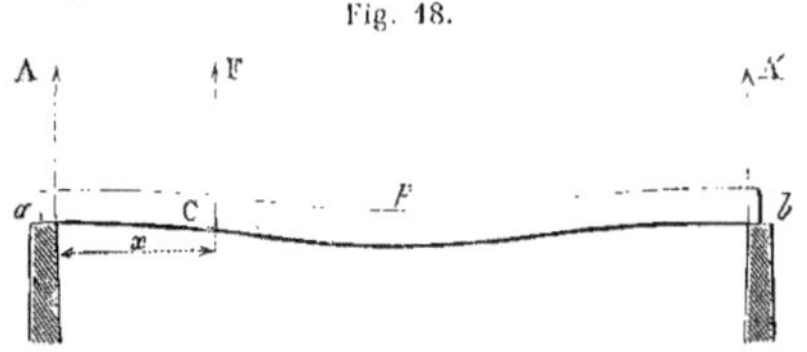

Soient A et A′ les réactions des piles, dues au poids de la travée; soit x l'abscisse d'un point C quelconque, p le poids uniformément réparti sur la poutre; cherchons la valeur de l'effort vertical au point C.

Pour cela, remplaçons la portion de la poutre Cb par sa réaction F, justement égale à l'effort cherché, et écrivons l'équilibre des forces extérieures agissant sur la poutre aC; nour aurons :

$$F + A = px \quad \text{d'où} \quad F = px - A$$

Cette équation montre que A étant une constante, la loi suivant laquelle varie l'effort F pour les différentes sections de la poutre peut être représentée par les ordonnées d'une droite coupant l'axe des x au point soumis au moment de rupture maximum [1], et dont la plus grande ordonnée est sur la pile (*fig.* 19).

Fig. 19.

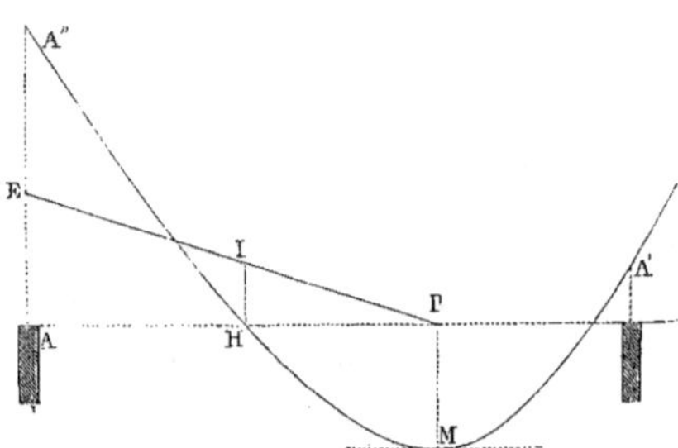

[1] Il est bien évident, *à priori*, que l'effort tranchant est nul au maximum ; car il

Il est à remarquer que cette valeur de F est le coefficient différentiel de l'équation des moments de rupture; si, en effet, on considère une poutre uniformément chargée d'un poids p par mètre courant, $p.\,dx.\,x$ est l'accroissement différentiel du moment dû au poids px agissant à l'extrémité du bras de levier dx, et $-A\,dx$ est l'accroissement du moment dû à la réaction, $(px-A)\,dx$ est l'accroissement total du moment, $px-A$ est donc la force agissant verticalement dans la section considérée, en sorte que la paroi verticale peut être regardée comme ayant pour fonction de transmettre l'accroissement du moment de rupture d'une section à l'autre de la poutre. On sentira, du reste, encore mieux la liaison intime de ces deux points de vue, en imaginant le cas limite où les forces deviennent toutes normales aux différentes sections de la poutre, et où, en conséquence de la théorie précédente, le rôle de la paroi verticale devient nul; telle est une tige résistant à la traction ou à la compression, tel est un arc soumis à un poids uniformément réparti et à une force horizontale agissant à ses extrémités, et ayant exactement la forme de la parabole des pressions.

Voyons maintenant l'usage qu'on doit faire de cette équation.—Nous venons de dire que chaque fibre de la pièce est soumise, en réalité, à deux efforts : l'un vertical, l'autre horizontal; et nous n'avons tenu compte, dans les calculs précédents, que de l'effort horizontal; c'est qu'en effet si on considère une section AB d'une pièce soumise à un moment de rupture provenant de la force P (*fig.* 20); si la longueur l est suffisamment grande par rapport à la longueur $AC=b$, les forces horizontales R, déterminées par unité de surface à l'extrémité du bras

est clair que dans une pièce travaillant, les courbures en chaque point sont proportionnelles aux moments de rupture correspondants, ce qui résulte de la forme même de l'équation d'équilibre $\dfrac{EI}{\rho}=EMF$. Au point maximum, la tangente à la courbe décrite par la pièce est horizontale; il faut donc nécessairement que la résultante des actions auxquelles est soumise chaque fibre soit aussi horizontale, c'est-à-dire que la composante verticale ou l'effort tranchant est nul.

de levier b, seront excessivement grandes, par rapport aux forces P; il paraît donc légitime de négliger les composantes verticales, car le cas que nous examinons ici est le plus général.

Fig. 20.

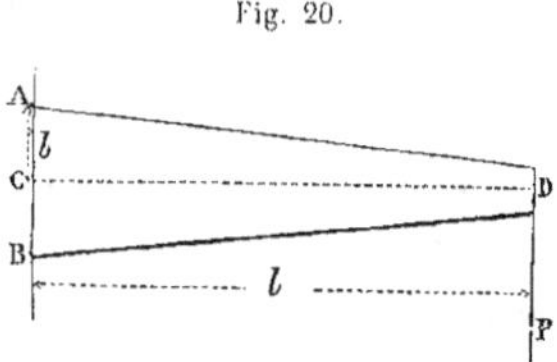

Remarquons pourtant qu'à mesure que nous nous rapprocherons du point C, nous sortirons de l'hypothèse que nous venons d'admettre; et il est important de s'en rendre compte, sans quoi le calcul d'une poutre conduirait à une anomalie qu'on pourrait ne pas s'expliquer.

Si, en effet, on écrit l'équation d'équilibre des moments pour une pièce encastrée par une extrémité comme ABD, et soumise à un poids P appliqué à son extrémité, on trouve :

$$\varepsilon\frac{d'y}{dx^2} = \frac{\mathrm{RI}}{\mathrm{V}'} = \mathrm{P}(l - x);$$

Et si, dans cette équation, on fait $x=l$, on trouve $\dfrac{\mathrm{RI}}{\mathrm{V}'} = o$, c'est-à-dire que le moment est nul en ce point. Il ne faudrait pas conclure pourtant que les dimensions de la pièce doivent être nulles, ce qui serait évidemment faux; ce résultat tient à ce qu'on ne considère qu'une seule des conditions d'équilibre, et qu'il faut, en outre, que, en chaque section, la pièce ait des dimensions suffisantes pour résister à l'effort tranchant. On voit donc que si, pour les sections où le moment de rupture est considérable, cet effort est négligeable, il devient indispensable de le considérer pour certains points.

Revenons maintenant au cas général d'une poutre reposant sur plusieurs appuis.

Nous avons parlé plus haut de points où les moments de rupture sont nuls, qu'on nomme points d'inflexion, et qui sont donnés par les intersections de la parabole des moments avec l'axe des x; il est clair que si l'effort tranchant est négligeable pour les points voisins du maximum, on doit le prendre en considération pour le point H (*fig.* 19) et ses voisins, en lesquels la poutre doit présenter une section de métal proportionnelle aux ordonnées H, I, etc. Il est bien entendu, d'ailleurs, que cet effort n'étant plus un moment, mais une force, la forme de la section n'importe plus ici, et il suffit qu'on ait, en désignant par S la section inconnue, R le coefficient de résistance que l'on doit faire supporter au métal transversalement à sa longueur, et que l'on peut à peu près supposer égal au coefficient ordinaire, F l'effort tranchant.

$$SR = F.$$

Lorsqu'on calculera un pont en tôle, il arrivera souvent que cette considération aura peu d'influence; d'une part, la relation précédente conduit presque toujours à une section moindre que celle qu'on est forcé de maintenir à la poutre par les conditions de l'exécution; d'une autre part, les déplacements de la surcharge forçant à considérer plusieurs paraboles de résistance, dont les points d'inflexion sont nécessairement différents, donnent dans la courbe d'ordonnées maximum des valeurs supérieures à celle qui est imposée par cette condition; pourtant, lorsqu'on calcule un pont à grande portée, il est prudent de faire supporter tout l'effort tranchant à la paroi verticale, en comptant même sur un coefficient faible lorsque les poutres ont une grande hauteur.

Ajoutons de plus que sur les piles, il est de toute nécessité de renforcer la section totale, de manière que les poutres ne s'écrasent pas sous l'influence du poids qui se transmet de la poutre à la pile, sur une très-faible étendue; mais c'est une question spéciale, sur laquelle nous reviendrons plus loin ([1]).

([1]) Voir les calculs des ponts de Langon et d'Asnières.

CHAPITRE III.

CALCUL DES FLÈCHES D'UN PONT.

La détermination des flèches d'un pont n'a pas un but entièrement spéculatif, comme on pourrait le croire au premier abord ; la comparaison des flèches théoriques d'une poutre, sous différentes charges soigneusement calculées, avec les flèches observées, est l'indice le plus sûr, et nous pouvons même dire l'indice unique qui puisse faire découvrir les circonstances exactes dans lesquelles travaille cette poutre. C'est, en effet, le seul moyen d'épreuve qu'on puisse appliquer à une poutre construite et destinée à être employée. Malheureusement, ce calcul, très-simple lorsqu'il s'agit de pièces prismatiques, devient fort compliqué pour des pièces dont les dimensions sont variables ; et l'emploi des solides d'égale résistance rendant cette condition de plus en plus commune, il est de la plus haute importance de tenir compte de l'influence qu'exercent sur les flèches les variations des diverses sections. Nous allons donc examiner les différents cas qui peuvent se présenter, tout en ne dissimulant pas que quelques-uns d'entre eux conduisent à des calculs fort longs.

Voici comment nous distinguerons les différentes circonstances qu'on peut rencontrer en pratique :

1° La poutre peut être prismatique, c'est-à-dire de section uniforme dans toute sa longueur ;

2° La hauteur de la poutre peut varier, les épaisseurs restant les mêmes ;

3° La hauteur restant la même, les épaisseurs peuvent varier en chaque point ;

4° La hauteur restant la même, les épaisseurs peuvent ne varier que de distance en distance, et rester constantes sur une certaine longueur;

5° Les hauteurs et les épaisseurs peuvent varier à la fois.

Calcul des flèches d'une poutre prismatique. — 1ᵉʳ CAS, *poutre prismatique*. — La détermination des flèches d'une poutre prismatique n'offre aucune difficulté; il suffit, en effet, d'intégrer deux fois l'équation $\dfrac{\varepsilon d^2 y}{dx^2}$ pour obtenir une relation entre l'y et l'x d'un point quelconque de la courbe décrite par la poutre, et, par conséquent, pour obtenir la flèche, qui n'est autre que l'ordonnée de ce point. Pour avoir la flèche maxima de la poutre, il suffit donc de mettre, dans cette équation, à la place de x, l'abscisse du point où la tangente est nulle, et d'en tirer la valeur de y correspondante. Ce calcul étant connu de tout le monde, nous ne nous y arrêterons pas davantage.

Calcul des flèches d'une poutre de hauteur variable. — 2ᵉ CAS. La hauteur de la poutre varie, les épaisseurs restant constantes.

On fait quelquefois varier la hauteur d'une poutre en laissant les épaisseurs constantes, de manière que le moment d'inertie s'égale en chaque point au moment des forces supérieures; dans ce cas, l'intégration ne peut plus se faire évidemment comme plus haut, puisque, dans le premier membre, la quantité I devient une variable; il faut, pour que l'intégration soit possible, que l'on connaisse la loi de la variation de I; Ainsi, supposons une pièce telle que AB (*fig.* **21**), ter-

Fig. 21.

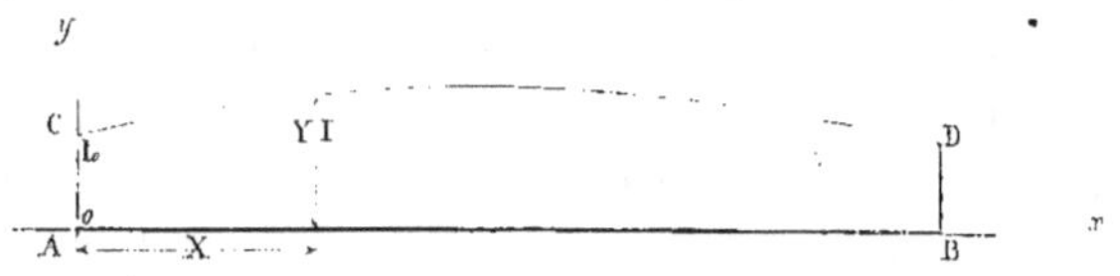

minée à la partie supérieure par une courbe CD, dont l'équation soit

$Y = f(x)$: il faut évaluer I en fonction de x, et le substituer dans l'équation $\dfrac{\varepsilon d^2 y}{dx^2} = \Sigma.\mathrm{MF}$. Cette substitution ne présentera pas de difficulté. Ainsi, si nous supposons que la section de la pièce AB soit rectangulaire, deux valeurs quelconques de I sont proportionnelles aux cubes des hauteurs correspondantes; si donc, nous appelons I_0 le moment d'inertie de AC et h la hauteur de la poutre en ce point, nous aurons $I = \dfrac{I_0}{h^3} \overline{f(x)}^3$, d'où : $\dfrac{EI_0}{h^3} \overline{f(x)}^3 . \dfrac{dy^2}{dx^2} = \Sigma\mathrm{MF}$, équation qui intégrée deux fois donnera :

$$ y = \frac{h^3}{EI_0} \int \int \frac{\Sigma\mathrm{MF}}{\overline{f\,x}^3} \text{; et les valeurs d'} y, \text{ dans cette équation, ne sont} $$

autres que les flèches de la poutre en chaque point.

Cette méthode s'appliquera de même à une forme quelconque de poutre, car on voit qu'il suffira toujours de trouver en fonction de x la loi de variation de I. Si, par exemple, nous supposons une pièce en double T, nous aurons $Y = b = f(x)$, représentant toujours l'équation de la courbe CD, par conséquent :

$$ I = \frac{ab^3 - a'b'^3}{6b} = \frac{a\overline{f(x)}^3 - a'\left(f(x) - e\right)^3}{6f(x)}, $$

e représentant l'épaisseur des deux tables horizontales, valeur qui, substituée dans la valeur de y, permettra d'intégrer.

Calcul des flèches d'une poutre de hauteur constante et d'épaisseur variable. — 3e CAS. La hauteur restant la même, l'épaisseur varie seule d'un point à un autre.

Soit toujours $Y = f(x)$, l'équation de la courbe EOG (*fig.* 22) ; I_0 le moment d'inertie en AC. Si nous supposons une section en double T, nous aurons, en appelant b, la hauteur constante AC; b', la dimension variable EF ;

$$I = \frac{ab^3 - a'b'^3}{6b} = \frac{ab^3 - a'.8Y^3}{6b} = \frac{ab^3 - 8a'\overline{f'(x)}^3}{6b};$$

c'est la valeur qu'il faudra mettre dans l'équation, et qui rendra l'intégration possible.

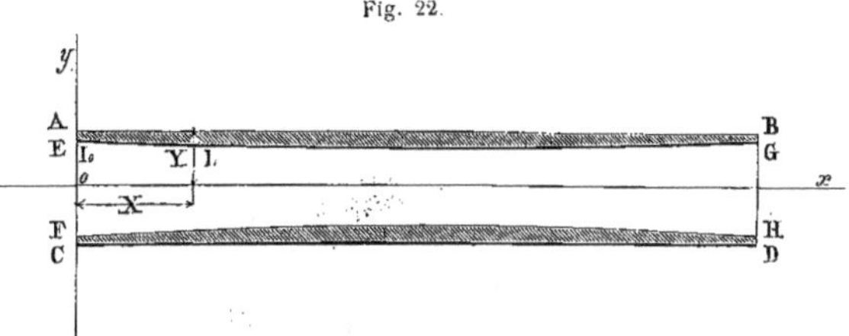

Fig. 22.

Calcul des flèches d'une poutre de hauteur constante, dont l'épaisseur varie en des points discontinus. 4ᵉ CAS. La hauteur restant constante, l'épaisseur varie en des points discontinus (*fig.* 22); c'est le cas le plus général des ponts en tôle; dans ce cas, la solution est compliquée. Voici la marche qu'il faudrait suivre:

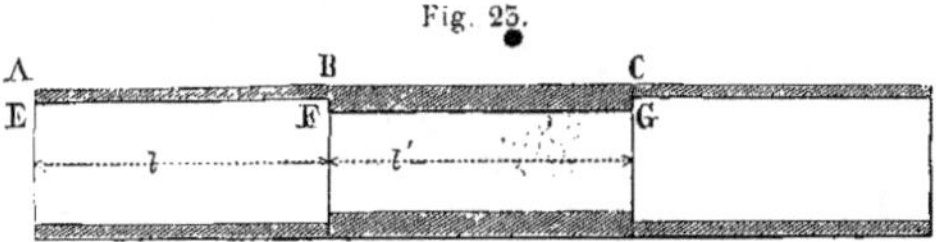

Fig. 23.

Établissons d'abord l'équation des moments correspondants au cas pour lequel nous voulons avoir les flèches: cette équation sera

$$\frac{EId^2y}{dx^2} = \Sigma MF \quad \text{ou} \quad \frac{\varepsilon d^2y}{dx^2} = \Sigma MF.$$

I étant constant depuis A jusqu'à B, nous pouvons intégrer cette équation deux fois, et nous aurons:

$$\varepsilon \frac{dy}{dx} = \alpha + f'(x),$$

$$\varepsilon y = \alpha_0 + \alpha x + f(x),$$

et α_0 sera égal à o, car, pour $x = o$, nous aurons $y = o$.

Pour la seconde variation d'épaisseur, nous aurons:

$$\varepsilon' \frac{dy}{dx} = \alpha' + f'(x),$$

$$\varepsilon' y = \alpha'_0 + \alpha' x + f(x).$$

Pour la troisième:

$$\varepsilon'' \frac{dy}{dx} = \alpha'' + f'(x),$$

$$\varepsilon'' y = \alpha''_0 + \alpha'' x + f(x).$$

Maintenant, toutes les courbes décrites par les portions de pièces AB, BC, etc., se raccordent aux différents points B, C, etc. Nous aurons donc la série des relations suivantes, en désignant par l, l', etc., les longueurs des différentes portions prismatiques:

$$\begin{cases} \dfrac{1}{\varepsilon} \left(\alpha + f'(l) \right) = \dfrac{1}{\varepsilon'} \left(\alpha' + f'(l) \right), \\[2ex] \dfrac{1}{\varepsilon} \left(\alpha l + f(l) \right) = \dfrac{1}{\varepsilon'} \left(\alpha'_0 + \alpha' l + f(l) \right), \end{cases}$$

$$\begin{cases} \dfrac{1}{\varepsilon'} \left(\alpha' + f'(l') \right) = \dfrac{1}{\varepsilon''} \left(\alpha'' + f'(l') \right), \\[2ex] \dfrac{1}{\varepsilon'} \left(\alpha'_0 + \alpha' l' + f(l') \right) = \dfrac{1}{\varepsilon''} \left(\alpha''_0 + \alpha'' l' + f(l') \right). \end{cases}$$

$$. \quad . \quad . \quad . \quad . \quad . \quad . \quad . \quad . \quad . \quad . \quad . \quad . \quad .$$

et ainsi de suite; si nous supposons qu'il y ait n variations d'épaisseurs, nous obtiendrons ainsi $2n - 2$ équations; or, en remarquant que la première constante est toujours nulle, puisque la courbe passe nécessairement par l'origine, on voit qu'on aura $2n - 1$ inconnues; et comme, de plus, l'y du point extrême de la courbe est également nul, on aura, dans la dernière équation:

$$\varepsilon^{n-1} = \alpha_0^{n-1} + \alpha^{n-1} l^{n-1} + f(l^{n-1}) = 0,$$

ce qui fournit les $2n - 1$, équations nécessaires pour déterminer toutes les constantes; on voit donc que le problème est complétement déterminé, et même que la solution ne présente d'autres difficultés que des calculs fort longs. Il serait bon en pratique de les abréger, en ne tenant pas compte de toutes les variations d'épaisseur, et en prenant des moyennes qui puissent permettre de considérer les sections du pont comme constantes sur une plus grande longueur que cela n'a lieu réellement; si on remarque que les sections d'un pont ne varient très-notablement que sur des longueurs assez restreintes, relativement à leur longueur totale, et que, d'ailleurs, en prenant la moyenne des épaisseurs, comme nous le proposons, on tend à contre-balancer les erreurs et à obtenir un résultat moyen, on se convaincra que les flèches fournies par cette méthode seront généralement obtenues avec une exactitude suffisante pour fournir des indications précises.

Calcul des flèches d'une poutre de hauteur et d'épaisseur variables. — 5° CAS. Enfin, les hauteurs et les épaisseurs peuvent varier à la fois (*fig.* 24), les unes d'une manière continue, les autres d'une manière brusque; la différence qu'il y a entre ce cas et le précédent

Fig. 24.

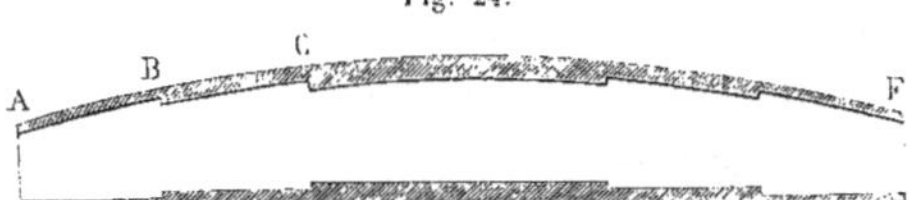

est que le moment d'inertie variant de A à B, de B à C, etc., on ne peut intégrer l'équation $EI \dfrac{d^2y}{dx^2} = \Sigma MF$, qu'à la condition d'avoir remplacé I par sa valeur en fonction de x; ainsi, si $Y = f(x)$ est l'équation de la courbe ABC..F, si la pièce a la forme d'un double T, nous aurons, pour la partie AB, pendant laquelle l'épaisseur e est constante,

$$I = \frac{af(x)^3 - a'\left[f(x) - e\right]^3}{6f(x)}.$$

C'est cette valeur qu'il faudra substituer dans l'équation des moments, pour intégrer et terminer ensuite le calcul, comme dans le cas précédent ; mais on conçoit sans peine que ces calculs doivent être fort longs, et même qu'ils conduisent souvent à des intégrations impossibles ; il faudra encore généralement employer, dans ce cas, la méthode abrégée que nous avons indiquée plus haut ; il conviendra même de considérer, pour de certaines longueurs, la hauteur comme constante et égale à la moyenne.

Il est à remarquer que les calculs qui précèdent ne sont pas encore rigoureusement exacts ; nous y avons, en effet, toujours négligé l'influence exercée par la composante verticale des réactions mutuelles des fibres sur le déplacement vertical des sections consécutives ; il est évident que cette action tend à augmenter les flèches, et que, si on voulait se servir dans toute leur rigueur des résultats des calculs précédents, il serait important d'en tenir compte. Nous insistons sur ce point, parce que la détermination des flèches peut n'être pas seulement une recherche pratique destinée à éclairer sur les conditions de résistance d'une poutre employée dans les arts, dans lequel cas une erreur légère sur la valeur de la flèche réelle n'a aucune importance ; mais parce qu'elle peut avoir aussi un autre but pour lequel une exactitude minutieuse ne saurait être trop poursuivie : c'est lorsqu'il s'agit d'expériences sur la résistance de pièces à la flexion. L'existence de la *limite d'élasticité*, et par suite la modification radicale des lois de la résistance au delà de cette limite, démontre bien clairement l'importance qu'il y a à ne pas observer une poutre seulement au moment de la rupture, mais au contraire en deçà de la limite d'élasticité ; les flèches que prendra cette pièce sous l'action de différentes charges, étant évidemment dans ce cas le seul mode d'observation, il est important de les comparer à des flèches théoriques, offrant la plus grande exactitude possible. L'observation de ces flèches est d'ailleurs le seul moyen de vérification pratique que nous puissions appliquer à la théorie de la flexion

des poutres. Dans ces circonstances, il sera facile de tenir compte de
l'accroissement de flèche, produit par l'effort tranchant; voici la
marche qu'il faudra suivre :

Si nous considérons deux sections infiniment voisines, AB, CD, d'une
pièce posée sur deux appuis, par exemple (*fig.* 25), l'effort, en vertu

Fig. 25.

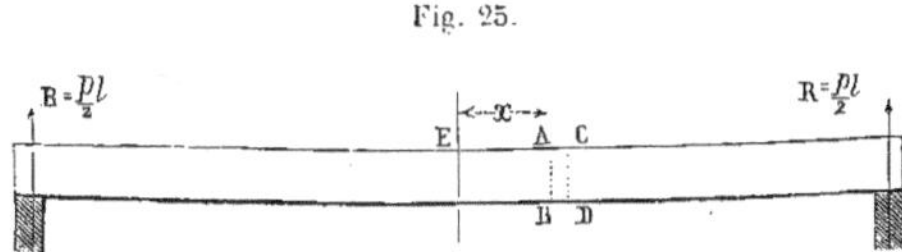

duquel ces deux sections tendront à glisser l'une sur l'autre, sera le
poids agissant sur la portion AE ou px ; en sorte que l'accroissement de
l'allongement de A en C sera $di = \dfrac{pxdx}{ES}$, E représentant le coefficient
d'élasticité, et S la section de la poutre ; on aura donc, pour l'allongement total, au point E, où se trouve la flèche *maxima*, $i = \dfrac{pl^2}{2SE}$, c'est-à-
dire que cet allongement est la moitié de celui qu'on obtiendrait en
soumettant directement la pièce à un effort de traction égal à pl. Ce calcul suppose que la section de la poutre est constante ; si cela n'a pas
lieu, il faut faire le calcul pour chaque portion de pièce, pendant laquelle la section est constante.

Généralement, en pratique, il ne sera pas nécessaire de tenir compte
de cette cause d'erreur ; il suffit seulement d'être prévenu que les
flèches théoriques, calculées par la méthode approximative que nous
avons indiquée plus haut, sont un peu au-dessous de celles qu'indiquera l'expérience.

8

CHAPITRE IV.

§ Ier. — DE LA SURCHARGE A CONSIDÉRER DANS LE CALCUL D'UN PONT.

Nous avons indiqué, chap. II, les méthodes générales qui peuvent servir à déterminer les dimensions d'une poutre d'un pont en tôle ; il est indispensable de dire quelques mots de la surcharge qu'on doit considérer dans ces calculs. Ce que nous allons dire sur ce sujet se rapportera toujours à un pont destiné à un chemin de fer ; il sera très-facile d'en conclure ensuite les hypothèses qu'il convient d'adopter pour un pont à voitures.

Nous avons admis jusqu'à présent que le poids agissant sur un pont était uniformément réparti par mètre courant ; cette hypothèse ne peut être réalisée que lorsque le pont est d'une certaine longueur, et serait tout à fait inadmissible pour des ponts de petites ouvertures.

Surcharge à considérer pour des ponts de 4 mètres d'ouverture environ. — Si, par exemple, on considère un pont de 4 mètres d'ouverture, il faudra se contenter de faire une seule hypothèse et supposer le poids des roues motrices, appliqué au milieu du pont ; on peut évaluer cette charge à 16 tonnes, ce qui correspond à un poids uniforme de 8 tonnes par mètre courant de voie.

Surcharge à considérer pour des ponts de 10 à 12 mètres environ. — Pour des ponts de 10 à 12 mètres, il faut supposer une machine chargeant le pont en trois points ; celui du milieu étant de 15 tonnes, les deux autres de 13 tonnes. Ces chiffres correspondent au poids des machines à marchandises les plus lourdes qui aient encore été exécutées; le poids de la machine entière serait alors en effet de 40 tonnes.

Surcharge à considérer pour des ponts d'environ 15 mètres. — Pour les ponts d'environ 15 mètres d'ouverture, il devient à peu près indifférent de considérer le poids uniformément réparti, ou la charge posée en des points distincts; pourtant, dans le premier cas, il est bon d'augmenter un peu la surcharge et de prendre, par exemple, 5 tonnes par mètre au lieu de 4ᵗ,5, qu'on peut regarder comme le poids moyen par mètre courant d'un train de locomotives [1].

Surcharge à considérer pour des ponts de 30 à 50 mètres. — A partir de 30 mètres jusqu'à 50 mètres, d'une seule travée, on doit compter sur la charge d'un train de machines, c'est-à-dire 4ᵗ,5 par mètre de simple voie; mais pour un pont à deux voies et à plusieurs travées, il est clair qu'on ne peut admettre que les deux voies puissent être à la fois chargées de machines sur une longueur de plus de 50 mètres; ce qui reviendrait à placer sur le pont plus de quatorze machines; il faudra donc ne considérer qu'une seule travée comme chargée de machines, la travée voisine pouvant être chargée d'un train de wagons. Dans ce cas, on peut regarder la surcharge par mètre, due à un train de wagons, comme équivalente à 2ᵗ,5.

Surcharge à considérer pour des ponts de 60 mètres et au delà. — Enfin, pour des ponts à plusieurs travées, dont l'ouverture dépasse 60 mètres, on n'en compte qu'une chargée de machines, les autres pouvant être chargées de wagons, et on pourra considérer 300 mètres comme la longueur maxima d'un train.

En résumé, voici pour un pont à une travée les diverses hypothèses qu'il convient de faire sur les surcharges, suivant les différentes ouvertures.

[1] Voir chapitre VIII, § 1ᵉʳ.

Longueur de la travée.	4^m	6^m	10^m	15^m	20^m	25^m	50^m	$40^m,50$	60^m
Poids, par mètre de voie, uniformé- ment réparti.	8^t	7^t	6^t	5^t	$4^t,7$	$4^t,5$	$4^t,5$	$4^t,5$	4^t

Ce tableau, joint à l'analyse des circonstances de trafic spéciales auxquelles le pont sera soumis, servira à déterminer la valeur de la surcharge qu'il convient d'admettre dans chaque cas.

§ II. — DE LA FORME DES POUTRES.

Les poutres employées dans la construction des ponts droits peuvent se ranger en deux grandes classes : les poutres à simple paroi verticale et à double paroi verticale.

Ces dernières ont été beaucoup employées en Angleterre, d'abord par Stephenson, aux ponts de Menai et de Conway, ensuite en France par M. E. Flachat, au pont d'Asnières.

Nous n'examinerons pas ici les circonstances qui doivent déterminer dans le choix de tel ou tel système de poutres; cette discussion importante, dépendant de la disposition générale du pont, et par suite d'un grand nombre de considérations, qui ne sont développées que dans la suite de cet ouvrage, nous avons préféré la rejeter plus loin. Nous admettrons donc que l'on soit par des raisons particulières conduit à choisir entre ces différents systèmes de poutres, et nous allons exposer les avantages et les inconvénients qui sont propres à chacun d'eux, ainsi que les conditions principales de leur construction, toujours au seul point de vue de l'équilibre des forces.

Poutres à T, à double paroi verticale. — Les poutres à double paroi, qu'on appelle souvent *poutres tubulaires* (*fig.* 26), présentent, sous le rapport de la résistance, l'inconvénient évident d'employer une grande proportion de métal en parois verticales, c'est-à-dire, d'une manière désavantageuse pour la résistance. D'un autre côté, elles permettent d'employer des nervures horizontales d'une largeur double de celle que l'on pourrait donner à une poutre à double T, dans les mêmes conditions.

En effet, la largeur de ces nervures horizontales est bornée par la nécessité de ne pas laisser en porte-à-faux, de chaque côté de la paroi verticale, une trop grande largeur de tôle, sans quoi on ne pourrait plus admettre que la poutre travaillât dans les conditions normales ; il est évident en effet, qu'il existe une certaine largeur de nervure horizontale qui ne pourra plus supporter l'effort théorique indiqué par la valeur du moment d'inertie sans se voiler sur la paroi verticale ; malheureusement il manque sur ce point une série d'expériences de la plus grande utilité pour déterminer cette limite ; on ne peut actuellement la fixer que par analogie, et nous pensons que pour une poutre à simple paroi, une largeur de 0,60 à 0,80 doit être considérée comme un maximum. La largeur maxima d'une poutre à double paroi devrait donc être par conséquent d'environ 1^m,40. Le porte-à-faux qu'on peut donner à une tôle horizontale dépend de son épaisseur et de sa liaison avec la paroi verticale. On peut actuellement admettre, dans les circonstances ordinaires, un porte-à-faux de vingt fois l'épaisseur ; mais c'est une loi empirique, basée sur des observations incomplètes et à laquelle nous n'attachons nous-mêmes aucune valeur.

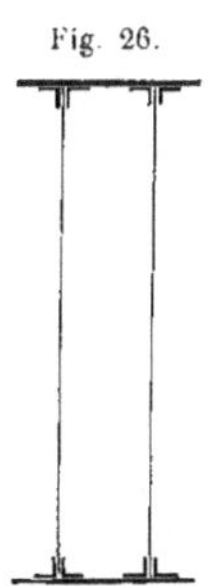

Fig. 26.

On conçoit que les poutres à double paroi devront être employées dans les circonstances où la hauteur de la poutre étant limitée, on serait conduit par le calcul à employer des épaisseurs de nervure horizontale trop considérables, qui nécessiteraient d'en augmenter la largeur. Il y a des cas où cette largeur devant encore être très-grande, il serait impossible de trouver la section nécessaire avec des nervures horizontales plates. On emploie dans ce cas les poutres cellulaires.

Poutres cellulaires. — Les nervures horizontales de ces poutres se composent alors de tubes rectangulaires en tôle rivés ensemble et aux parois verticales (*fig.* 27). Cette disposition a été adoptée dans un double but; l'un de diminuer l'épaisseur de la nervure horizontale qui peut arriver à exiger des rivets d'une assez grande longueur pour placer l'ouvrage dans de mauvaises conditions d'exécution; l'autre d'augmenter la rigidité de la nervure horizontale, et par conséquent la résistance au voilement de la poutre. On conçoit sans peine, en effet, que le voilement précédant la rupture d'une quantité notable dans des poutres dont la largeur est faible par rapport à leur longueur, il soit avantageux d'adopter une disposition qui, tout en diminuant le moment d'inertie à section égale, reculera pourtant la limite de sa résistance au voilement. Cette forme de poutres conviendra donc aux poutres de grandes dimensions.

Fig. 27.

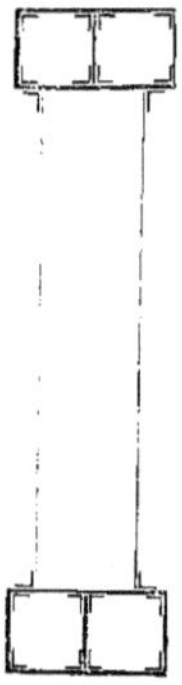

Poutres à simple paroi. — Les poutres à simple paroi (*fig.* 28) sont, comme nous venons de le dire, plus économiques que les précédentes, comme emploi de métal; dans des dimensions restreintes, les nervures horizontales peuvent être plates; dans le cas contraire, on peut employer, soit des cellules, comme au pont de Menai, soit des nervures courbes, comme dans la poutre Brunel; cette dernière forme de poutres se compose (*fig.* 29) d'un double T, dont la nervure supérieure, qui résiste à la compression, est courbée en arc de cercle et reliée par des consoles à la paroi verticale; cette disposition a toujours pour but de s'opposer au voilement, et peut être employée avec avantage pour des poutres dont la hauteur est un peu considérable. Quant aux nervures à cellules, il faut avoir soin, pour les poutres à simple paroi, de prolonger la paroi verticale, de manière qu'elle traverse complétement les cellules et relie, dans toute la hauteur,

Fig. 28.

les deux nervures de la poutre; c'est une précaution importante, qu'on néglige à tort en Angleterre. On pourrait aussi donner aux cellules une section trapézoïdale (*fig.* 30), de manière à prendre, sur la paroi verticale, le plus grand empâtement possible. Ce système présenterait pourtant quelques difficultés de construction.

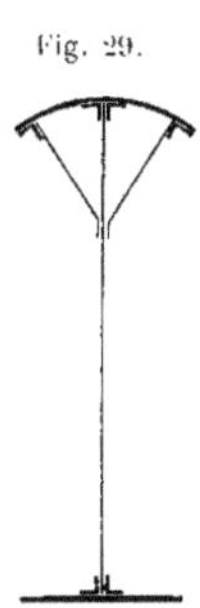

Fig. 29.

Enfin, il faut, dans toutes ces constructions, apporter le plus grand soin à ce que chaque partie en soit abordable : la surveillance du pont, la nécessité de remplacer quelquefois sur place les rivets mal mis au chantier, rendent cette condition indispensable.

Le calcul des moments d'inertie de ces poutres n'offre aucune difficulté; nous en avons exposé la marche au commencement de cet ouvrage; nous devons seulement avertir que, dans la pratique, où il ne faut pas tenir à une rigueur mathématique, on devra toujours chercher à les simplifier, au moyen d'approximations suffisantes. Ainsi, généralement, la hauteur des cellules étant peu considérable, par rapport à celle de la poutre, il sera inutile de calculer le moment d'inertie, et on pourra la considérer comme une poutre à double T, dont la hauteur est la distance des centres de gravité des cellules; au reste, le résultat obtenu ainsi est un peu supérieur à la vérité.

Fig. 30.

Enfin, avant d'abandonner ce sujet, il nous faut revenir encore sur ce point; que le moment d'inertie théorique d'une poutre, répondant à la valeur indiquée par la courbe des moments, ne suffit pas à en assurer la résistance; c'est-à-dire que, parmi le nombre infini de formes de sections qui répondent à la question, il ne faut prendre que celles qui ne seraient pas *déformables* sous l'action des forces extérieures, sans quoi la pièce sort immédiatement des hypothèses fondamentales du calcul, et l'équilibre peut être rompu. C'est, en effet, lorsque cette condition n'est pas remplie qu'il se produit une déformation qu'on appelle *voilement*, et cette question, qui renferme un assez grand nombre de difficultés, telles que la limite de largeur à donner aux nervures horizontales, l'épaisseur qui convient aux parois verticales, etc., est un des côtés les moins étudiés de la résistance des poutres. Nous avons dit plus haut que les expériences manquaient pour éclaircir le premier point; nous pouvons pourtant donner sur le second quelques détails, que nous développerons plus loin, à propos des poutres latices (en treillis); seulement ce qui précède suffit à faire concevoir la nécessité de maintenir la forme de la poutre par des moyens accessoires, tels que les goussets, croix de saint André, etc., que nous indiquerons en parlant de la construction.

Poutres latices. — Nous avons implicitement supposé, dans tout ce qui précède, que les parois verticales des poutres étaient composées de tôles pleines. On a construit, en Angleterre, un certain nombre de ponts formés de poutres, rappelant absolument, par leur système de construction, les poutres américaines en bois : ce sont les poutres latices. On a fait à ce système de poutres plusieurs objections qui en ont fait considérablement restreindre l'emploi. L'opinion de la plupart des ingénieurs anglais est, en effet, que ces poutres sont inférieures aux poutres à parois pleines, à cause de la plus grande solidarité qui existe dans ces dernières entre les nervures horizontales et la paroi verticale, qui sont rivées ensemble sur toute leur longueur. Cette objection spécieuse ne nous paraît pourtant pas fondée; on peut, en effet, construire une poutre latice, au moyen de deux fers à T, d'une ou plusieurs pièces (*fig.* 31), et donner aux parois verticales de ces T une hauteur suffisante, pour qu'en les réunissant par un latice, chaque rivet ne supporte qu'un effort déterminé, et qu'on pourra choisir de façon qu'une construction semblable offre toute sécurité.

Des expériences comparatives ont été faites au Hanovre sur des poutres modèles à parois pleines et en treillis, mais on ne peut les con-

sidérer comme concluantes. En premier lieu, on a opéré sur une trop
petite échelle; ensuite, le poids du métal consacré au treillis n'avait pas
été réparti conformément aux indications de la théorie, en sorte qu'il
ne correspondait pas aux efforts qu'il devait supporter; il en est
résulté que les extrémités des poutres, où les variations des moments
sont plus grandes et *où l'effort tranchant est maximum*, ont cédé
sous des charges presque moitié moindres que celles qui déterminaient la rupture de la poutre pleine. L'importance du rôle que
joue le treillis dans l'équilibre de la poutre augmente dans une
poutre posée et chargée uniformément, depuis le milieu jusqu'à
l'extrémité. Il faut donc, à mesure qu'on s'approche de la pile, augmenter la dimension des barres et diminuer leur écartement.

Fig. 31.

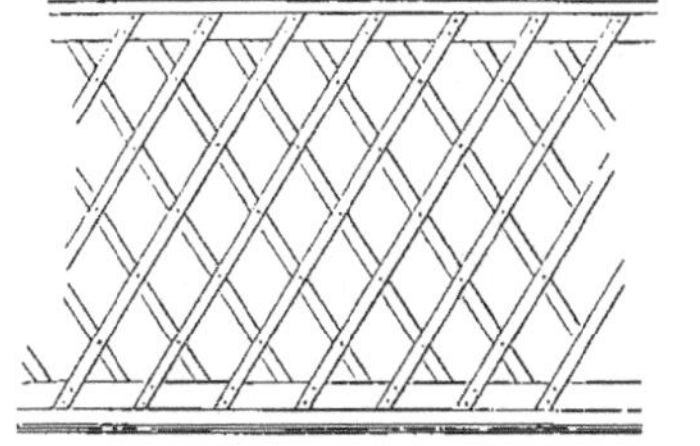

Les conditions de résistance des nervures horizontales, dans le cas
d'une poutre en treillis, ne sont évidemment plus les mêmes que lorsque la paroi de la poutre est continue. Les efforts supportés par ces
nervures, au lieu de varier d'une manière continue, suivant la loi des
moments, varient, au contraire, d'une manière brusque, d'un point
d'attache du treillis à l'autre, en sorte que, dans cet intervalle, il faut
considérer chaque portion de nervure horizontale comme un solide
résistant soit à la traction, soit à la compression, et abandonné à lui-
même. Cette considération doit faire rejeter *à priori* tout système de
treillis qui, quoique paraissant rationnel au premier abord, con-

duirait à des points d'attache trop éloignés. En d'autres termes, il ne sera pas suffisant, après avoir déterminé les efforts supportés par chaque barre d'un treillis, de lui donner la section correspondante ; il faut encore que la distance choisie entre les barres ne soit pas trop considérable. C'est, en effet, cet inconvénient qui, sous l'influence d'un accroissement d'effort, détermine le voilement des nervures des poutres, et par suite la rupture.

Théorie des latices. — Voici d'ailleurs comment, d'après M. Clapeyron, on peut se rendre compte d'une manière simple du rôle d'un latice dans une poutre.

Soit un poids p à supporter entre deux appuis. On peut soutenir ce poids p au moyen de deux tiges AB et AC (*fig.* 32), qui résisteront à la

Fig. 32.

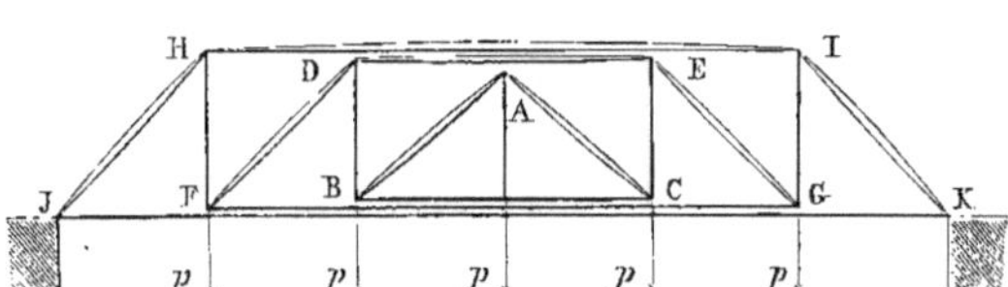

compression, à la condition de les relier par une tige horizontale BC, qui résistera à la traction ; il faudra alors soutenir les deux points B et C au moyen de deux tirants DB et EC, que nous soutiendrons eux-mêmes au moyen de deux barres FD et EG, qui reporteront l'effort en F et G, à la condition de les relier par une autre barre DE résistant à la compression ; nous soutiendrons de même F et G au moyen de deux autres tirants HF et IG, de HJ, HI, IK résistant à la compression, et de JK résistant à la traction.

Nous pourrions également (*fig.* 33) soutenir le poids p au moyen de deux tirants A'D', A'E' réunis par une pièce D'E' résistant à la compression, et ainsi de suite pour les points F'B'C'G'. Si on n'avait qu'un poids unique appliqué au milieu, les efforts des tiges inclinées dans les deux systèmes seraient constants dans toute la longueur de la poutre; il en serait de même pour les tiges horizontales HI, DE et HI', etc.

Si on suppose qu'un poids p soit suspendu à chacune des tiges ver-

Fig. 33.

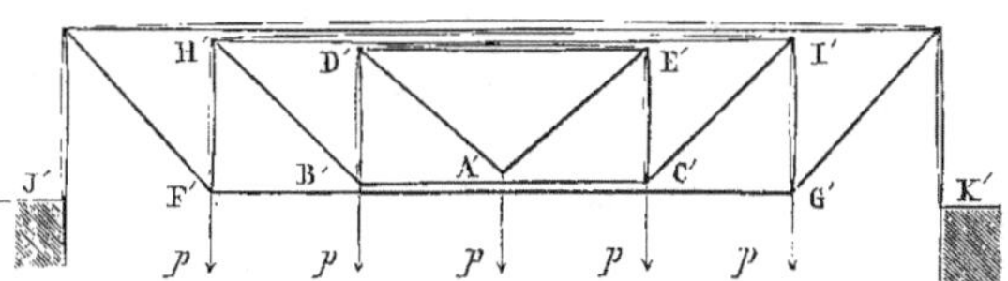

ticales du latice, les efforts supportés par les différentes tiges croîtront depuis le milieu de la poutre jusqu'à la culée, de façon que (*fig.* 32) l'effort de la tige AB étant $\frac{1}{2}$, celui de DF serait $1+\frac{1}{2}$ celui de HJ, $2+\frac{1}{2}$, et ainsi de suite, puisqu'à chacun des points B, F, etc., vient s'ajouter la composante de p.

Si maintenant, au lieu de considérer un seul de ces deux systèmes, on les combine ensemble, on formera la figure (34) dans laquelle on voit que toutes les tiges D'C, C'B, etc., résistent à la compression; DC', CB', etc.,

Fig. 34.

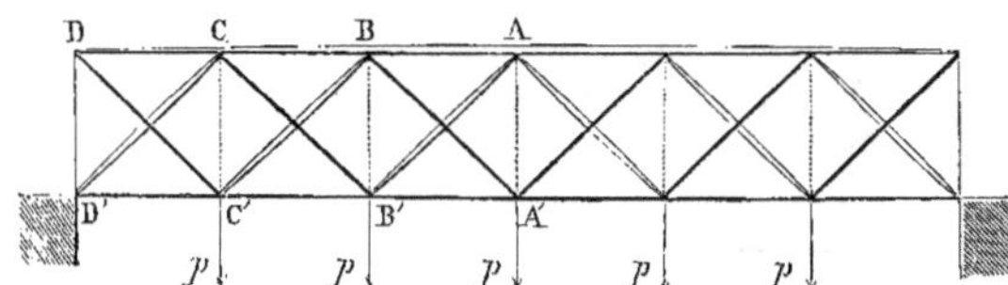

à la tension, et sont soumis à des forces égales, tandis que les barres verticales DD', CC', BB', etc., résistent à la fois à des efforts de tension et de compression égaux entre eux, et peuvent, par conséquent, être supprimées. Dans cette dernière combinaison, les efforts supportés par chacune des tiges du latice sont moitié moindres que dans l'un ou l'autre des deux systèmes isolés dont elle se compose.

De ces considérations fort simples on peut déduire le moyen qui nous paraît le plus naturel de calculer les dimensions d'un latice. Supposons, en effet, qu'on ait construit la courbe des moments de résistance, cette courbe fera connaître en chacun des points D,C,B la valeur du moment de rupture maximum Q, Q', Q''. De ces moments, on déduira les efforts supportés par les nervures horizontales aux points D, C, B, et par suite les dimensions des tiges BA' et AB'. En prenant ensuite les différences entre les efforts des nervures horizontales aux points C et B, D et C, on obtiendra des valeurs égales à la composante horizontale de l'accroissement d'effort subi par chaque tige du latice aux points C et D. Les moments se trouvant calculés d'avance, l'effort supporté par les nervures horizontales s'en déduit, en divisant la valeur du moment par la hauteur de la poutre.

Ce sont, en général, les points d'attache des pièces de pont qui déterminent les points d'application des efforts subis par les différentes parties de la poutre. Dans le cas d'un système de latices composé d'une double série de diagonales superposées (*fig.* 35) et attachées entre elles

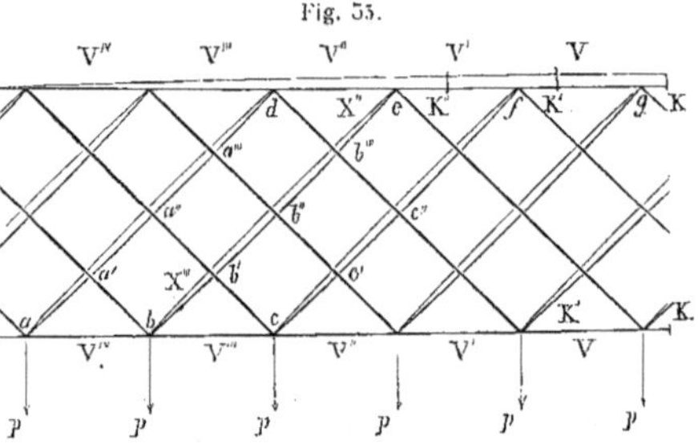

Fig. 35.

en leurs points de rencontre a, a', b, b', etc., si on suppose que les pièces de pont pesant un poids p soient fixées aux points a, b, c, etc., on peut déterminer sans peine les efforts supportés par chaque diagonale.

Soient, en effet, V, V', V'', etc., les variations de compression entre gf,

fc, *cd*, etc., c'est-à-dire les différences entre les efforts de compression
supportés par les sections K et K', K' et K'', etc.; les efforts de traction de
la table inférieure varieront des mêmes quantités, en vertu de l'équilibre de translation horizontale. Soient X, X', X'' les composantes des
forces V suivant les diagonales. Supposons pour fixer les idées $V'' > V$,
$V'' > V'$, etc., et considérons la compression de la barre *be*.

De *c* à *b'''* cette compression est X''. A l'autre extrémité de la tige de
b en *b'* cette compression est X'''; mais on a $X''' > X''$ d'après notre hypothèse, la barre *be* reçoit donc des accroissements de compression dont
la somme totale est X''' — X'' égale à la composante de *p*. Cet accroissement lui est transmis aux points *b'*, *b''* et *b'''*, au moyen des tiges de
traction *b'c*, *b''c'*, *b'''c''*.

Il résulte de là que pour calculer un latice ayant un nombre quelconque de barres, il faut avoir soin de prendre la variation des efforts
sur les tables horizontales de la poutre, du côté où elle est la plus forte,
cette variation correspondant d'ailleurs à l'espacement de deux tiges [1].

Il est intéressant de déterminer l'inclinaison la plus convenable
qu'on doit donner aux latices. Si ces barres sont presque droites, on
diminue les efforts qu'elles supportent en les rapprochant du poids *p*,
mais leur nombre augmente et par suite la quantité de métal employée.
Si, au contraire, on les incline davantage, la composante du poids prise
dans leur direction devient très-considérable; il y a donc une inclinaison qui correspond au minimum de métal. On peut la déterminer ainsi.

Soit (*fig.* 36) un poids P à supporter sur une poutre AB; *ab*, *bc*, représentent les tiges du latice. On voit que ces tiges sont soumises au
même effort que celui qui serait supporté par les côtés du triangle AoB,
si le poids P, au lieu d'être appliqué en *b*, l'était en *o*; seulement on n'aurait plus qu'un effort unique de traction, tandis que dans la poutre les
tiges sont alternativement tirées et comprimées.

[1] Les tables horizontales ne servent en effet qu'à maintenir le poids P en *b*, au
lieu de le tenir en *o*.

La question peut donc être ramenée à déterminer quelle est la quantité de fer minima nécessaire pour soutenir le poids P. En désignant par α l'angle d'inclinaison des tiges avec l'horizontale, la longueur de la tige est proportionnelle à $\dfrac{1}{\cos \alpha}$, la tension qu'elle supporte est proportionnelle à $\dfrac{1}{\sin \alpha}$; le volume est proportionnel au produit de ces deux quantités, c'est-à-dire à $\dfrac{1}{\sin \alpha \cos \alpha}$, dont le minimum a lieu pour $\alpha = 45^{\circ}$. C'est donc l'inclinaison qu'il convient de donner aux tiges du latice pour l'emploi le plus favorable du métal.

Fig. 56.

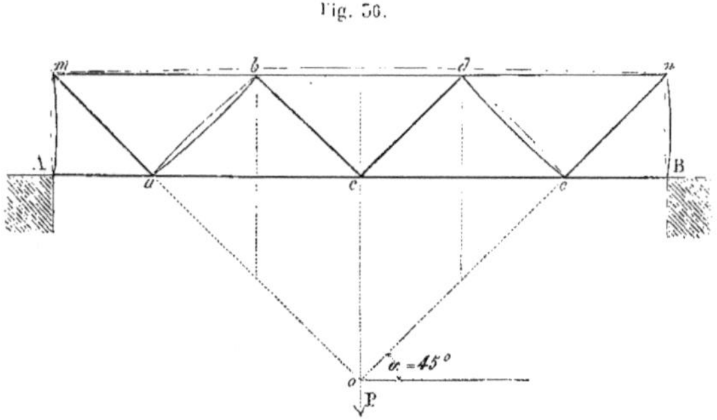

Quoique nous ne soyons pas disposés à condamner les poutres latices par les raisons qui jusqu'ici les ont fait rejeter, nous sommes loin d'en conseiller l'emploi d'une manière absolue. L'économie qui résultera de cette disposition n'est pas aussi grande que celle qu'on pourrait en attendre au premier abord, quoiqu'il y en ait une cependant, tant sous le rapport du poids que sous celui du prix de la matière, Ce qu'on doit conclure de ce qui précède, c'est qu'il est possible, surtout au moyen de fers à T laminés, de construire des poutres latices qui soient dans d'excellentes conditions de résistance et de construction; ce n'est pas à dire pour cela que l'avantage soit si grand, si incontestable que l'emploi de ce genre de poutres doive prévaloir sur celui des poutres à parois pleines.

On pourrait déduire de ces indications la marche à suivre pour déterminer l'épaisseur qu'il convient de donner à une paroi verticale continue. Si, en effet, nous supposons que les points D et C (*fig.* 34) viennent à se rapprocher jusqu'à n'être plus séparés que par une distance infiniment petite, la différence entre les moments Q et Q' deviendra dQ, et en chaque point la paroi verticale devra faire équilibre à cet accroissement différentiel des moments; mais les dimensions qu'on trouverait ainsi sont de beaucoup inférieures à celles qu'il faut mettre en pratique, en vertu des exigences de la construction, et que nous indiquerons plus loin, et cette insuffisance de la théorie, sur ce point, tient encore à la cause que nous avons signalée plus haut : le défaut d'expériences suivies sur *le voilement*.

On peut pourtant, en s'appuyant sur les considérations précédentes, déterminer l'effort moyen par unité de longueur, qui a lieu sur la ligne de jonction de la paroi verticale avec les tôles horizontales. La connaissance de cet effort est nécessaire pour déterminer la rivure de ces deux parties entre elles.

En effet, nous avons dit que la paroi verticale transmettait d'un point à l'autre la variation des moments; l'équation de ces moments est : $Q = Ax - \dfrac{px^2}{2} - Q_0$, A représentant la réaction de la pile due à la travée considérée. Si nous différentions, nous aurons :

$$dQ = Adx - pxdx ;$$

l'accroissement proportionnel sera donc : $\dfrac{dQ}{dx} = A - px$.

Il suffit, dans cette équation, de remplacer A par sa valeur connue en fonction des moments sur les deux piles, qui est :

$$A = \frac{Q_0 - Q'_0}{l} + \frac{pl}{2},$$

et il est à remarquer que la valeur de $\dfrac{dQ}{dx}$ est justement celle de l'effort tranchant au point de la poutre considérée. Si, dans cette équation, on fait $x = 0$, on aura la plus grande valeur de cet accroissement. Il s'ensuit que les deux efforts qui agissent sur les nervures supérieure et inférieure étant égaux, si on appelle h la hauteur de la poutre, la valeur de cet effort sera $\dfrac{A}{h}$; il faudra donc que, par mètre courant de poutre, il y ait un nombre suffisant de rivets, pour résister à cet effort.

Si on voulait mettre exactement en chaque point de la ligne de jonction de la paroi verticale avec la nervure horizontale la quantité de rivets rigoureusement nécessaire pour résister à cet effort, on serait donc conduit à la faire varier d'une section à l'autre de la poutre : mais cette disposition présenterait d'assez grandes difficultés de construction, et il est préférable d'augmenter un peu plus qu'il n'est nécessaire le nombre des rivets, pour obtenir dans le perçage des tôles et des cornières une régularité qui est une cause puissante de simplification.

On voit, d'après ce qui précède, que la paroi verticale doit varier d'épaisseur dans la longueur de la poutre, en vertu de la variation même de l'effort tranchant; il faut, en effet, que, sur les piles, la paroi verticale ait l'épaisseur suffisante pour supporter tout le poids de la travée correspondante du pont. De là la nécessité de resserrer les latices en ces points, ou d'augmenter l'épaisseur de la paroi verticale, si elle est continue, ainsi que le nombre des consoles.

Remarquons ici que la paroi verticale, comme les latices, devant transmettre d'un point à un autre *les variations des moments*, il ne suffirait pas d'augmenter sur les piles le nombre des *cadres* ou *consoles;* mais comme c'est là que les variations d'efforts d'un point à un autre sont les plus grandes, il faut *aussi augmenter l'épaisseur des tôles.*

Poutres composées. — On fait aussi quelquefois usage, surtout pour des ponts à faible portée, de *poutres composées*.

Nous distinguons deux genres de poutres composées : celles qui sont entièrement construites avec le même métal ; celles qui sont formées de métaux différents, fer et fonte.

La forme des poutres composées de la première espèce peut être considérablement variée ; mais, au fond, tous les systèmes reviennent toujours à armer une poutre à l'aide de bielles et de tirants, de manière à diminuer les effortssupportés par les points les plus fatigués. La disposition la plus simple consiste à soutenir le milieu de la poutre (*fig.* 37), et à relier l'extrémité D de la bielle aux points A et B, au moyen de deux tirants, de manière que, si le milieu de la poutre tend

Fig. 37.

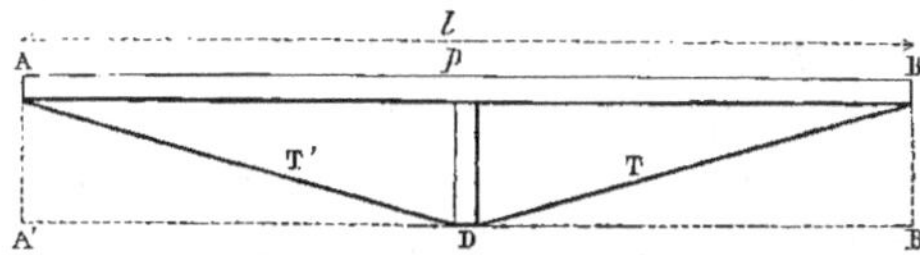

à fléchir sous l'action de la charge, il se développera dans les tirants AD et DB des tensions qui pourront faire équilibre à l'action de la charge ; on voit que dans certains cas cette disposition peut être plus avantageuse que celle qui consisterait à employer les tirants horizontalement en A'B', comme dans une poutre ordinaire qui nécessiterait des consoles AA', BB'. Mais ces poutres ne sont applicables qu'à de petites ouvertures, et surtout pour des surcharges invariables de position.

Si l'on voulait faire exactement le calcul d'une poutre armée dans ces conditions, ce calcul serait assez long ; il faudrait, en effet, considérer la poutre AB comme une poutre continue à deux travées, soumise de plus, à son extrémité, à un effort de compression Tx ; et ce calcul serait exact, si l'on admet, comme il est logique de le faire, que les dimensions des pièces soient suffisantes pour que les flèches soient négligeables, et qu'on puisse prendre pour les forces T et F les valeurs indiquées par la décomposition statique des forces (¹).

Quelquefois on multiplie le nombre des triangles en soutenant la poutre en trois points ou même davantage ; la marche du calcul est la même, si ce n'est que la poutre AB devrait, à la rigueur, être calculée comme une poutre continue à quatre travées.

Il est, du reste, à remarquer que ces calculs sont à peu près semblables à ceux au moyen desquels on doit déterminer les dimensions d'une ferme de charpente, avec cette différence que, dans ce dernier cas, en vertu de l'inclinaison de la ferme sur l'horizon, l'effort de flexion, qui a lieu sur la pièce AB, a moins d'importance par rapport à la compression, surtout à cause du plus grand nombre de bielles qu'on place généralement dans les fermes, en sorte qu'on peut se contenter de calculer les pièces pour ce dernier effort.

Au reste, toutes ces poutres armées ne peuvent être employées avec avantage que dans des dimensions très-limitées, ou pour supporter de faibles surcharges, par exemple, pour des passerelles.

On a construit en Angleterre des poutres en fonte dont le milieu était soutenu par des tirants en fer (*fig.* 38) : on voit sans peine que

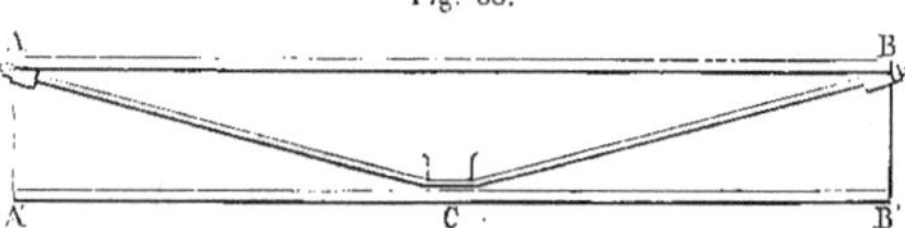

Fig. 38.

l'emploi du métal de ces tirants serait fait d'une manière plus rationnelle si on le répartissait sur la ligne A'B'.

Enfin on a fait usage, sur une très-grande échelle, de poutres composées de fer et de fonte, dans lesquelles on a cherché à utiliser les

(¹) Cette hypothèse n'est pas admise par tous les auteurs ; quelques-uns veulent introduire dans les calculs les modifications apportées aux valeurs des forces par la flexion des pièces ; nous ne croyons pas que la pratique comporte une exactitude aussi minutieuse, rendue d'ailleurs illusoire par un grand nombre d'autres conditions, telles que les assemblages, etc., dont il est impossible de tenir compte. Nous pensons qu'on peut, sans aucun scrupule, mettre de côté ces complications inutiles.

propriétés différentes de ces deux métaux, en les faisant travailler constamment, l'un à la traction, l'autre à la compression. Bien que cette idée paraisse, au premier abord, une application logique sous ce rapport, elle entraîne, d'un autre côté, de grands inconvénients : l'exécution de ces poutres présente d'abord d'assez grandes difficultés comme assemblages ; de plus, l'élasticité des deux métaux étant différente, lorsque la poutre est soumise aux efforts qu'elle doit supporter, les flèches produites ne sont pas les mêmes, et, par conséquent, les assemblages arrivent à supporter des efforts qui peuvent être. souvent considérables, et tendent par conséquent à les détruire. Enfin, les dilatations inégales de la fonte et du fer ont pour effet d'augmenter encore cet inconvénient ; nous ne pensons donc pas qu'on doive employer ces poutres, car, pour des constructions importantes, les inconvénients que nous venons de signaler peuvent acquérir beaucoup de gravité, et, pour de petites constructions, l'économie qu'on en peut espérer est de peu d'importance, et, d'ailleurs, largement compensée par les difficultés d'exécution.

Une des applications les plus remarquables de ce système est le pont construit sur le Great-Northern, en Angleterre, à Newark-Dyke ; ce pont, dont nous donnons plus loin une description et le calcul, et dont les principaux détails sont reproduits dans l'atlas, est un latice composé de fer et d'un tube en fonte à la partie supérieure ; nous croyons que ce système peut difficilement échapper aux critiques précédentes.

§ III. — DES PIÈCES DE PONT.

Les pièces de pont sont des poutres qui relient transversalement les grandes poutres ou fermes du pont, et servent à supporter la chaussée ou les voies. Ces pièces ont généralement une longueur restreinte ; car, pour un pont de chemin de fer à deux voies, construit avec des poutres en garde-corps, c'est-à-dire au moyen de deux seules fermes latérales, la longueur n'excédera pas 8^m,50 ; ces poutres doivent toujours être à simple paroi, en forme de double T, à paroi pleine ou à latice ; leur rôle dans l'équilibre du pont est double ; elles doivent supporter les voies et relier les grandes fermes entre elles, de manière à remplir, dans l'ensemble du pont, l'office d'un entretoisement parfait. On voit donc que leur calcul ne présentera aucune difficulté ; mais leur disposition générale doit être étudiée avec le plus grand soin, et se trouve entièrement liée à une question fort importante, la stabilité du pont.

§ IV. – STABILITÉ DES PONTS.

Diverses positions à donner aux voies. — Il est clair, en effet, que la hauteur, et par conséquent la forme et la construction des pièces de pont, dépendra de la position des voies par rapport aux grandes fermes. Cette position, déterminée souvent par les conditions générales de l'ouvrage et sur lesquelles nous reviendrons plus loin, peut varier depuis la partie supérieure des poutres jusqu'à la hauteur au-dessus de la nervure horizontale, strictement nécessaire à la résistance de la pièce de pont. Examinons l'influence de la position des voies sur la stabilité.

La position la plus favorable à ce point de vue sera la partie inférieure des poutres. On conçoit, en effet, que plus on élève les pièces de pont, plus on met de distance entre la surcharge en mouvement et le plan de pose sur les piles, plus, par conséquent, les oscillations horizontales prendront d'intensité. Si, d'ailleurs, on considère l'équilibre de la poutre entière au milieu d'une travée, en supposant la poutre parfaitement fixée aux points d'appui, la charge placée à la partie supérieure de la section descend en oscillant à droite et à gauche de la position qu'elle doit occuper, et, par conséquent, c'est la rigidité de la poutre qui la remet en place, tandis que lorsqu'elle est à la partie inférieure, elle s'élève en oscillant et tend par conséquent à revenir à sa position normale par son propre poids.

Si on est conduit par d'autres considérations à placer les voies à la partie supérieure des poutres, on voit donc que les pièces de pont doivent avoir toute la hauteur de ces poutres et les contreventer solidement dans le sens transversal; il est clair, en outre, que cette disposition deviendra de plus en plus défectueuse à mesure que la portée, et par conséquent la hauteur des poutres, augmentera. Lorsque les voies sont à la partie supérieure, on peut encore, soit placer l'axe des voies dans l'axe des poutres, soit, au contraire, faire correspondre cet axe à celui de l'entre-voie. Dans ce cas, le contreventement des pièces de pont est encore plus nécessaire, car les poutres, n'étant plus chargées dans l'axe, tendront à se déverser, et leur section changera d'une manière défavorable à leur résistance.

Ce dernier inconvénient subsiste encore lorsqu'on place les voies à la partie inférieure des poutres. Il faut donc que le mode d'attache des pièces de pont avec les grandes fermes puisse s'opposer à ce mouvement. Nous indiquerons plus loin les dispositions les plus propres à atteindre ce but.

Lorsque les poutres sont très-hautes, il convient, en plaçant les voies à la partie inférieure, de les relier à la partie supérieure par un contreventement spécial. Le débouché nécessaire à un chemin de fer étant environ 4^m,50, on pourra réaliser cette disposition à partir de cette hauteur.

Dans quelques ouvrages, le pont de Langon, par exemple, on a placé les voies au milieu de la poutre, en profitant de la demi-hauteur de la poutre restant libre au-dessous des voies pour la contreventer solidement; lorsque le débouché est libre et ne s'oppose pas à cette disposition, on peut l'employer avec avantage. Nous verrons plus loin, en effet, que l'assemblage de la pièce de pont avec la grande poutre peut être disposé, dans ce cas, de manière à produire un entretoisement très-solide.

§ V. — INFLUENCE DES CHARGES EN MOUVEMENT.

Dans les calculs qui précèdent, nous avons supposé à l'état de repos les charges agissant sur la poutre. Cette hypothèse n'est pas réalisée en pratique, il importe donc de se rendre compte de l'influence du mouvement des charges sur la résistance des poutres, et de s'assurer qu'elle peut être négligée pour les vitesses les plus considérables des trains de chemins de fer.

Cette question a été l'objet de plusieurs travaux très-intéressants [1], auxquels nous renverrons le lecteur; ils comportent des développements que le cadre de notre ouvrage ne permet pas de reproduire, nous nous bornerons à exposer les conditions du problème, à rapporter quelques-unes des expériences qui ont précédé les travaux que nous venons de citer et à faire connaître leur conclusion.

Courbe d'équilibre statique. Lorsque la surcharge se meut sur une poutre avec une vitesse très-faible, il est facile de déterminer les flèches correspondant aux points d'application successifs de la surcharge; en effet, supposons une poutre reposant sur deux appuis (*fig.* 39),

Fig. 39.

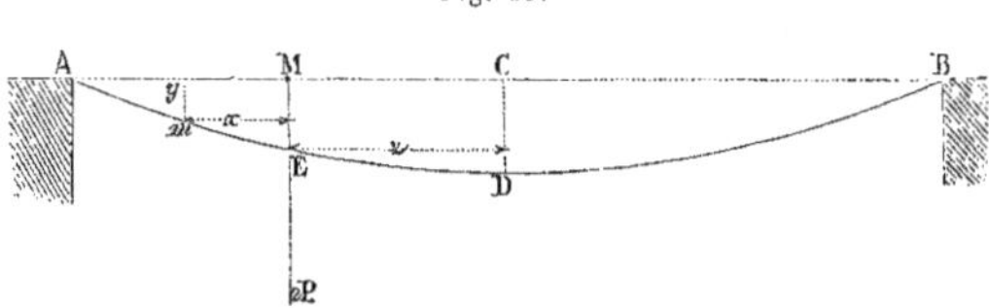

chargée en un point M quelconque d'un poids 2P; soit 2a la longueur de la pièce, M un point quelconque de la première courbe AM, y son ordonnée, x sa distance au poids P et z la distance CM, nous aurons :

$$(1) \quad \frac{\varepsilon d^2 y}{\mathit{l} dx^2} = \frac{P}{a}(a+z)(a-z-x).$$

[1] *Transactions of the Cambridge philosophical Society,* 1849. — Barlow, *On materials and on construction,* with additions by prof. Willis, 1851.

Intégrons deux fois cette équation par rapport à x et à y, et nous aurons :

$$(2) \quad y = tg\alpha x + \frac{P}{\varepsilon a}(a + z)\left((a - z)\frac{x^2}{2} - \frac{x^3}{6}\right).$$

Si nous désignons par f la flèche au point M, où le poids est suspendu, nous aurons :

$$(3) \quad f = \frac{P}{3\varepsilon a}(a + z)(a - z)^3 + tg\alpha(a - z).$$

L'équation de la seconde courbe MB s'obtiendra en changeant le signe de z et de $tg\alpha$ dans l'équation (2), et si, pour la même valeur de f, nous éliminons $tg\alpha$ entre cette nouvelle équation et l'équation (3), il viendra :

$$(4) \quad f = \frac{P}{3a\varepsilon}(a^2 - z^2)^2.$$

On sait que la plus grande flèche correspondra au milieu de la poutre et aura pour valeur : $F = \dfrac{Pa^3}{3\varepsilon}$.

Courbe d'équilibre dynamique. Si au lieu de se mouvoir très-lentement, le poids P parcourt la longueur de la poutre avec une certaine vitesse, les conditions admises plus haut seront changées. En effet, le poids P, descendant de A en M, acquerra une certaine puissance vive, dont l'effet s'ajoutera à la pesanteur, et qui sera d'autant plus considérable que P sera plus grand et la poutre plus flexible ; le poids de la poutre sera soumis aux mêmes effets ; enfin, la vitesse de la charge et la longueur de la travée auront aussi une influence. La trajectoire dont nous avons donné l'équation plus haut sera donc modifiée ; elle ne sera plus symétrique par rapport au point C. La puissance vive acquise par la charge et la poutre dans leur descente devant être annihilée par la résistance de la poutre, les flèches croîtront encore au-delà du point milieu de la pièce, en sorte que le point où la tangente à la courbe d'équilibre est horizontale se trouvera rejeté au delà de C. La flèche, en ce dernier point, pourra de plus être augmentée notablement.

Les premières recherches sur l'influence de la charge en mouvement furent expérimentales. La commission anglaise chargée d'examiner l'application du métal aux travaux d'art des chemins de fer fit exécuter, en 1849, une série d'expériences, qui consistaient à faire passer sur des barres en fonte intercalées dans une voie un chariot animé d'une vitesse variant de $4^m,57$ à $13^m,11$, pour chaque vitesse; on augmentait successivement le poids du chariot jusqu'à la rupture de la barre; le poids initial du chariot était de $507^k,82$.

Voici le résumé des principaux résultats tirés de trois séries d'expériences faites sur des barres de $2^m,74$ de longueur entre les points d'appui et de sections différentes.

1re SÉRIE. — Larg. des barres $0^m,0254$, épaiss. $0^m,0508$, flèche statique moyenne sous la charge initiale de $253^k,91$, c'est-à-dire du point milieu des barres, en y supposant le poids appliqué $0^m,020$; coefficient de résistance corresp. : $15^k.93$ par 1^{mm} q.

Rapp. moy. des flèches maxim. dynam. et stat. (ch. init.). 1,29 — 1,52 — 2,15 — 2,12 — 2,19
Vitesses correspondantes........................... $4^m,57$ — $7^m,31$ — $8^m,84$ — $10^m,06$ — $10^m,97$
Charges mobiles produis. la rupture aux différ. vitesses. $418^k,27$ — $345^k,05$ — $275^k,67$ — $274^k,97$ — $266^k,60$

2e SÉRIE. — Larg. des barres $0^m,0254$, épaiss. $0^m,0762$, flèche statique moyenne sous la charge initiale $0^m,009$, coefficient correspondant : $7^k,08$ par 1^{mm} q.

Rapp. moy. des flèches maxim. dynam. et stat. (charge init.). 1,09 — 1,32 — 1,55 — 1,59
Vitesses correspondantes.......................... $4^m,57$ — $8^m,84$ — $10^m,97$ — $13^m,11$
Charges mobiles produis. la rupture aux différentes vitesses. $770^k,80$ — $690^k,09$ — $545^k,45$ — $494^k,67$

3e SÉRIE. — Larg. de la barre $0^m,1016$, épaiss. $0^m,0381$, flèche statique moyenne sous la charge initiale $0^m,0193$, coefficient de résistance corresp. : $9^k,08$ par 1^{mm} q.

Rapp. moy. des flèches maxim. dynam. et stat. (charge init.). 1,41 — 1,56 — 1,96 — 2,50
Vitesses correspondantes....................... $4^m,57$ — $8^m,84$ — $10^m,97$ — $13^m,11$
Charges mobiles produis. la rupture aux différentes vitesses. $748^k,05$ — $605^k,30$ — $480^k,16$ — $387^k,21$

Dans ces expériences, l'accroissement de flèche dû au mouvement de la charge a été considérable; mais il n'en faudrait pas conclure qu'il en est ainsi pour les ponts, car il est à remarquer que cet accroissement augmente rapidement avec la flèche; en effet, dans la deuxième série des exemples ci-dessus, la flèche est 0,0033 de la longueur de la barre, et le rapport moyen entre les flèches dynamiques et statistiques n'est que 1,59 pour une vitesse de la charge de 13,11. Ce rapport s'élève à 2,50 dans le 3e série, c'est-à-dire que l'accroissement est triple pour une flèche statique double; or, dans les ponts, le rapport de la flèche à la longueur de la poutre dépasse rarement 0,0016 et il descend souvent à 0,0005 de la portée.

Après les expériences dont nous venons de parler, M. Stokes [1] a cherché à établir une formule donnant les accroissements de flèche en fonction des dimensions et de la masse de la poutre, de la vitesse et de la masse de la charge dans le cas d'une poutre reposant sur deux appuis. Après des travaux d'analyse très-étendus, M. Stokes, en supposant le poids de la poutre négligeable par rapport à celui de la charge, et en faisant l'hypothèse inverse, a obtenu deux résultats qu'il suppose représenter séparément les effets de l'inertie de la charge et de la poutre, et il propose de les ajouter pour obtenir approximativement l'accroissement de la flèche. Cès accroissements partiels, lorsque le poids de la charge égale celui de la poutre,

peuvent être exprimés en fonction d'une quantité $\beta = \dfrac{g\,l^2}{16\,V^2 S}$; g

étant la gravité, l la longueur de la poutre, V la vitesse de la charge et S la flèche statique, c'est-à-dire la flèche correspondant au milieu de la poutre, en y supposant le poids appliqué.

Le tableau suivant, calculé par M. Willis, donne l'accroissement des flèches pour des valeurs de β, qui correspondent aux cas les plus ordinaires de la pratique.

Valeurs de β	5	6	8	10	15	20	25	30	40	50	100	200
Accroissement de la flèche en négligeant la masse de la poutre	0,30	0,23	0,18	0,14	0,10	0,06	0,05	0,04	0,03	0,02	0,01	0,005
Accroissement de la flèche en négligeant la masse de la charge	0,25	0,22	0,19	0,17	0,14	0,12	0,11	0,10	0,09	0,08	0,05	0,010
Accroissement total	0,55	0,45	0,37	0,31	0,24	0,18	0,16	0,14	0,12	0,10	0,06	0,045

Les essais récents des ponts des chemins du Midi auraient pu fournir des expériences très-précises sur l'influence de la charge en mouvement. Malheureusement aucune n'a été faite dans ce but, et nous n'en pourrons tirer que peu de lumières; pourtant voici quelques-uns des résultats obtenus.

(1) Voir *Transaction of the Cambridge philosophical Society*, 1849.

Les poutres du pont du Ciron ont pris une flèche moyenne de $0^m,022$, sous une charge de 3500 kilog. par mètre courant de voie, animée d'une vitesse de 17^m (environ 61 kilom. par heure). La flèche, sous la même charge statique, a été de $0,01$; l'accroissement a donc été de $0,12$. Le tableau ci-dessus donne environ $0,07$.

Au pont de Moissac, les poutres de la travée du milieu ont pris sous une charge statique de 3500 kilog. par mètre courant de voie une flèche moyenne de $0^m,0195$. Sous l'action d'une charge de $110^{tonn.}$ ayant 27^m de longueur, la flèche dynamique a été de $0^m,0125$, la vitesse était de 71 kilom.; eu égard aux conditions différentes des charges, l'accroissement est presque nul. Le tableau indique le même résultat.

Au pont d'Aiguillon, les poutres des trois travées, chargées successivement de 3500 à 3600 kilog. par mètre courant de voie, ont pris une flèche de $0^m,01$ au milieu des travées extrèmes, et de $0^m,025$ au milieu de la travée intermédiaire. Sous une charge de 3350 kilog., animée d'une vitesse de 27 kilom., les flèches ont été de $0^m,0105$ et $0^m,0256$: l'accroissement peut être évalué à environ $0,05$.

Ces dernières expériences, d'accord avec les conclusions des travaux que nous avons cités, montrent que l'influence due à la vitesse des surcharges ajoute peu à leur effet statique. Si l'on réfléchit de plus que les trains de chemins de fer animés d'une grande vitesse sont toujours beaucoup moins lourds que les chiffres de nos hypothèses, qui correspondent aux charges les plus considérables que l'on puisse réaliser, on est conduit à reconnaître que cette influence doit être tout à fait négligée dans nos calculs.

Malgré ces conclusions, il n'en est pas moins vrai qu'il y a intérêt à employer dans les ponts le métal qui fléchit le moins à résistance égale. Cette raison peut donc être, dans certains cas, une objection fondée à l'emploi de la fonte. On devra également adopter entre la hauteur et la longueur de la poutre le plus grand rapport à égalité de poids, surtout pour les ponts à petites portées, sur lesquels l'influence de la vitesse de la charge est proportionnellement plus grande.

§ VI. — DE LA MANIÈRE DONT LES POUTRES DOIVENT REPOSER SUR LEURS APPUIS. — EFFETS DE LA DILATATION DES POUTRES DROITES SUR LES PILES.

Une poutre continue en tôle n'exerce sur ses appuis qu'une réaction verticale. Il s'ensuit que, dans ce système de ponts, l'importance des piles est de beaucoup inférieure à ce qu'elles doivent être dans un pont en arc. Le calcul des piles se borne, en effet, à déterminer la surface qu'elles doivent avoir, pour que la pression qui leur est transmise par la poutre, et que les calculs précédents permettent de déterminer, corresponde par cm^q à une pression inférieure à celle que peut permettre la résistance du terrain.

Pourtant la dilatation des poutres, causée par la variation des températures, détermine sur ces piles un effort horizontal, proportionnel au poids du pont, et dont la valeur dépend de la manière dont les poutres reposent sur les piles. Deux moyens sont généralement employés : les rouleaux et les glissières.

Le principe de la première méthode consiste à fixer les poutres sur une culée, ou mieux, sur une pile du milieu du pont, de manière qu'en ce point aucun mouvement de translation ne soit possible ; puis à faire reposer les poutres sur tous les autres appuis, en se servant de l'intermédiaire d'une série de rouleaux, qui facilitent autant que possible le mouvement des poutres sur ces appuis.

Dans la seconde méthode, les rouleaux sont remplacés par des glissières généralement en fonte bien dressée, sur lesquelles doivent glisser des parties correspondantes, placées à la partie inférieure des poutres.

Ce dernier mode est actuellement le plus usité ; il est d'abord le plus économique ; de plus, on reproche aux rouleaux un excès de mobilité qui est, pour tout le système, une cause de vibrations trop considérables.

Il est important de déterminer, dans chacun de ces deux cas, la valeur de l'effort horizontal qui a lieu sur la pile, et qui cause un moment de renversement qui doit être inférieur à son moment de stabilité.

Le frottement de glissement et de roulement étant toujours proportionnel à la pression normale, cet effort sera proportionnel à la réaction de la pile considérée; seulement il ne faut pas compter la surcharge dans le poids qui détermine cette réaction. Les effets de la dilatation, dépendant des variations de l'atmosphère, ne peuvent jamais se produire subitement; par conséquent, pour que l'effort de glissement produit sur la pile fût proportionnel à la surcharge, il faudrait admettre que cette dernière a séjourné sur le pont pendant toute la durée de la variation de la température, ce qui ne peut guère arriver. Au contraire, lorsqu'une poutre, en se dilatant, exerce sur les piles un effort horizontal, les vibrations causées par l'arrivée d'un train à l'extrémité du pont favorisent beaucoup son mouvement sur les glissières, de manière à diminuer immédiatement le moment de renversement.

On peut donc généralement se contenter de prendre pour les forces normales agissant sur chaque pile les réactions dues seulement au poids propre du pont.

Dans ce cas, le coefficient de frottement pour les rouleaux, f, peut être pris égal à 0,05, pour des rouleaux d'un diamètre de 0,10 à 0,12, qui est généralement employé : H représentant la hauteur de la pile, A la réaction sur la pile, le moment de renversement sera : fAH.

Pour les glissières, ce moment est beaucoup plus considérable. En effet, quelque bien dressées que soient les plaques de fonte, on ne peut admettre un coefficient de frottement moindre que 0,50. Dans ce cas, le moment de renversement est : 0,5. AH.

Il sera facile, par conséquent, de déterminer dans chaque cas le système qu'il conviendra le mieux d'adopter. Si l'on avait des piles très-hautes et de très-grande portée, par conséquent des poutres lourdes, les glissières pourraient conduire à un moment de renversement très-considérable ; il faudra, dans ce cas, employer les rouleaux. On pourra obvier à l'inconvénient qu'on leur reproche, de faciliter de trop grandes vibrations de tout le système, en leur donnant le moindre diamètre possible pour obtenir une réaction horizontale qui ne soit pas trop considérable. Il ne faudra pourtant abandonner le système des glissières qu'en cédant à une nécessité absolue, car il est toujours plus simple et plus économique que les rouleaux.

Dans les ponts à plusieurs arches, c'est sur une des piles du milieu qu'il faudra rendre les poutres fixes : c'est en effet un moyen de diviser par deux le déplacement total qui aura lieu aux extrémités du pont.

Les dilatations observées sur de grands ponts sont souvent très-sensibles. Au pont de Britannia, dont la longueur est de 460^m,54, la dilatation a produit, et souvent même en vingt-quatre heures, une variation de longueur de 90^{mm} à chaque extrémité.

De semblables différences de longueur nécessitent aux extrémités du pont un système de rails à compensation.

La chaleur solaire agit quelquefois sur les poutres, en leur donnant une courbure dans le sens horizontal. Cet effet devient sensible lorsqu'une des poutres d'un pont un peu long est plus exposée aux rayons solaires que les autres ; sa température s'élevant davantage, elle s'allonge, et, ne pouvant entraîner les autres dans son mouvement, elle se courbe. Au pont de Menai, on a observé des courbures qui donnaient au milieu du grand tube jusqu'à 60^{mm}. Cette action, qui met en jeu l'élasticité des poutres, ne peut d'ailleurs avoir aucune influence fâcheuse sur la résistance du pont.

CHAPITRE V.

THÉORIE DES PONTS EN ARC.

Les ponts en arc métalliques ont reçu en Angleterre de nombreuses applications. Il faut distinguer parmi ces ponts deux systèmes fort différents : les ponts en arc proprement dits, et ceux qui sont connus sous le nom de Bow-Strings; ces derniers consistent essentiellement en un arc relié par sa corde. Nous allons étudier ces deux systèmes de ponts, en indiquant les méthodes qui peuvent servir à déterminer les forces qui les sollicitent, et, par suite, à fixer leurs dimensions.

Calcul d'un arc dans l'hypothèse d'un poids uniformément réparti sur toute sa longueur. — Supposons d'abord un arc simple (*fig.* 40), soumis à un poids p, uniformément réparti par mètre, sur

Fig. 40.

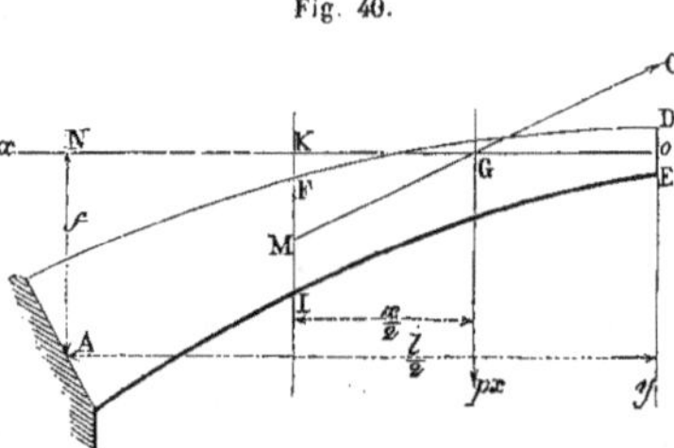

toute la longueur; soit O, le milieu de la clef; nous pourrons remplacer l'effort de l'autre portion de l'arc sur celle-ci par une force horizontale N, que nous supposerons passer par le point O.

Considérons une section FI quelconque, et cherchons les efforts auxquels la portion **FIDE** est soumise; ces forces sont la force horizontale N, et le poids px, dont la résultante passe au milieu de OK, il est facile de trouver le point de passage M de la résultante de ces actions sur la section FI ; car les trois forces px, C et N, se faisant équilibre, sont représentées par les trois côtés du triangle GKM, et, par conséquent, le lieu géométrique des points M est une parabole dont l'équation, rapportée aux axes Oy et Ox, est $y = \dfrac{px^2}{2N}$. Ainsi, cette parabole représente les points de passage des diverses résultantes sur chaque section de l'arc ; la longueur de la tangente comprise entre ce point et l'horizontale Ox représente la valeur et la direction de cette résultante.

Il est facile de déduire de là la marche à suivre pour déterminer les dimensions d'un arc ; mais il est nécessaire de faire pour cela une hypothèse de plus, car ce calcul est indéterminé ; la condition que nous nous imposerons sera le point de passage de la résultante sur le plan des naissances. Nous verrons plus loin comment on pourra réaliser cette condition dans l'exécution d'un pont.

Il est clair maintenant que la courbe est complétement déterminée, puisque nous savons que c'est une parabole dont l'axe est connu de position, ainsi que deux de ses points, O et A.

Nous aurons en effet, en appelant f et $\dfrac{l}{2}$ les coordonnées du point A :

$$f = \frac{pl^2}{8N}; \qquad \text{d'où} \qquad N = \frac{pl^2}{8f}.$$

Remarquons en passant que, dans les mêmes conditions de surcharge, la composante horizontale N croît en raison inverse de la flèche f, et proportionnellement au carré de la portée. N étant connue, on en déduira, soit graphiquement, soit par le calcul, la valeur d'une résultante C quelconque ; il est alors facile de déterminer les sections S et S′ qu'il faut donner aux deux nervures de l'arc en F et en I pour qu'il résiste (¹) ; en effet, la force C se décomposera dans chaque section en deux, F et F′, qui donneront : $F = RS$, $F' = RS'$.

(¹) Nous supposons que la section de l'arc a la forme d'un double T.

Nous avons admis que le poids p était constant par mètre ; il est clair que cette condition ne peut être rigoureusement remplie, puisque le poids propre de l'arc varie de la clef jusqu'aux naissances. On pourrait introduire dans le calcul cette condition, et, pour un pont en pierre, il serait nécessaire d'en tenir compte ; mais il faut remarquer qu'il n'en est généralement pas de même pour un pont en métal, dont le poids est infiniment moindre par rapport aux surcharges. En effet, le poids de l'arc ne varie dans la longueur que par l'accroissement de hauteur des tympans et celui de la section $S + S'$, causé par la composante du poids px. Or, si l'arc a une flèche faible, la composante horizontale N prend une influence assez prédominante pour qu'on puisse négliger la composante verticale de C ; si, au contraire, la flèche de l'arc est grande, l'arc devient assez déformable pour qu'on ne puisse se contenter de la seule hypothèse d'une surcharge uniformément répartie sur toute sa longueur, et qu'il devienne nécessaire de considérer le cas de surcharges placées seulement sur une certaine portion de longueur. Cette dernière circonstance oblige alors à modifier les dimensions de l'arc, de manière à faire disparaître tout à fait l'importance de la variation du poids propre de l'arc par mètre courant. Il nous reste donc à voir comment on peut calculer un arc chargé d'un poids uniforme, mais réparti seulement sur une certaine portion de sa longueur.

Calcul d'un arc dans l'hypothèse d'un poids uniformément réparti sur une portion de sa longueur. — Ce calcul est facile, en admettant encore des hypothèses analogues à celles sur lesquelles le calcul précédent est basé. Supposons que le pont porte sur une demi-travée une surcharge dont la résultante $\dfrac{pl}{2}$ passe par le milieu de la demi-travée, $\dfrac{p'l}{2}$ étant le poids propre d'une demi-travée de l'arc.

Supposons (*fig.* 41) que les points de passage des réactions sur les naissances A et B soient donnés ; que la force N, action d'une demiarche sur l'autre, passe toujours par le point O, milieu de la clef, la force N n'est plus, dans ce cas, horizontale, il est facile de trouver sa valeur, son inclinaison et par suite la nature de la courbe des pressions.

Considérons, en effet, une portion quelconque FJDE de l'arc, elle

Fig. 41.

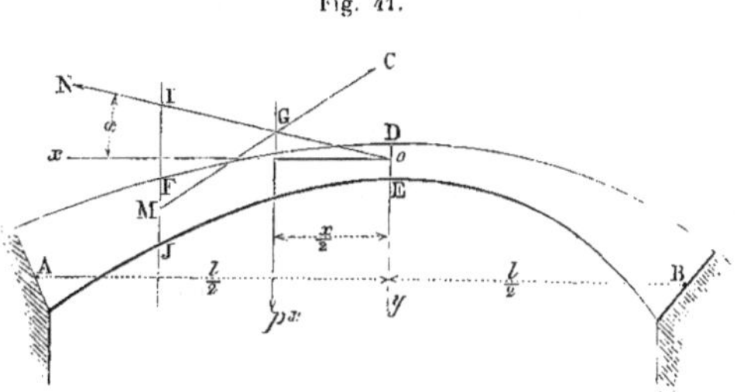

est en équilibre sous l'action du poids px, de la force N et de la réaction C, et les trois côtés du triangle MGI représentent la valeur de ces trois forces; nous aurons donc :

$$\frac{MI}{GI} = \frac{px}{N}.$$

Mais $MI = y + x\,\mathrm{tg}\,\alpha$ et $GI = \dfrac{x}{2}\cos\alpha$, le lieu géométrique des points M, où l'équation de la courbe des pressions sera :

$$(1) \qquad y = \frac{px^2}{2N\cos\alpha} - x\,\mathrm{tg}\,\alpha$$

pour toute la portion de l'arc DA; pour l'autre moitié de l'arc, on trouverait de même :

$$(2) \qquad y = \frac{p'x^2}{2N\cos\alpha} - x\,\mathrm{tg}\,\alpha.$$

Ainsi la courbe des pressions se compose, dans ce cas, de deux arcs de parabole qui se raccordent au point O, et dont les axes sont verticaux.

Pour déterminer les valeurs de N et de α, il suffira d'écrire que ces deux courbes passent par les points A et B, c'est-à-dire que dans les deux équations précédentes pour $x = \dfrac{l}{2}$ dans (1) et $x = -\dfrac{l}{2}$ dans (2), on a $y = f$; ce qui donne les deux équations :

$$(3) \qquad f = \frac{pl^2}{8N \cos \alpha} - \frac{l}{2} \operatorname{tg} \alpha.$$

$$(4) \qquad f = \frac{p'l^2}{8N \cos \alpha} + \frac{l}{2} \operatorname{tg} \alpha.$$

En ajoutant ces deux dernières équations membre à membre, on aura :

$$(5) \qquad N \cos \alpha = \frac{(p + p')}{2} \cdot \frac{l^2}{8f}.$$

On voit par là que, dans ce cas, la composante horizontale de N diffère de la valeur de N précédente, en ce que p est remplacé par

$$\frac{p + p'}{2};$$

Pour trouver la valeur de α, substituons dans (3), nous aurons :

$$(6) \qquad f = \frac{2pf}{(p + p')} - \frac{l}{2} \operatorname{tg} \alpha;$$

d'où :

$$(7) \qquad \operatorname{tg} \alpha = \frac{2f}{l} \frac{p - p'}{p + p'}.$$

Pour avoir N, il suffira de remplacer dans (5), $\cos \alpha$ par sa valeur en fonction de la tangente, qui est $\cos \alpha = \dfrac{1}{\sqrt{1 + \operatorname{tg}^2 \alpha}}$.

On comprend facilement l'usage qu'il y a à faire des calculs précédents : ayant déterminé N et α, on pourra construire les deux paraboles des pressions ; il faudra voir alors si les conditions dans lesquelles les diverses sections de l'arc travailleront dans ce cas ne seront pas modifiées de manière qu'il soit nécessaire de changer les dimensions admises.

Il pourra arriver, en effet, que la parabole des pressions sorte de l'arc, de façon que la courbe des pressions correspondante à la charge uniformément répartie étant AMO (*fig*. 42), la courbe correspondante

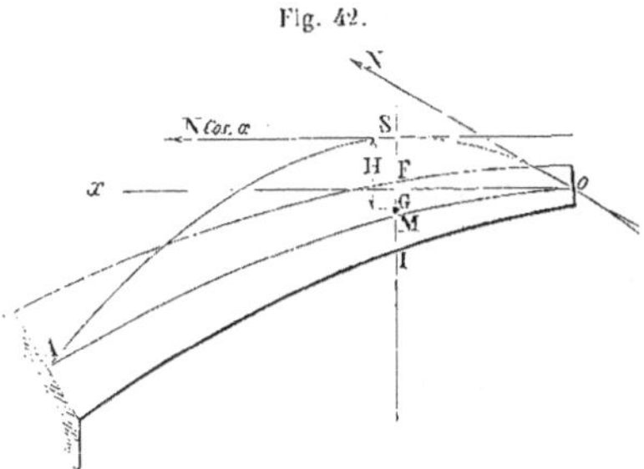

Fig. 42.

au cas précédent soit ASO ; la section FI ne sera plus soumise, dans ce cas, tout entière à la compression ; la section F, au contraire, sera comprimée, tandis que I subira un effort de traction. Voici la marche qu'il faudra suivre pour vérifier si les valeurs adoptées pour F et I sont suffisantes.

Remarquons d'abord que, comme nous l'avons dit plus haut, la tangente à la parabole représente en chaque point la direction de la résultante C, et que si on décompose, en chaque point, cette réaction en deux, l'une verticale, l'autre horizontale, la première sera toujours égale au poids de la portion considérée, plus la composante verticale de N, et l'autre constante et égale à $N \cos \alpha$; si donc on prend les moments des forces extérieures, par rapport au centre de gravité d'une section quelconque, ce moment sera toujours égal à $N \cos \alpha \times H$, H étant égal à l'ordonnée correspondante de la parabole, plus la distance connue du point G à l'axe des x. Il s'ensuit qu'en désignant par h et h' les distances des sections F et I au centre de gravité, par S et S' les valeurs de ces sections, par R et R' leurs coefficients de résistance par unité de surface, on aura, en prenant les moments par rapport au point F :

$$R'S' = N \cos \alpha \frac{H - h}{h + h'}$$

puis, par rapport au point G, en substituant R' :

$$N \cos \alpha \left(H - \frac{H-h}{h+h'} h' \right) = R\,S\,h.$$

Cette équation, par la valeur de R qu'on en tirera, indiquera si la section S doit être changée, et, dans ce cas, déterminera celle qu'il est convenable d'adopter.

Généralement il suffira, dans le calcul d'un pont en arc, de faire cette seule hypothèse; si cependant on voulait supposer à la surcharge sur le pont une étendue quelconque, la marche du calcul devrait être un peu différente; on pourrait, en effet, adapter le calcul précédent à ce cas, en supposant que le point O, milieu de la section de raccordement des deux courbes, ait des coordonnées de valeurs quelconques, mais connues, au lieu de f et $\frac{l}{2}$; on pourrait alors terminer tout le calcul d'une manière absolument semblable à la précédente; mais la parabole des pressions ne passerait plus par le milieu de la clef; comme c'est le point où on est le plus gêné, il est plus logique de se donner toujours le point de passage O à la clef, et de chercher les coordonnées du point de raccordement. Au reste, ce calcul ne sera bien généralement qu'une recherche de pure curiosité, surtout pour des arcs d'une portée un peu considérable.

Valeur pratique des hypothèses qui servent de base aux calculs précédents. — Il est facile de se rendre un compte exact de la valeur des hypothèses qui servent de base à la théorie précédente, et de la possibilité qu'il y a de les réaliser en pratique.

On peut toujours déterminer les points de passage des réactions sur les culées, de manière qu'ils ne puissent osciller qu'entre des limites très-rapprochées, et, par conséquent, qu'ils n'aient sur les résultats des calculs qu'une influence insignifiante; il suffit pour cela d'interposer entre l'arc et la culée une plaque de fonte qui permette d'effectuer, au moyen de coins sur la naissance de l'arc, un serrage qu'on peut rendre plus considérable sur les deux coins qui comprennent, dans leur intervalle, le point de passage théorique de la résultante.

Il n'en est pas de même du point de passage supposé à la clef; celui-ci paraît plus indéterminé. Cette indétermination pourrait être levée en pratique, s'il était possible de donner aux coins en question un serrage égal à la dernière résultante tangentielle de la parabole des pressions, que les calculs précédents permettent, du reste, de déterminer exactement. La parabole est, en effet, tout à fait déterminée par la connaissance de son axe du point de passage de la culée et de la dernière résultante; on est donc sûr qu'elle passera par le milieu de la clef, si on peut obtenir ce serrage à l'avance.

La difficulté pratique à résoudre est donc de se rendre compte exactement du serrage opéré par le coin, afin de savoir quand il sera suffisant. Cette difficulté est certainement sérieuse. Il y aurait pourtant deux moyens d'obtenir des indications approchées sur la valeur du serrage obtenu, et nous appelons l'attention sur ce point.

Le premier, et peut-être le plus simple, serait d'employer au serrage des coins une presse hydraulique qui, permettant de déterminer à chaque instant la pression exercée sur le coin, indiquerait en même temps, avec une approximation suffisante, celle que le coin produit sur la naissance de l'arc.

L'autre est théorique et par conséquent plus incertain, à cause de la difficulté de reproduire rigoureusement dans les calculs les conditions exactes du problème; il consisterait à calculer, aussi exactement que possible, la courbe que doivent tracer les centres de gravité des sections, sous l'influence :

1° Du poids exact de l'arc;

2° De la surcharge;

3° De la résultante connue de la culée sur la naissance de l'arc.

On pourrait déduire de ce calcul l'ordonnée du milieu de la clef au-dessus d'un plan horizontal, par exemple, de celui passant par les points de contact des culées.

L'arc étant monté, chargé et imparfaitement serré, l'ordonnée du milieu de la clef sera moindre que celle qui a été trouvée par le calcul précédent; il suffirait donc ensuite de la ramener à la valeur trouvée pour être assuré que le pont entier sera placé dans les conditions supposées par le calcul.

Cette recherche serait, dans tous les cas, longue et difficile. La variation des sections de l'arc, dont on ne pourra d'ailleurs tenir un compte exact qu'au prix d'une notable complication, la rendra toujours défectueuse ; elle rencontrerait de plus l'inconvénient d'opérer sur des quantités auxquelles de grandes variations de forces ne font subir que de légères variations de longueur, et, par conséquent, d'ouvrir une large porte aux erreurs.

Il est clair, d'un autre côté, que pour des ponts d'une grande importance, l'établissement de presses devant supporter de puissantes réactions présenterait également de grandes difficultés; il faudrait dans ce cas profiter de l'action contraire des coins serrés sur les deux fermes extrêmes pour trouver un point d'appui. En étudiant dans cette voie un système de montage, on arriverait sans doute à le rendre pratique, au moins dans certains cas; c'est pour éviter cette difficulté, qu'on se ménage actuellement une certaine marge pour les déplacements de la courbe des pressions.

Comparaison d'un arc et d'une poutre droite, placés dans les mêmes conditions, au point de vue du métal employé. — Il est intéressant de se rendre compte de l'avantage que présentent les ponts en arc, par rapport aux ponts à poutres droites, au point de vue de la quantité du métal employée. Supposons, en effet (*fig.* 43), qu'on ait à construire un pont à une arche, et comparons ces deux systèmes dans les mêmes conditions, c'est-à-dire considérons une poutre ayant même

hauteur que la flèche de l'arc; négligeons, dans la poutre, la paroi verticale et dans l'arc les tympans.

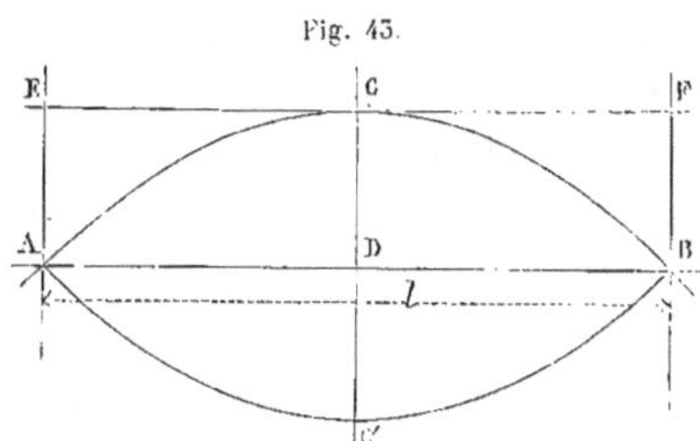

Fig. 43.

La force horizontale qui agit à la clef est, comme nous l'avons vu
plus haut :

$$N = \frac{pl^2}{8f}; \quad \text{d'où} \quad Nf = \frac{pl^2}{8};$$

Ce qui démontre que dans la poutre posée, dont la hauteur est f, la
valeur de N est la même que dans l'arc.

Or, en négligeant la paroi verticale, les épaisseurs de la nervure horizontale de la poutre à la partie inférieure, par exemple, seraient proportionnelles en chaque point aux ordonnées d'une parabole ACB et la
quantité de métal employé à la surface de ce segment parabolique. Pour
la partie supérieure, on aura une surface égale à AC'B.

Nous avons vu que dans l'arc la somme des surfaces supérieure et
inférieure est à peu près constante et égale à l'ordonnée CD, par conséquent, le volume de métal employé est représenté par le rectangle
AEFB, celui qui est employé dans la poutre est donc les $\frac{4}{3}$ de celui de
l'arc pour la même résistance. L'arc est donc plus économique que la
poutre placée dans les mêmes conditions de hauteur et de portée,
comme emploi de métal, ce qui doit être *à priori*, puisque dans ce
dernier système on équilibre la tension horizontale CD par l'action
des maçonneries, tandis que dans la poutre droite ce travail est fait

par la nervure inférieure; mais il faut, avant de décider auquel des deux systèmes doit rester l'avantage, examiner dans chaque cas si la construction des culées exigées par la composante horizontale X n'est pas plus onéreuse que l'économie de métal obtenue; c'est une question qu'on ne peut déterminer *à priori*, sans tenir compte des conditions spéciales qui influent sur la valeur relative de ces deux matériaux.

Formes des arcs, des tympans, etc. — La forme des arcs et la construction des tympans ont une grande influence sur la stabilité des arcs, et la théorie fournit sur ce point quelques indications qu'il importe de signaler.

On connaît des types assez variés de ponts en arc, depuis le pont célèbre de M. Polonceau jusqu'aux derniers ponts en fonte formés de voussoirs construits sur le chemin d'Avignon. Un grand nombre de ces systèmes présentent un inconvénient commun, celui de se déformer et de vibrer sous l'action de charges en mouvement, au point même de donner quelquefois des craintes pour leur résistance. On a cherché à remédier à cet inconvénient de différentes manières; mais la meilleure est de donner à l'arc une grande hauteur, de façon que les déformations qui tendent à se produire dans le plan vertical ne puissent que difficilement changer la courbure de l'arc, et de relier le tablier à l'arc par des tympans en croisillons qui, se trouvant attachés d'une part entre eux, de l'autre à des points de l'arc qui subissent des déformations inégales, donnent naissance à des forces intérieures qui contribuent puissamment à détruire ces vibrations. Il est certain qu'une des causes principales des vibrations qui se font sentir sur le pont du Carrousel est due à ce qu'on a négligé cette précaution utile. On sait, en effet, que dans ce pont le tablier est réuni à l'arc par des cercles qui n'ont, avec ces deux parties du pont, qu'un seul point de contact, en sorte qu'ils jouent à peu près le même rôle qu'une tige simple résistant à la compression; le poids des surcharges variables de position est donc transporté sur l'arc en un seul point, c'est-à-dire de manière à produire la plus grande déformation possible. La forme de ces tympans est de la plus grande importance au point de vue de la rigidité de l'arc.

Quelques ingénieurs essayent d'obtenir cette rigidité en donnant au pont lui-même une grande masse, soit au moyen d'une couche de balast, soit aussi en emplissant les tubes de l'arc d'une substance lourde, qui a aussi pour objet d'empêcher leur déformation. Ce moyen est évidemment moins rationnel que celui qui consiste à leur opposer directement des résistances mécaniques; il doit, en effet, se traduire par un surcroît de métal. Quant au dernier procédé, il est complétement illusoire, car nous avons montré que les tubes des arcs doivent avoir une forme rectangulaire, si donc une déformation se produit, elle aura pour résultat de changer la section de l'arc en la faisant approcher du maximum; et, dès lors, la matière qu'il renferme n'aura plus aucun effet.

Quant à la matière qu'il convient d'employer pour la construction des arcs, bien que la fonte rompe plus tard que le fer, sous un effort de compression, on a vu que la limite d'élasticité étant la même pour les deux métaux, et le fer se comprimant moitié moins sous un même effort, il est au moins très-douteux que cette supériorité de résistance à la rupture puisse trancher la question en faveur de la fonte d'une manière absolue. Nous pensons, au contraire, que la fonte ne devra être employée que pour les ponts dont la portée ne dépasse pas 30 mètres environ. Pour les grandes portées le fer, tant par lui-même que par son mode naturel d'assemblage, doit inspirer une plus grande confiance.

Lorsqu'on adoptera ce métal, il ne faudra pas négliger de le placer dans des conditions de résistance à la compression favorables, en reliant ensemble toutes les fermes du pont, en sorte qu'on puisse considérer que le rapport de la plus petite dimension à la longueur qui détermine le coefficient à adopter est celui de la largeur même du pont à la portée.

13

Des culées. — Il est à propos, avant de quitter ce sujet, de dire quelques mots du rôle des culées, des soins qu'on doit apporter à leur construction, et dont l'importance découle clairement de ce qui précède.

Nous venons de voir qu'un arc exerce sur le plan des naissances BD une réaction C, passant par le point A, et dont la projection horizontale est égale à N (*fig.* **44**); il faut que les culées puissent résister à

Fig. 44.

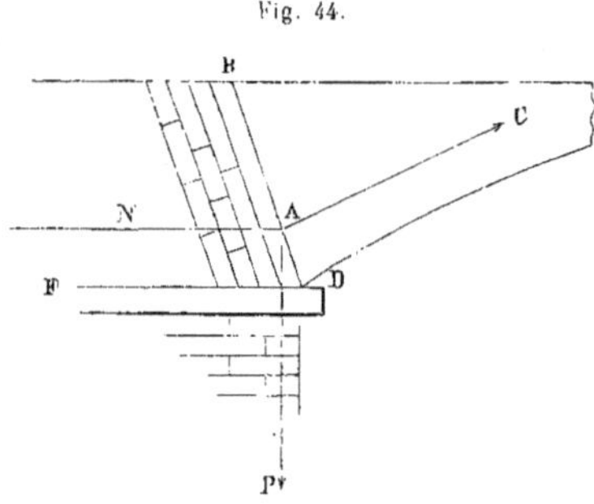

cet effort; on voit que sous l'influence de cette force il tendra à se produire deux mouvements dans la culée, elle tendra à s'enfoncer sous l'action de la composante verticale de C, à glisser horizontalement sur le plan des naissances, sous l'influence de la composante horizontale N. Il faudra donc d'abord donner à la base de la culée une largeur suffisante pour rendre le premier mouvement impossible; mais la plus grande difficulté est de s'opposer au second mouvement, car la force N est généralement de beaucoup supérieure à C. De plus, la culée étant nécessairement composée de petits matériaux, le glissement tend à se produire sur le plan DF, en sorte que la partie inférieure de la culée n'y est pas intéressée. Comme il est de la plus haute importance pour la solidité d'un pont en arc qu'aucun mouvement ne se produise, il est prudent, dans le calcul de cette culée, de ne pas tenir compte de l'adhérence des mortiers, et de ne compter absolument que sur le poids des

PROJET DE RECONSTRUCTION DU PONT D'ARCOLE.
MOLINOS ET PRONNIER
ÉLÉVATION.
COUPE LONGITUDINALE.
PLAN
au dessus du Tablier
le Tablier enlevé
Échelle de 0.002 pour 1 Mètre
Coupe suivant l'axe du Pont
Coupe suivant A B.
Imp. de F. Chardon ainé, à Paris

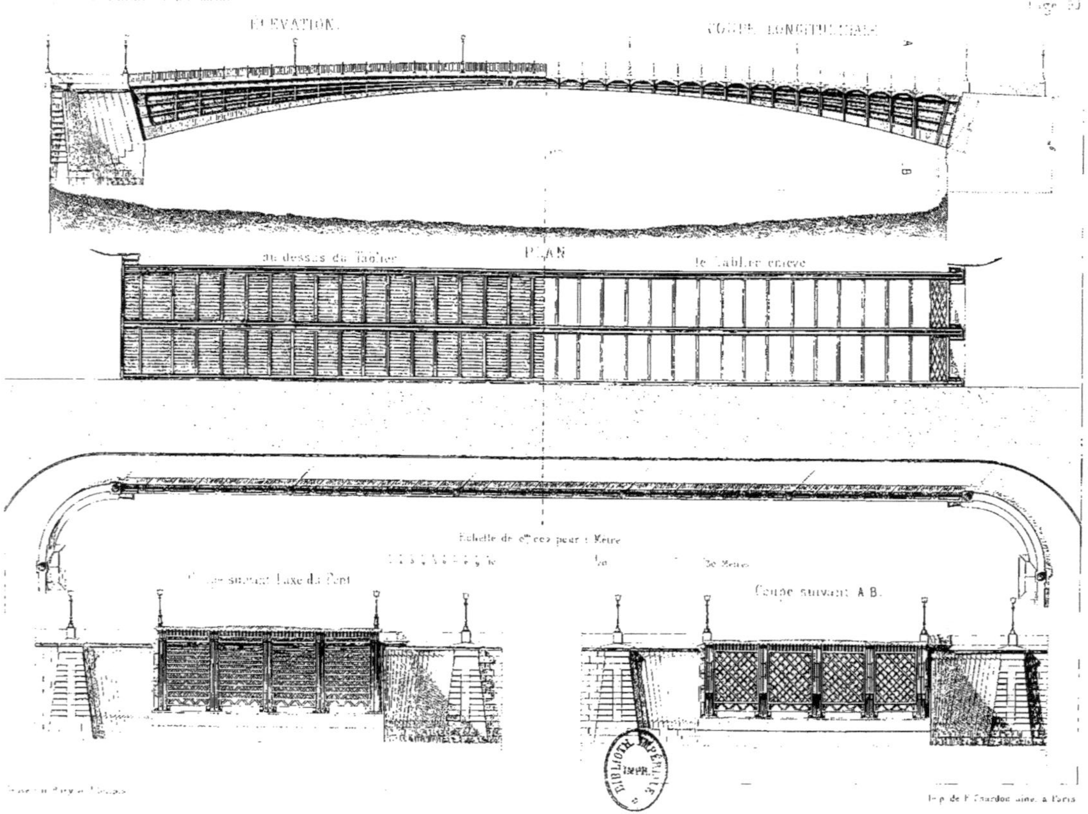

maçonneries, qui devra être tel que multiplié par le coefficient de frottement 0,75, il soit égal à la force N.

Lorsque les flèches sont faibles, il y a souvent une grande difficulté à placer les culées dans les talus, lorsque les dimensions sont considérables et que l'espace dans lequel on peut les loger est restreint. Il est alors intéressant de faire participer la plus grande hauteur possible de la culée à la résistance au glissement, en descendant le plan des naissances; on peut arriver à ce résultat en continuant la voûte de l'arc dans les culées (*fig.* 45), de manière que la prisme de pierre qui tend

Fig . 45'

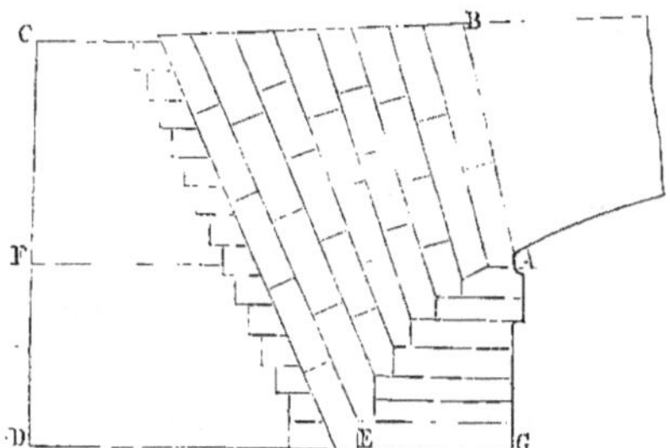

à glisser devient ABCDE, au lieu de AFCB. Cette disposition est excellente et doit être généralement adoptée; on voit aussi qu'il est fort important de répartir la pression R à partir du plan des naissances, de manière qu'elle arrive à agir uniformément sur une section verticale de la culée la plus voisine possible des naissances; il faudra donc employer d'abord des matériaux de larges dimensions, jusqu'au point où on pourra admettre que cette condition est remplie, sans quoi il pourrait se produire des glissements sur deux plans verticaux parallèles à l'arc. La gravure ci-contre représente un projet que nous avions présenté pour le pont d'Arcole, avec une culée construite dans ces idées, et où se trouvent réalisées les conditions indiquées par la théorie, tant sur la détermination du point de passage de la résultante C, que de la répartition uniforme de cette force dans la culée et de l'abaissement du plan des naissances.

On peut facilement, au moyen de ce qui précède, se rendre un compte exact des avantages et des inconvénients des ponts en arc et des ponts droits à une arche ; le pont en arc, un peu plus économique sous le rapport du métal, nécessite des culées souvent considérables, tandis que le pont droit les réduit, sauf leur rôle, au point de vue des talus, au rang de simples supports. C'est la considération la plus grave qui doit déterminer le choix de l'un ou de l'autre système, suivant la difficulté des fondations, la valeur et le prix des matériaux.

De la dilatation. — Quelques ingénieurs se préoccupent beaucoup de l'influence de la dilatation sur un arc ; cette influence est loin d'être aussi redoutable qu'on le croit généralement. Elle a pour effet de changer les dimensions de l'arc, d'en augmenter la flèche, en produisant une surélévation de la clef, qui accroît la compression sur chaque section de l'arc, mais qui se fera avec d'autant plus de facilité que les dimensions de l'arc à la clef seront plus faibles.

Il est pourtant certain que la température peut causer des changements de formes, capables de présenter d'assez graves inconvénients. Si on suppose, en effet, une variation de température de 50°, l'allongement qui pourra résulter sur une fibre de 1^m de long correspond à celui qui serait produit par un effort de 12 kil. environ.

Il est donc bien évident que cet effort déterminera dans l'arc un changement de forme qui aura pour résultat de déterminer l'élévation de la clef, de manière à réduire la valeur de la composante horizontale et allonger les lignes de l'arc. Ces mouvements peuvent être funestes pour la solidité des assemblages, et c'est à notre avis une raison de plus pour préférer le fer à la fonte dans ces constructions. Un arc en fer, dont les assemblages sont pour ainsi dire répartis sur toute la longueur, se ploiera en effet à ces mouvements avec une bien plus grande facilité qu'un pont en fonte, nécessairement composé de sortes de voussoirs, où les changements de forme tendent à se localiser en des points déterminés.

CHAPITRE VI.

BOW-STRINGS.

Nous avons dit plus haut que ces ponts se composaient essentiellement d'un arc relié par sa corde. Ce système, dont l'idée première appartient à un célèbre ingénieur, M. Brunel, a reçu en Angleterre quelques applications fort importantes, dont les principales sont les ponts de Windsor, de Chepstow, et un ouvrage extrêmement considérable, actuellement en construction, le pont de Saltash.

Nous allons donc examiner cette disposition avec toute l'attention qu'elle mérite, et nous efforcer de mettre en évidence ses avantages, ses inconvénients, et le but principal qu'a dû rechercher son auteur au travers des modifications qu'il a fait subir à son idée originaire, dans ces différentes constructions.

Les trois ponts que nous venons de citer sont trois types distincts de ce système. Ils diffèrent même notablement, au point de vue de la manière dont le métal y doit travailler.

L'idée, pour ainsi dire élémentaire, du bow-string est représentée par le pont de Windsor (*fig.* 46). C'est un pont à deux voies, composé

Fig. 46.

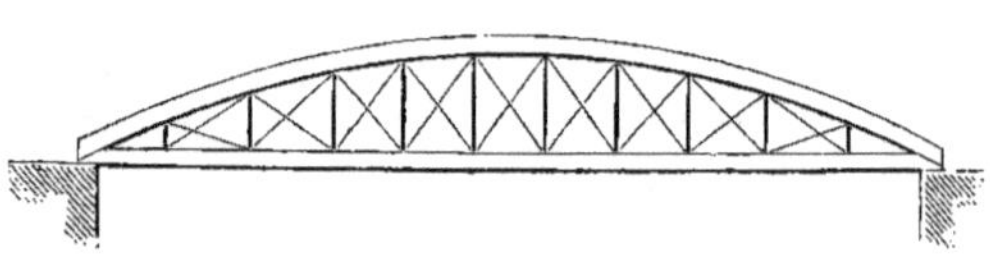

de trois fermes, deux en garde-corps, l'autre dans l'entre-voie. — Le tirant ou corde du bow-string sert de support au plancher; il est relié à l'arc par un système de croisillons qui, lorsque la charge est uniformément répartie sur toute sa longueur, ne servent qu'à la soutenir, la courbe des pressions passant dans l'arc lui-même.

Si on compare un pont de ce système avec une poutre droite, *dans les mêmes conditions de hauteur*, on peut démontrer sans peine qu'il offre sur cette dernière un désavantage assez marqué au point de vue du poids du métal employé.

En effet, la composante horizontale, au milieu de la travée, est la même que pour la poutre; si donc on néglige les tympans du bow-string et la paroi verticale de la poutre, les quantités de métal employé seront proportionnelles pour l'arc du bow-string à l'aire EMFBA (*fig.* 47), MG représentant la compression ou traction du milieu et

Fig. 47.

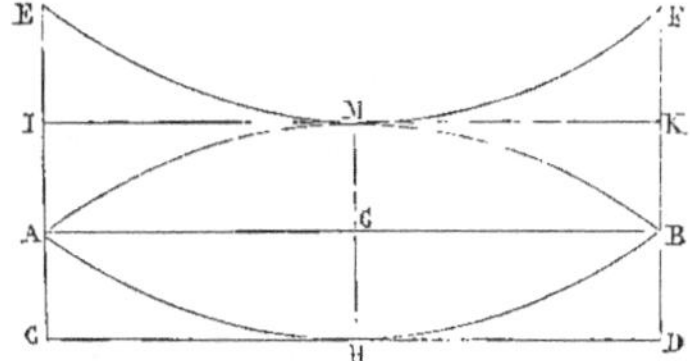

MIE l'accroissement dû au poids propre de l'arc. Pour le tirant, cette quantité de métal est représentée par le rectangle ACDB, car il doit avoir partout la même section pour résister à l'effort GH.

Pour la poutre, comme nous avons négligé la paroi verticale, les épaisseurs des nervures horizontales sont proportionnelles aux moments de rupture, la hauteur étant constante; par conséquent, la quantité de métal employé, tant à la partie supérieure qu'à la partie inférieure, est représentée par l'aire des paraboles des moments AMBH. Les quantités de métal employées dans la poutre et dans l'arc sont donc entre elles comme 2 : 3, si on néglige dans le bow-string les croisillons et la surface EIMKF, due au poids de l'arc et dans la poutre, la paroi verticale.

Mais il ne faudrait pas déduire de ce raisonnement une conclusion rigoureuse qui serait erronée et cette erreur tiendrait au rôle que nous attribuons à la paroi verticale de la poutre. Il est évident, en effet, que cette paroi, qui, dans la poutre, sert en définitive à équilibrer dans chaque section l'effort de compression au moyen de l'effort de traction correspondant, joue un rôle tout à fait différent de celui des croisillons de bow-string qui ne servent que de supports, la compression de l'arc étant équilibrée par le tirant.

On conçoit donc que la paroi verticale de la poutre a nécessairement une importance bien supérieure à celle du bow-string, et que leurs poids ne soient pas comparables, et cette importance peut même faire pencher la balance en faveur du bow-string, à moins qu'on n'adopte les poutres latices. Il arrive de plus très-généralement, dans la disposition que nous venons d'indiquer, que la hauteur qu'on peut donner à l'arc peut être notablement supérieure à celle que l'on peut donner à la poutre; en effet, pour une poutre destinée à porter la voie d'un chemin de fer, la hauteur la plus favorable est environ 1/10 ou 1/12 de la portée; on ne peut augmenter cette hauteur sans que la proportion de métal employée en paroi verticale, c'est-à-dire dans des conditions défavorables, et en consoles, pour empêcher le voilement, ne devienne trop considérable par rapport au poids total; la hauteur du bow-string, au contraire, n'a pour ainsi dire pas de limite, et permet de placer l'arc dans des conditions de résistance plus favorables, sans que l'accroissement de la quantité de métal employée en paroi verticale devienne sensible. Il est vrai que, dans ce cas, on peut arriver à trouver dans l'emploi d'un bow-string les inconvénients de déformation, et par conséquent de *vibration*, qu'on reproche aux ponts suspendus; mais alors cet inconvénient peut encore être atténué dans une certaine mesure par la résistance des diagonales, qui s'opposent avec efficacité

aux déformations provoquées par l'action de surcharges non uniformément réparties : c'est en effet ce qui a été exécuté au pont de
Windsor, où le rapport de la flèche du bow-string à la portée est plus
grand que 1/7.

On ne doit pas regarder un bow-string comme une solution générale,
en ce sens que la position des voies s'y trouve déterminée à la partie
inférieure, et qu'il faut nécessairement pour qu'il devienne avantageux
que les conditions de débouché ou autres permettent de donner à l'arc
la flèche qui lui convient, et qui devra toujours être beaucoup plus
grande que la hauteur de la poutre droite qui pourrait le remplacer.
Ceci posé, il est très-facile de comprendre exactement l'avantage relatif
des bow-strings sur les poutres droites et les ponts en arc simples ; il
est entendu que nous ne parlons jamais dans tout ce qui précède que
de ponts à une seule travée.

Le pont de Windsor, dont nous donnons les dessins détaillés, peut
être considéré comme un modèle de ce genre de ponts, et comme tra-
duisant parfaitement le mode de résistance auquel ses différentes parties sont soumises ; l'arc qui résiste tout entier à la compression a une
forme favorable à ce genre d'effort : sa largeur est de 1^m,07. De plus, au
milieu du pont, les trois fermes sont reliées entre elles à la partie supérieure, de manière que les arcs ne peuvent être considérés comme travaillant tout à fait isolément. Le tirant est une poutre à double T qui
sert en même temps à soutenir les voies. Quant aux diagonales, elles
sont bien réduites à leur véritable rôle de supports, et offrent une
grande légèreté.

Pont de Chepstow. — Le pont de Chepstow (*fig.* 48) présente avec le
pont de Windsor des différences très-sensibles, et on ne devrait même
pas, à proprement parler, le ranger dans la classe des bow-strings, si la
suite des idées qui ont conduit à sa disposition n'avait clairement ce
système pour origine.

Ce pont se compose d'un tube de 2^m,75 de diamètre, légèrement arqué et relié par des diagonales à des poutres formant tirant; c'est donc, à proprement parler, une sorte de poutre armée. La hauteur de cette

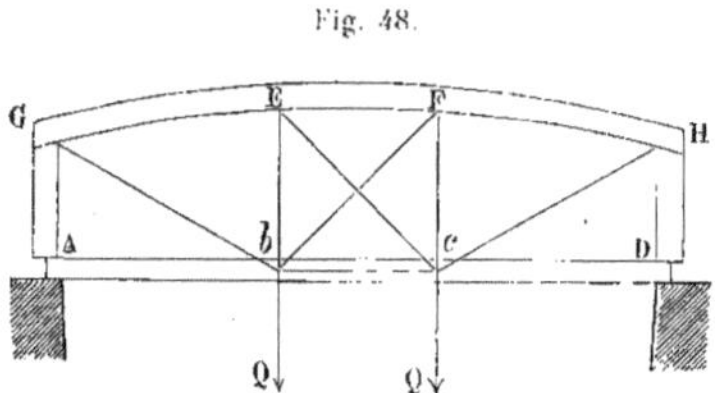

Fig. 48.

poutre au milieu est de 15^m,25, c'est-à-dire de 1/6 de la portée; on voit ici clairement le but que l'auteur s'est proposé d'atteindre.

En adoptant un double système de tirants, il a pu placer le tube supérieur au-dessus de la voie même qu'il supporte, lui donner un diamètre considérable, et par conséquent le mettre dans des conditions de résistance à la compression très-favorables. D'un autre côté, il n'était possible d'adopter avec avantage une aussi grande hauteur de poutres qu'en rendant la paroi verticale peu coûteuse, et le système de tirants employé remplit parfaitement cette condition.

Voyons maintenant comment une semblable poutre peut être calculée.

Si on se reporte au mode de construction du pont, on verra que le système GbcH est combiné de telle sorte que le tablier AD peut être considéré comme une poutre reposant sur quatre points d'appui A,b,c,D. Le calcul de cette pièce sera donc identique à celui d'un pont à trois arches, et, eu égard à la grande portée du pont, il sera même nécessaire de faire toutes les hypothèses sur la position de la surcharge qu'on aurait à considérer dans ce cas.

Le calcul des tirants Gb, bC n'offre aucune difficulté. Il faudra, pour déterminer les efforts auxquels ils sont soumis, supposer le pont chargé d'un poids uniforme p, réparti sur toute sa longueur. Le calcul du tablier AD dans cette hypothèse aura fait connaître la valeur des réactions Q, supportées par les points *b* et *c*, qui seront les mêmes que celles des piles d'un pont à trois arches ordinaires. De ces efforts on déduira sans peine les tensions G*b*,*b*C, qui leur font équilibre. Enfin, la compression du tube sera la composante de G*b*. Cette compression sur l'élément horizontal EF est évidemment égale à la tension *bc*. Le système des croix de saint André EF *bc* n'a alors d'autre but que de relier le tube en plusieurs points au tablier, et n'a d'utilité réelle que dans le cas de surcharges non uniformément réparties sur la longueur du pont, pour s'opposer aux déformations. Aussi M. Brunel ne leur a-t-il donné qu'une importance insignifiante par rapport aux autres parties. La section du tirant horizontal *bc* est de 537$^{c. q.}$, celle des croix de saint André, de 40$^{c. q.}$,32. Les tirants verticaux *b*E, *c*F, qui résistent à la compression à un effort dû à une sorte de tension initiale donnée au système dans le montage et qui diminue à mesure que la surcharge du tablier AD augmente, ont une section de 445$^{c. m. q.}$,05. La section du tube est de 1,367$^{c. q.}$,97, mais le système des tirants et croix de saint André est double; en sorte que la section du tirant horizontal *bc* est presque égale à celle du tube, c'est-à-dire que M. Brunel a admis dans ce cas des coefficients de résistance à la traction et à la compression presque égaux. Cette hypothèse est légitimée par la forme tubulaire et les dimensions de l'arc, c'est justement l'avantage qu'il a recherché dans ce système.

Pont de Saltash. — Le pont de Saltash (*fig.* 49) est tout à fait un

Fig. 49.

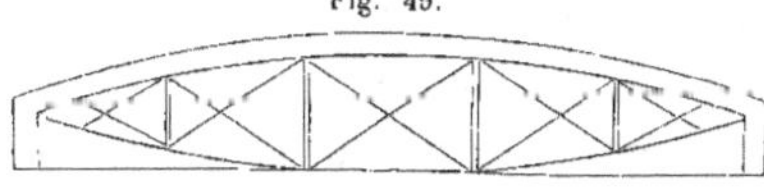

bow-string; seulement le tirant, au lieu d'être droit, est courbe et relié à l'arc par des tiges verticales et des diagonales. On a également recherché dans ce pont un moyen de donner au tube des dimensions considérables, en le plaçant au-dessus de la voie qu'il supporte; mais la nécessité de laisser aux machines le débouché suffisant a forcé à renoncer à l'emploi du tablier même comme tirant, et par conséquent, a conduit à un surcroît de métal assez considérable. Le tablier se compose en effet de poutres, qui sont attachées à la ferme au moyen de tiges verticales et parallèles; il eût été sans doute préférable de continuer les diagonales jusqu'au tablier même, car les tiges parallèles sont toujours, comme nous le verrons plus loin en détail à propos des ponts suspendus, une grande cause de vibration. M. Brunel a sans doute compté, pour obvier à cet inconvénient, sur les dimensions de cet ouvrage, qui, en rendant le poids propre du pont considérable par rapport à la surcharge, diminuent beaucoup l'influence de ces surcharges lorsqu'elles ne sont pas uniformément réparties.

Le pont de Saltash présente encore, avec ceux de Windsor et de Chepstow, une différence bien remarquable, c'est qu'il est à deux arches.

C'est un fait digne d'une attention sérieuse que de voir un pont composé de deux travées d'une largeur chacune de 139^m, composé de deux poutres tout à fait indépendantes. Nous sommes forcés de dire qu'aucune raison tirée de l'emploi rationnel du métal ne peut justifier une semblable disposition, car l'emploi de poutres continues peut alors offrir de plus grands avantages que ce système; il faut donc sans doute en rechercher la cause dans des raisons spéciales, telles que des difficultés de montage, qui certainement doivent être beaucoup moindres dans ce système que dans tout autre où on eût admis les poutres continues.

Nous devons rappeler ici pourtant, afin de prémunir le lecteur contre une conclusion trop générale, que le montage du pont de Menai, dont nous dirons plus loin quelques mots, quoique entouré de toute sorte de difficultés des plus graves, telles que l'impossibilité de construire un pont de service, l'obligation d'un établissement excessivement rapide, etc., a prouvé qu'il ne fallait pas s'effrayer outre mesure de la mise en place de poutres de 140 mètres de longueur.

Ajoutons en terminant que le pont de Saltash est destiné à porter deux voies et à se composer de deux ponts identiques, et pour ainsi dire séparés; on ne construit même actuellement que l'un d'eux. La même disposition est employée au pont de Chepstow, car on ne peut regarder comme une liaison le faible contreventement qui relie les tubes à la partie supérieure. Le pont de Windsor, au contraire, qu'on peut considérer comme le vrai type du bow-string, est un pont unique construit pour deux voies.

Ce système, dont M. Brunel est, en Angleterre, le promoteur, mérite, comme on le voit, une étude attentive, tant par les remarquables applications qu'il a reçues déjà, que par les services qu'il rendra sans doute encore. Les avantages qu'il offre ressortent facilement de ce qui précède, car nous avons fait voir que pour des ponts à une arche ils peuvent devenir beaucoup plus économiques qu'une poutre droite. Ils ont de plus, sur les ponts en arcs simples, l'avantage de ne soumettre les culées à aucun effort autre que des réactions verticales, ce qui est fort important pour des ouvrages considérables, où les travaux combinés du métal et des maçonneries peuvent amener des mouvements funestes à la conservation et même à la solidité de tout le système.

On trouvera plus loin, dans un tableau comparatif, les poids détaillés de ces ponts.

CHAPITRE VII.

PONTS SUSPENDUS.

Principes sur lesquels doit être basée la construction d'un pont suspendu. — Nous n'avons pas l'intention d'indiquer ici les méthodes de calcul qu'on doit suivre pour déterminer les dimensions des différentes parties d'un pont suspendu, ces méthodes sont trop connues et trop simples pour offrir ici aucun intérêt ; nous entrerons pourtant dans quelques détails sur le système de construction de ces ponts, que nous ne croyons pas avoir été jusqu'à ce jour bien compris ni exécuté suivant des idées très-rationnelles.

Il est étrange, en effet, que les ponts suspendus se soient classés dans l'esprit de la plupart des ingénieurs comme une espèce toute particulière de ponts, ne pouvant admettre qu'une seule forme, que la pratique a d'ailleurs démontrée vicieuse, sans qu'on ait recherché la liaison qui rattache ces ponts aux autres systèmes, étude qui aurait certainement fait découvrir en même temps et leur vraie théorie et les causes des inconvénients qu'on peut actuellement leur reprocher [1].

[1] Nous avons appris que nous nous étions rencontrés sur ce sujet avec un ingénieur anglais, M. Cowper, qui a publié, en 1847, dans le *Civil Engineer's Journal*, une note accompagnée d'un projet de pont suspendu conçu d'après des idées fort analogues à celles qu'on trouvera exposées dans ce chapitre. La publication de M. Cowper étant très-peu développée et peu répandue en France, nous avons cru ne devoir rien changer à ce chapitre, écrit du reste en entier avant que nous n'eussions connaissance d'aucun travail analogue.

La construction des ponts suspendus, quoiqu'elle doive incontestablement être rangée parmi les plus intéressantes et les plus utiles, n'a participé en rien des progrès que les autres branches des arts ont faits dans ces derniers temps à côté d'elle; ces ponts se bornent à un type unique, qui, depuis l'origine, n'a subi que des variations insignifiantes.

Leur utilité ne s'est manifestée que par les nombreuses reproductions de ce type, qui, toujours reconnu vicieux par l'expérience, a fini par être justement condamné par l'opinion, et semble maintenant devoir être définitivement abandonné.

De ces tentatives malheureuses il est résulté dans le public des préjugés aujourd'hui fort enracinés au sujet de ces ponts. Il semble, en effet, qu'un pont suspendu consiste essentiellement en un tablier très-léger lui-même, soutenu par des tiges verticales reliées à une ou plusieurs chaînes en forme de cordes, le tout présentant un ensemble déformable sous l'action des moindres surcharges, vibrant sous le pas d'un cheval au point de donner souvent de graves inquiétudes, que de fréquents et terribles accidents légitiment du reste. Il est certain cependant que ces inconvénients ont leur source non pas dans le système même des ponts suspendus, puisque nous verrons tout à l'heure qu'il est l'un des plus rationnels, c'est-à-dire des plus économiques, *à sécurité égale*, qu'on peut rencontrer, mais bien à la manière dont ce système a été traduit en pratique dans la plupart des constructions de ce genre exécutées jusqu'à présent; il suffira pour démontrer ce point d'examiner le mode de résistance de ces ponts.

Un pont suspendu doit en effet se composer d'une chaîne ayant la forme de la courbe d'équilibre, c'est-à-dire à peu près d'une parabole. A cette chaîne est suspendu au moyen de tiges un tablier, qui porte les surcharges.

Dans ce système, tout le métal employé travaille à la traction, c'est-à-dire dans les conditions de résistance les plus favorables.

En donnant à la chaîne une certaine hauteur sur les piles, on peut, en égard à son développement, trouver la position qui correspond au minimum de métal, et rendre ces ponts excessivement économiques par rapport aux autres systèmes; un seul inconvénient leur est reproché, c'est leur facilité à vibrer : voyons quelle en est la cause.

Dans toutes ou presque toutes les constructions de ce genre, le tablier du pont suspendu se compose de poutres parallèles placées transversalement à l'axe du pont, et dont chaque extrémité est soutenue par une tige verticale. Cette tige est fixée à la chaîne, souvent même à plusieurs chaînes, généralement composées de câbles en fil de fer. Lorsqu'une surcharge, telle qu'une lourde voiture, par exemple, vient à passer sur le pont, le poids de cette surcharge est transporté tout entier par une seule tige en un seul point de la chaîne; ces chaînes n'offrant malgré leur tension que peu de résistance dans le sens vertical, fléchissent en s'approchant de la forme rectiligne, et le tablier descend d'une certaine quantité; on comprend alors que ce mouvement donne naissance à une série d'oscillations qui sont fort longues à arrêter, car la pesanteur est la seule force qui tende à réduire le système au repos. Ces oscillations augmentent d'amplitude par la combinaison des efforts qui les produisent, comme l'ensemble du pas de quelques personnes, etc., et soumettent le système à des efforts qui peuvent dépasser considérablement ceux que l'on déduirait de l'équilibre pratique, et amener par conséquent sa ruine totale.

De la composition des tympans. — On voit donc, en résumé, que le problème à résoudre consiste à s'opposer à la déformation de la chaîne. Voici comment nous croyons qu'on peut y arriver :

Il ne faut pas d'abord qu'une surcharge puisse jamais être transmise à la chaîne en un seul point à la fois; il faut, au contraire, que ces surcharges soient toujours réparties sur la plus grande longueur de chaîne possible.

Les dispositions qui conduiront à ce résultat seront d'abord l'emploi de tabliers formés de poutres en croisillons ou de poutres parallèles reposant sur des poutres longitudinales, qui elles-mêmes sont soutenues par les tiges; ensuite, les tiges ne doivent pas être verticales, mais disposées en croisillons de manière à former une espèce de latice, de telle sorte qu'un poids placé en un certain point du tablier soit, par l'intermédiaire de ce latice, réparti sur une grande longueur de chaîne à la fois; il faudrait renoncer aux tiges en fil de fer, pour leur substituer les fers à T laminés, rivés tous ensemble à tous leurs points de rencontre, et produisant par conséquent des décompositions de force propres à atteindre encore mieux le but proposé. Enfin, et c'est le point le plus important, nous croyons que les chaînes elles-mêmes doivent être construites dans un tout autre esprit.

De la construction des chaînes. — La presque totalité des chaînes actuellement employées pour les ponts suspendus se compose de câbles en fil de fer; les raisons qui ont poussé à ce choix sont de deux natures : d'abord, il est vrai que le fil de fer présente, sous la même section, une résistance plus considérable que les autres espèces de fer, et qu'il est d'une qualité supérieure et plus égale; ensuite, l'emploi des fers laminés a rencontré longtemps dans les arts une opposition basée en partie sur un préjugé : on pensait généralement qu'on devait accorder au métal et à ses différents modes d'assemblage une confiance très-restreinte. De grandes expériences, des travaux qui doivent servir de modèle ont été exécutés depuis, et nous croyons pouvoir dire que c'est en effet là une opinion erronée. Des tôles rivées peuvent être employées à résister à un effort de traction avec autant, nous dirons même plus de sécurité que les câbles en fil de fer; ces derniers sont certainement soumis à une incertitude beaucoup plus large par leur fabrication même, et par les plus grandes facilités qu'ils présentent à l'action destructive de l'air. Il est en effet difficile de s'assurer que tous les fils d'un câble en fil de fer sont également tendus, et c'est pourtant à cette condition seule qu'on peut compter sur sa section ; c'est d'ailleurs la manière d'employer le métal qui peut présenter à l'air le plus de surface, et une fois l'oxydation commencée, la destruction la plus rapide. Il est inutile de fournir à l'appui de cette remarque les nombreux exemples d'accidents qui ont eu leur source dans cette seule cause, et où des câbles mal entretenus ont été détruits dans un temps très-court, lorsque dans les mêmes circonstances une masse homogène de métal eût certainement résisté.

Nous ne pensons donc pas qu'on doive, ainsi qu'on l'a fait généralement jusqu'à ce jour, considérer les câbles de fil de fer comme le mode d'exécution le plus convenable des chaînes de ponts suspendus; les fers laminés ou les tôles rivées nous paraissent de beaucoup préférables, et l'emploi de ce dernier système introduirait en même temps dans la construction de ces ponts une amélioration radicale : c'est la possibilité de donner à la chaîne une forme telle, qu'elle soit capable d'une résistance suffisante dans le sens vertical pour ne se plus déformer. Il faudra pour cela lui donner la forme d'une poutre en double T, par exemple.

Un pont suspendu est-il donc autre chose qu'un pont en arc renversé? Les efforts auxquels la chaîne est soumise sont identiques à ceux qui sont supportés par l'arc ordinaire, si ce n'est qu'au lieu d'un effort de compression, chaque fibre supporte un effort de traction; la même analogie existe entre les tympans et le latice du pont suspendu : on voit donc que ce problème de faire un pont suspendu sans vibration trouvera sa solution entière dans les modifications que nous proposons.

Si, a u reste, on pouvait conserver encore à ce sujet quelques doutes, il suffirait, pour les lever complétement, de réfléchir à l'analogie qui existe entre les bow-strings et un pont suspendu, analogie que les quelques mots qui précèdent mettent en évidence; or, malgré la position très-désavantageuse dans laquelle est placé l'arc du bow-string par rapport à la chaîne, puisque le premier travaille à la compression, c'est-à-dire dans un équilibre instable, tandis que la chaîne et tout le

système des tympans, soumis uniquement à des efforts d'extension,
sont dans un équilibre stable, les exemples des bow-strings que nous
avons cités sont bien propres à démontrer que ces ponts peuvent parfaitement servir au passage de trains de chemin de fer, et qu'à plus
forte raison, des ponts suspendus construits suivant les règles que nous
indiquons atteindraient également ce but, le métal s'y trouvant employé dans des conditions de résistance et surtout de stabilité supérieures.

Comparaison du bow-string et du pont suspendu rigide. — Il est
intéressant, avant d'abandonner ce sujet, de se rendre compte de la
valeur relative de ces deux systèmes, dont l'un peut, à notre avis, fournir
les moyens de franchir économiquement de grandes portées, dont
l'autre a déjà reçu un grand nombre d'applications. Nous ne parlerons
d'abord que de ponts à une arche.

Au point de vue de la résistance, l'arc du bow-string est, comme
nous l'avons déjà dit, absolument dans le même cas que la chaîne du
pont suspendu, si ce n'est qu'au lieu de résister comme cette dernière
à un effort de traction, il résiste à un effort égal de compression. Il
résulte de cette circonstance que l'effort qu'on peut faire supporter à
la chaîne par millimètre carré est plus considérable que celui qu'on
doit admettre pour l'arc du bow-string, ou qu'on ne peut arriver à
l'égalité dans les deux cas qu'en donnant à l'arc des dimensions
considérables, comme l'a fait M. Brunel dans les ponts de Saltash et
de Chepstow, ou, lorsque le pont se compose de plus d'une ferme, au
moyen d'un contreventement, presque toujours insuffisant et qui d'ailleurs n'existe pas dans le pont suspendu.

De plus, dans le bow-string, la compression de l'arc est équilibrée
par un tirant, dont la section doit par conséquent être égale à celle de
l'arc au milieu, tandis que dans le pont suspendu cet effort est fait par
la résistance des maçonneries; c'est donc une économie de métal. Il est
vrai que le bow-string présente un avantage qui peut être important,

c'est de n'exercer sur les piles que des efforts verticaux, de les réduire au simple rôle de supports, tandis que dans le pont suspendu elles remplissent des fonctions plus importantes, qui intéressent profondément la résistance de tout l'ouvrage, car un mouvement dans les culées a, dans ce cas, une influence bien plus grave que dans le premier.

Il faut ajouter que pour des ponts à une seule arche, les seuls dont nous parlions jusqu'à présent, le prolongement des chaînes au delà des piles, qui, si on ne veut pas produire sur ces piles de moment de renversement, emploie une quantité de métal assez considérable, peut compenser en grande partie le tirant du bow-string.

Le treillis qui doit relier l'arc au tablier, qui remplace le tympan du pont en arc ordinaire, peut paraître au premier abord devoir absorber une quantité de métal considérable; c'est une erreur, que l'exemple des bow-strings peut encore servir à détruire. Le rôle de ce treillis est en effet le même dans les deux cas, il doit simplement supporter le tablier en reportant les pressions sur différents points de l'arc; au pont de Windsor, ce treillis est absolument insignifiant par rapport au poids du pont.

Dans le pont suspendu, ce poids serait un peu augmenté, la surface comprise entre l'arche et le tablier étant double du segment parabolique rempli par le latice du bow-string.

Mais l'exemple précédent montre que cette augmentation ne porte que sur un poids de métal peu considérable par lui-même; on pourrait aussi peut-être, dans certains cas, diminuer ce poids en faisant passer le tablier vers le milieu de l'arc de la chaîne. — Il faut ajouter que, dans le pont suspendu, les poutres longitudinales du tablier, quoique pouvant être fort légères, sont pourtant en plus que dans le bow-string, où elles peuvent servir de tirants.

En résumé, nous ne regardons pas comme douteux que l'exécution d'un pont suspendu parfaitement stable et ne vibrant pas sous de fortes surcharges ne soit possible et même ne présente pour de grandes portées des avantages considérables sur d'autres systèmes ; pourtant, si on les compare aux bow-strings, quoiqu'au premier abord la position d'équilibre stable des chaînes et la suppression du tirant paraissent devoir en faire un système plus rationnel, nous croyons que ces avantages seraient compensés par les amarres, la nécessité du tablier, le léger accroissement de poids du latice, et surtout le rôle très-important des culées, d'où dépend, pour ainsi dire, le sort entier de l'ouvrage.

Cette dernière difficulté surtout, qui se présente toujours toutes les fois qu'on veut faire concourir à un travail commun deux matériaux de nature et de propriétés tout à fait distinctes, semble devoir assurer la préférence aux bow-strings et légitimer les applications diverses que leur célèbre auteur a faites de ce principe.

Mais s'il s'agit de ponts à deux arches, nous croyons qu'une étude approfondie et comparée des deux systèmes conduirait à une conclusion inverse. La proportion de métal employée en amarres, qui est le plus notable inconvénient du pont suspendu, peut être réduite à une quantité insignifiante en repoussant le sommet des paraboles suffisamment près des culées ; nous regardons alors ce système comme plus rationnel, et il est certainement regrettable qu'il n'ait encore reçu aucune application.

Il ne faudrait pas d'ailleurs attacher une trop grande importance au rôle des culées dans la résistance de ces ponts ; nous n'avons pas cherché à dissimuler cette difficulté, car c'est en effet un des points principaux dans une construction de ce genre. Une très-bonne exécution des maçonneries, un système d'amarrage solide doivent être recherchés avec le plus grand soin ; mais il ne faut pas oublier que s'il y a là en effet une certaine difficulté, personne n'est fondé à la regarder comme insurmontable. Les grands ponts suspendus construits jusqu'à présent, tels que les ponts de Londres, de Fribourg, de La Roche-Bernard, etc., témoigneraient contre une semblable opinion ; aucune de ces constructions ne pèche en effet par ce point; on ne peut donc y trouver le motif d'une condamnation contre un système qui offre à d'autres égards des avantages incontestables. .

Nous avons cherché dans les trois chapitres qu'on vient de lire à faire ressortir clairement l'analogie très-frappante qui lie les ponts en arc avec les bow-strings et les ponts suspendus, et qui, pour ainsi dire, ne permet pas au point de vue mécanique d'en faire des systèmes différents.

Il est à désirer que l'attention des ingénieurs soit attirée sur cette question ; nous pourrions citer en France même des cas nombreux où l'emploi, soit de bow-strings, soit de ponts suspendus rigides à plusieurs arches, pourrait rendre des services importants, et pour ne parler que de cette dernière idée, qui, moins heureuse que la première, n'a pas encore été consacrée par la pratique, il serait regrettable que, par suite de préjugés sans fondement, elle ne reçût pas le développement qu'elle mérite.

En Amérique, où la nécessité d'ouvrages à grandes portées et pourtant économiques se fait souvent sentir, la fécondité de ce système n'a pas été méconnue, et il est probable qu'un spécimen remarquable de ces constructions ne tardera pas à mettre en évidence leurs avantages. Au reste, l'étude et l'exécution d'un grand projet peuvent seules faire faire à cette question les progrès nécessaires pour pour effacer la défaveur qui s'attache maintenant aux ponts suspendus.

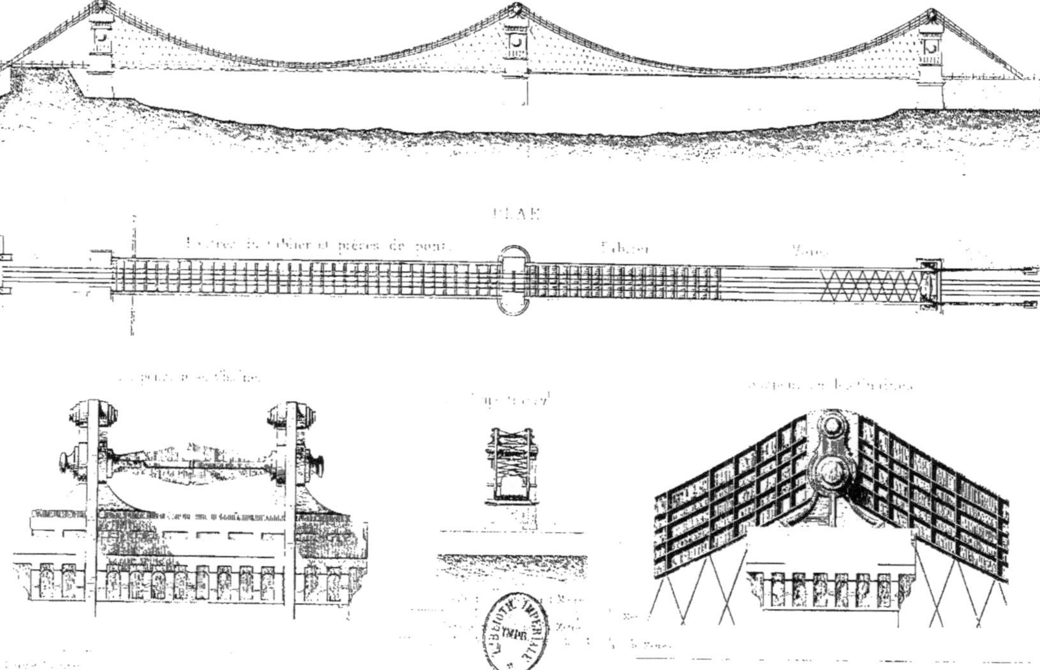

CROQUIS D'UN PONT SUSPENDU A CHAINES RIGIDES.
ELEVATION
PLAN

DEUXIÈME PARTIE.

CONSTRUCTION.

CHAPITRE I.

DES ASSEMBLAGES.

Dans tous les calculs que nous avons exposés précédemment, nous avons toujours considéré les poutres comme étant d'une seule pièce ; cette condition n'est évidemment pas réalisable en pratique, au moins pour des ponts d'une certaine portée ; jusqu'à présent on n'a pu obtenir des forges en fabrication courante que des tôles fabriqués avec des paquets d'un poids de 6 à 700^k, et des cornières de 12 à 14^m. Au delà de ces dimensions, le poids des paquets destinés à la fabrication des tôles devient trop considérable, les moyens mécaniques pour le laminage sont généralement insuffisants. Il faut donc avoir recours à des assemblages. Il nous reste, par conséquent, à étudier les conditions que ces assemblages doivent remplir, pour qu'à la jonction de deux pièces interrompues la solidité de la poutre ne soit pas altérée, ou ne le soit que d'une quantité insignifiante, et que l'on peut s'imposer à l'avance. On verra même que, dans certains cas, il est possible de donner au joint une résistance supérieure à celle des autres sections de la poutre.

L'assemblage des tôles se fait toujours au moyen de couvre-joints et de rivets. Avant d'indiquer la forme et les dimensions qu'il convient de donner aux couvre-joints, il faut étudier la nature des efforts supportés par les rivets.

Mode de résistance des rivets. — Le mode de résistance d'un rivet est de deux natures : la pression qu'il exerce sur les tôles qu'il réunit, ayant pour effet d'empêcher qu'elles ne glissent l'une contre l'autre, et la résistance au cisaillement du rivet lui-même. Supposons (*fig.* 50) trois tôles réunies par un rivet qui ne remplirait pas exactement le trou percé dans celle du milieu. Si les tôles A étant fixées à leur extrémité, la tôle B est soumise à un effort de traction suffisant, cette

Fig. 50.

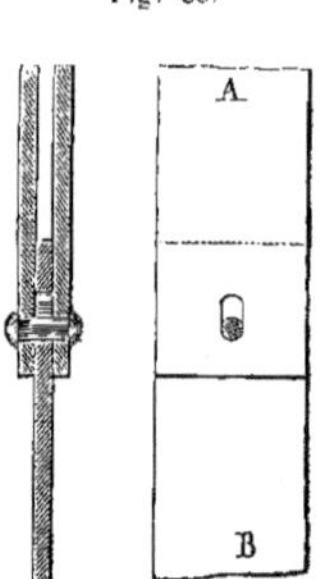

tôle commencera par glisser entre les deux autres, jusqu'à ce que le bord du trou de la tôle B ait atteint le rivet, qui résistera alors au cisaillement; enfin l'assemblage cédera lorsque ce rivet se trouvera coupé. Le frottement des deux tôles l'une contre l'autre est opéré par la contraction subie par le rivet lors du refroidissement,

Des expériences ont été faites en Angleterre et en France pour déterminer la valeur de ces deux efforts; nous allons les rapporter, et nous nous occuperons d'abord du cisaillement.

Résistance au cisaillement. — Pour déterminer la résistance d'un rivet au cisaillement, on s'est servi en Angleterre d'un bloc de fonte

portant deux joues parallèles distantes de 19^{mm}. Ces joues étaient tra-
versées par un boulon servant d'articulation à un levier de 1^m,829 de
long qui se mouvait entre les deux joues, de manière à remplir tout
l'intervalle. Les deux joues étaient percées d'un trou ayant rigoureusement le même diamètre que le rivet à expérimenter. On introduisait
le rivet dans une seule joue, si on voulait observer le *cisaillement simple* ;
dans les deux joues, si on voulait observer le *cisaillement double*. Le
cisaillement était opéré au moyen de poids placés à l'extrémité du
levier. On a reproché à ces expériences un peu d'inexactitude, tenant
au frottement de l'articulation du levier et du levier lui-même contre
les joues; quoique toutes les précautions aient été prises pour le rendre
le plus petit possible, il paraît n'avoir pas été tout à fait négligeable,
et cette cause d'erreur explique les anomalies que l'on a observées entre
ces expériences et leurs différences avec celles qui ont été faites sans
l'emploi de cet appareil.

Les lois qu'on a déduites d'une série de douze expériences sont les
suivantes :

1° La résistance au cisaillement est proportionnelle à la section
totale cisaillée du rivet; ainsi elle est deux fois plus grande pour un
rivet réunissant trois feuilles de tôle que pour un rivet n'en réunissant
que deux.

2° La résistance au cisaillement par millimètre carré, de section du
rivet est à peu près les 4/5 de celle du même fer à la traction directe
dans le sens longitudinal des fibres.

Le tableau suivant indique les efforts par millimètre carré sous
lesquels les rivets se sont rompus. On voit que les chiffres qui représentent ces efforts sont, en effet, à peu près constants.

DIAMÈTRE du RIVET.	NUMÉROS DES EXPÉRIENCES.	RÉSISTANCE par millimètre carré de SECTION CISAILLÉE.
	Cisaillement simple.	
mm. 22.2	1re expérience	k. 41 05
22,2	2e expérience	37 89
22,2	3e expérience, comprenant quatre expériences sur des rivets en chargeant rapidement. Moyenne	41 05
22,2	4e expérience, sur six barres de différentes qualités Moyenne	40 74
	Moyenne générale	40^k11
	Cisaillement double.	
mm. 22,2	5e expérience	k. 36 02
22,2	6e expérience	33 98
22,2	7e expérience	33 98
21,4	8e expérience	35 39
21,4	9e expérience	35 39
21,4	10e expérience	35 39
22,2	11e expérience	33 98
22,2	12e expérience	33 98
	Moyenne générale	34^k76

Pour éviter les erreurs résultat du jeu du rivet dans les trous, et qui permettait une certaine flexion sous l'action du levier, on riva deux feuilles de tôle de 15^{mm}9 d'épaisseur, et on détermina la rupture du rivet en suspendant un poids à l'une des deux feuilles; la rupture se produisit sous un effort correspondant à 32^k,09.

La même expérience fut répétée pour vérifier la loi du double cisaillement; on riva trois feuilles de tôle et on rompit le rivet en suspendant un poids à celle du milieu; la résistance à la rupture correspondit à 35^k,07 par millimètre carré, de section cisaillée. Dans ces expériences, les deux modes de résistance du rivet se produisaient simultanément. Lors de la construction du pont de Clichy, exécuté dans les ateliers de MM. Gouin et Cie, M. Lavalley entreprit pour vérifier ces lois une série d'expériences, dont les résultats concordent avec ceux que nous venons de citer. Voici comment il opéra : des broches de fer corroyé de très-bonne qualité, qui devait être em-

ployé pour la fabrication des rivets, furent tournées au diamètre
exact de 8, 10, 12 et 16^{mm}. Ces broches furent introduites dans les trous
d'une fourchette et de sa partie mâle; ces pièces étaient en acier trempé
et les trous étaient exactement de même diamètre que les broches. Au
moyen de poids ajoutés successivement, on les tirait en sens contraire,
jusqu'à la rupture des broches. Voici le résultat de ces expériences :

DIMENSIONS des BROCHES.	NOMBRE D'EXPÉRIENCES formant la moyenne.	MOYENNE DE LA RUPTURE par millimètre carré.
mm		k.
8	10 expériences.	32 70
10	10 expériences.	31 55
12	10 expériences.	31 48
16	10 expériences.	31 83
	Moyenne gén.	31^k 89

La résistance du même fer à la traction a été de 40^k par millimètre
carré. On est donc fondé à conclure de ces expériences qu'on peut, en
pratique, adopter pour les coefficients de résistance de ces deux genres
d'efforts le rapport de 4 à 5.

Résistance des rivets au glissement. — Nous avons dit que la
pression des tôles l'une sur l'autre avait lieu par suite de l'effort exercé
sur ces tôles par les têtes de rivet, lors du refroidissement. Cet effort
ne peut être calculé directement, car si on voulait le déduire du raccourcissement produit par une différence de température de 700°, qui
est à peu près celle qui a lieu lorsque la température d'un rivet descend
du rouge sombre à la température ordinaire, on trouverait que le rivet
est soumis à un effort qui dépasse la résistance à la rupture. Cet effet
se produit quelquefois, puisqu'on voit des têtes de rivets sauter par
suite du simple refroidissement. Mais en général, il faut admettre que
les fibres, après une extension anormale, subissent un allongement
permanent et restent dans un état d'équilibre différent du primitif.

Des expériences directes ont été faites en Angleterre pour déterminer la valeur de la résistance au glissement, produite par le serrage des têtes de rivets. Elles sont malheureusement peu nombreuses, nous les rapportons ainsi que les résultats auxquels elles ont conduit.

On a réuni trois feuilles de tôle avec un rivet de $22^{mm},2$; les trous des feuilles extérieures avaient identiquement le diamètre du rivet, celui de la tôle du milieu était ovalisé, et assez large pour que le rivet ne pût frotter contre ses parois; on suspendit ensuite des poids à la tôle du milieu, jusqu'à ce qu'elle vînt à glisser; on répéta ces expériences en ajoutant sous les têtes des plaques de fer. Voici les résultats obtenus :

NUMÉROS des EXPÉRIENCES.	DIAMÈTRE du RIVET.	NOMBRE de FEUILLES.	CHARGE par millimètre carré de section DU RIVET.	OBSERVATIONS.
	mm.		k.	
1	22 2	3	14 63	
2	»	3	11 70	Rivet mal mis; il y avait une plaque
3	»	3	20 78	de fer sous les têtes.

Ces expériences ont été reprises d'une manière plus complète par M. Lavalley. Voici comment il a procédé :

Trois bandes de tôle de 50^{mm} de largeur sur 10^{mm} d'épaisseur étaient placées l'une sur l'autre, et percées d'un trou de 20^{mm}; le trou de celle du milieu fut ovalisé de 10 à 12^{mm} dans le sens de la longueur de la bande; un rivet de 19^{mm} fut inséré à chaud dans les trois feuilles de tôle et écrasé comme ceux des poutres.

Les tôles extérieures furent suspendues à une grue, et celle du milieu fut tirée au moyen de poids, chaque poids ajouté était de 50^k.

Six échantillons furent éprouvés, et le glissement se manifesta sous les charges suivantes :

NUMÉROS des ÉCHANTILLONS.	POIDS TOTAL produisant LE GLISSEMENT.	POIDS rapporté à 1 millimètre carré de section DU RIVET.
	k.	k.
1	4377	15 4
2	4520	15 7
3	4896	17 2
4	3884	13 7
5	5008	17 7
6	4312	15 4
		k.
Moyenne...		15 8

Les mêmes résultats ont été observés par M. Lavalley pour des rivets réunissant deux tôles.

Ces expériences, dont l'exactitude peut inspirer toute confiance, sont extrêmement importantes. En effet, il est indispensable que la résistance au glissement suffise à assurer la solidité de l'assemblage, car on est jamais certain que les rivets remplissent assez bien les trous pour qu'ils résistent tout d'abord au cisaillement, et, quoiqu'il n'en faille pas moins prendre les précautions nécessaires pour que cela ait lieu, on ne devra compter que sur la résistance au glissement. Or nous avons admis comme résistance maxima dans une poutre, $R = 7$ ou 8^k par millimètre carré, pour du fer rompant sous une charge de 30 à 35^k par millimètre carré; si donc on suppose une tôle interrompue en un point quelconque de la poutre, et qu'on l'assemble à la suivante au moyen de deux couvre-joints représentant une section totale égale à celle de cette tôle, il suffirait, pour assurer la solidité de l'assemblage, de mettre un nombre de rivets dont la section fût égale à celle de la tôle interrompue, et dans ce cas, la moitié seulement de la résistance au glissement serait employée, c'est-à-dire qu'il faudrait que R s'élevât à 15^k par millimètre carré, pour que les rivets commençassent à travailler au cisaillement. Néanmoins il est logique de doubler ce nombre de rivets, afin de prendre entre la résistance maxima du rivet au glissement et sa résistance absolue à ce genre d'effort, le rapport admis entre le coefficient de résistance maximum du fer et sa résistance à la rupture. C'est la première de ces règles qui est ordinairement suivie, mais elle suffit à expliquer pourquoi les poutres formées de pièces assemblées au moyen de rivets présentent la même rigidité que des poutres formées d'une seule pièce; c'est pour cela aussi que les flèches observées sont à peu près les mêmes dans les deux cas.

Enfin, on doit trouver dans ces expériences une assurance de durée pour les ouvrages métalliques, et l'énergie du serrage opéré sur les tôles par les têtes de rivets est une preuve de la difficulté avec laquelle ils pourraient prendre du jeu dans les trous, même au bout d'un temps très-long.

Des couvre-joints. — Considérons d'abord le cas de deux feuilles de tôle consécutives à réunir; cet assemblage pourra se faire en croisant les deux feuilles comme l'indique la fig. 51, ou avec un simple couvre-joint(*fig.* 52), ou bien encore avec un double couvre-joint (*fig.* 53).

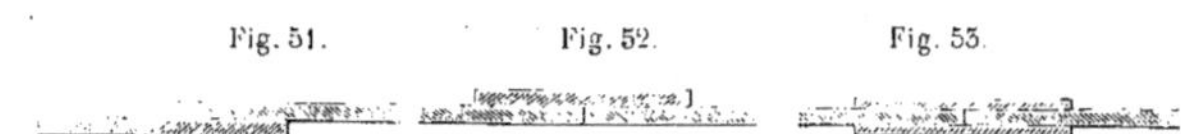

La première disposition présente l'inconvénient de placer les tôles dans deux plans différents; il s'ensuit que les tôles sous l'action d'une traction longitudinale tendent à se mettre dans un même plan, il en résulte une extension anormale de la tôle et une composante dans le sens de la longueur du rivet qui tend à arracher les têtes.

Quant au nombre de rivets qu'il est nécessaire de placer dans cette disposition pour qu'ils ne résistent pas au cisaillement, il doit être tel que leur section totale soit double de celle de la tôle interrompue. Dans ce cas, le frottement produit par l'adhérence des deux tôles sera suffisant pour que les rivets ne travaillent jamais au cisaillement. En effet, d'après les expériences que nous avons reproduites plus haut, il faudrait que le métal fût soumis à un effort voisin de 30ᵏ par millimètre carré, pour que le glissement se produisît : ce qui n'a jamais lieu.

La disposition (*fig.* 51) ne peut d'ailleurs convenir aux ponts en tôle, où pour la simplicité de la construction il importe que les tôles soient toujours dans le même plan.

La seconde disposition qui atteint ce but exige une surface de couvre-joints double, un nombre de rivets double, car il faut que la somme des sections des rivets soit double de celle de la tôle de chaque côté du joint; mais ici encore il y a une composante dans le sens de la longueur des rivets; il est clair d'ailleurs que la section du couvre-joint doit être égale à celle de la tôle interrompue.

Dans la troisième disposition, la somme des sections des couvre-joints doit être égale à celle de la tôle interrompue, en sorte que le poids des couvre-joints peut être égal à celui qu'on obtient par la disposition précédente; mais les rivets sont soumis à un double cisaillement. Il faudra néanmoins que la section totale des rivets soit double de celle de la tôle interrompue pour conserver les rapports que nous avons indiqués entre le coefficient de résistance des rivets au glissement et leur résistance absolue à cet effort. Passons maintenant au cas de deux feuilles de tôle, dont une seule soit interrompue.

La disposition qui paraît au premier abord la plus naturelle est celle de la *fig.* 54, dans laquelle un couvre-joint présentant l'épaisseur de la

Fig. 54.

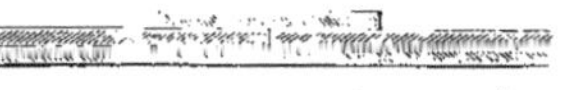

tôle interrompue est placé sur le joint; elle est pourtant défectueuse, si les tôles sont abandonnées et peuvent se voiler quelque peu. En effet, supposons l'assemblage soumis à un effort de traction, cet effort communiqué au rivet par la tôle interrompue se répartira à peu près également sur le couvre-joint et sur la tôle inférieure, à cause de la courbure que prendra l'assemblage pour se placer dans une position symétrique, par rapport à la direction des tôles; en sorte que l'effort supporté par cette dernière sera augmenté et par conséquent la résistance de la section affaiblie. Si la traction de chaque tôle est représentée par 1 au joint, la tôle inférieure pourra supporter environ 1,50, et le couvre-joint seulement 0,5.

Généralement, si on avait n tôles d'égale épaisseur, l'accroissement de R, ou l'affaiblissement du joint sera de $\dfrac{R}{2n}$, lorsqu'on emploiera un seul couvre-joint. Dans le cas où l'assemblage serait assez bien maintenu par la paroi verticale de la poutre pour ne prendre aucune courbure, l'emploi d'un seul couvre-joint n'affaiblirait pas la section de la poutre, mais la rivure serait dans des conditions un peu moins bonnes.

Avec l'emploi des deux couvre-joints (*fig.* 6), les inconvénients que nous venons de signaler seront évités, et il suffit que chacun des deux couvre-joints ait la demi-épaisseur de la tôle interrompue. Ainsi,

Fig. 55.

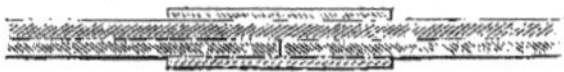

en résumé, les assemblages devront toujours être faits au moyen d'un double couvre-joint et le nombre de rivets sera toujours de chaque côté du joint égal au double de la section de la tôle interrompue; de cette manière, nous serons certains que la résistance des tôles au glissement ne dépassera pas $3^k,5$ à 4^k, et qu'elle suffira pour assurer la solidité de l'assemblage, sans que jamais les rivets ne travaillent au cisaillement.

De la forme et des dimensions des couvre-joints. — Il est possible d'assembler deux feuilles de tôle simples sans les affaiblir

au joint ; il suffit pour cela que les rivets aient une section supérieure
au quadruple de la section suivant l'axe du trou : dans ce cas, en effet,
les têtes seront des couvre-joints, dont l'adhérence remplacera la résistance de la tôle enlevée ; mais les dimensions qu'il faudrait alors
donner à ces rivets seraient trop considérables pour que la rivure en
fût facile. L'assemblage sera donc en général affaibli d'une quantité
dont on peut se donner à l'avance la valeur, et il faut donner aux
couvre-joints une forme et une dimension telles qu'ils remplissent la
condition qu'on s'est imposée avec le moins de métal possible. L'affaiblissement de la section se fait d'abord forcément sentir dans la
première rangée de rivets placés sur le bord du couvre-joint, et si on
néglige la résistance au glissement exercée par cette première rangée,
l'affaiblissement sera le même que si la largeur de la feuille de tôle
avait été réduite de la somme des diamètres des rivets qui se trouvent
sur cette ligne.

Il faut donc d'abord s'imposer l'accroissement de l'effort que l'on con-
sent à faire supporter à la section sur la première ligne des rivets du
couvre-joint. Cet accroissement sera représenté par une certaine fraction du coefficient R, $\dfrac{R}{n}$, par exemple, et entraîne une diminution
proportionnelle $\dfrac{S}{n}$ de la section de la poutre. Chaque rivet déterminant
dans la tôle une diminution de section égale à la section suivant l'axe
du trou, il faut que la somme de ces sections soit égale à $\dfrac{S}{n}$, ce qui,
pour un diamètre donné des rivets, détermine le nombre des rivets à
placer dans la première rangée. Il suffit maintenant, pour que le but
soit atteint, que tout le reste du couvre-joint présente une résistance
égale à celle de cette première ligne ; or, la deuxième rangée de rivets,
pour un égal affaiblissement de la poutre, pourra contenir un nombre
de rivets plus grand que la première. En effet, la rupture de la tôle ne
peut avoir lieu en cet endroit sans que la première rangée soit cisaillée,

17

ou qu'il se soit produit un glissement. La section de la tôle pourra donc être inférieure à celle de la première rangée d'une quantité équivalant au double cisaillement des premiers rivets, ou plutôt à la résistance au glissement qu'ils exercent.

Dans la troisième rangée, la section de la tôle pourra être diminuée de la résistance au glissement exercé par les deux premières rangées de rivets, et ainsi de suite.

On voit donc que le nombre de rivets de chaque rangée ira en croissant, et d'autant plus rapidement que l'épaisseur à river sera moins forte; la même loi devra être observée en se rapprochant du bord de la tôle interrompue, et la rangée près des joints doit contenir le même nombre de rivets que la première sur le bord du couvre-joint.

La distance entre deux rangées consécutives en principe devrait être simplement suffisante pour que, les rivets étant placés en quinconce, le cisaillement du rivet se produise d'une manière certaine avant que la portion de la tôle comprise entre les trous les plus rapprochés ne vienne à s'arracher; on réduirait ainsi la surface du couvre-joint à son minimum. On laisse généralement les distances entre les rangées de rivets trop grandes.

Le cas de l'assemblage de deux feuilles simples et isolées se présente rarement. Dans les ponts en tôle, les tables horizontales sont toujours percées d'un certain nombre de trous, soit pour la réunion des tôles, lorsque ces tables sont formées de plusieurs épaisseurs, soit pour leur assemblage avec la paroi verticale. Ces trous, qui se trouvent dans une même section transversale, sont souvent plus nombreux que ceux qui sont contenus dans la première rangée du couvre-joint; dans ce cas, en plaçant la première rangée des rivets du couvre-joint dans l'intervalle des rivets existant sur les tables, on peut rendre le joint plus solide que les autres sections de la poutre, et c'est une condition très-favorable à remplir.

Un couvre-joint établi d'après les indications que nous venons de donner présenterait la disposition de la *fig.* 56, dans laquelle nous avons supposé un coefficient de 8^k pour la résistance de la tôle, de 4^k pour la résistance au glissement des rivets, et un affaiblissement nul dans l'assemblage.

Fig. 56.

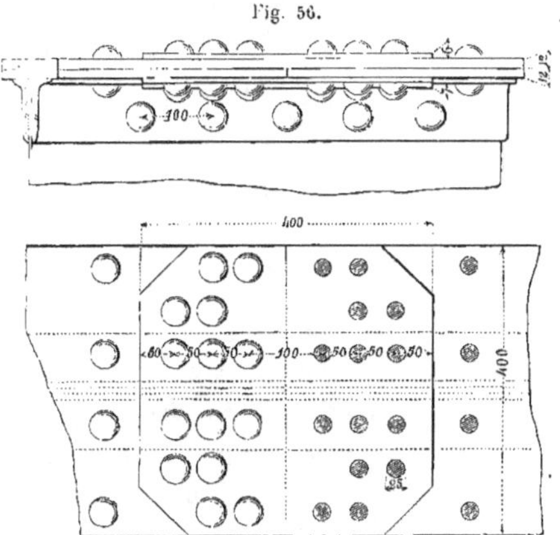

La disposition la plus généralement adoptée pour diminuer le poids des couvre-joints est celle de cette figure ; on diminue la largeur du couvre-joint à ses extrémités, où les rivets sont moins nombreux.

Dans la construction de quelques ponts on a adopté récemment une disposition qui consiste à supprimer les couvre-joints des tables horizontales, en les composant d'un nombre de feuilles constant, d'épaisseur variable, de sorte que la distance de deux joints consécutifs et le nombre de rivets placés entre ces joints soient tels que la résistance des tables soit égale à la résistance des tôles, moins une. L'avantage présenté par ce système est de permettre l'emploi de tôles de petites dimensions, et par conséquent d'un prix moins élevé à qualité égale.

On pourrait, au premier abord, ne pas accorder à la question des couvre-joints toute l'importance qu'elle mérite ; mais il est du plus grand intérêt, lorsqu'on ne dispose que de matériaux de petites dimensions, de chercher à donner aux couvre-joints les moindres dimensions possibles, car on peut produire ainsi une économie notable sur le poids total du pont. Pour démontrer la vérité de ce fait, il nous suffira de citer le rapport du poids des tables horizontales à celui de leurs couvre-joints, au pont de Conway, par exemple : les poids des tôles et cornières qui composent ces tables est de 624^t; celui des couvre-joints de 96^t; le rapport est donc d'environ $\frac{1}{6}$. Dans les derniers ponts construits en France avec des matériaux de grandes dimensions, cette proportion est du reste beaucoup moindre : elle n'est que de $\frac{1}{10}$ dans le pont de Langon.

Il reste à faire sur les assemblages quelques expériences très-utiles; en effet, il n'existe pas d'expériences directes sur la résistance d'un couvre-joint assemblé avec un certain nombre de rivets résistant simultanément au glissement et au cisaillement. De plus, dans tout ce qui précède, nous avons négligé l'influence de l'espacement des rivets et l'épaisseur des couvre-joints sur la résistance au glissement. Il est probable cependant que ces éléments ont une influence notable.

Dans quelques assemblages, tels que les pièces de pont, contreventements, etc., rivés sur les parois verticales et encastrés en partie, les rivets résistent à un effort dans le sens de leur longueur. Il n'a pas été fait d'expériences établissant de combien est diminuée la résistance du rivet à la traction par l'effet de l'allongement permanent qu'il acquiert en se refroidissant après la pose.

Cette partie de la construction d'un pont en tôle aurait donc besoin d'être éclaircie par quelques expériences; les données précédentes sont pourtant basées sur des principes si simples que nous croyons qu'on peut les suivre avec toute confiance; il est bien entendu d'ailleurs que ce que nous venons de dire sur la disposition des rivets et la

forme des couvre-joints est un point de départ sur lequel on devra revenir quand il en résultera une simplification sensible dans la construction.

Des têtes de rivets. — Les têtes de rivets ne présentent qu'un faible
poids relativement au poids total du pont; on ne trouve que peu d'intérêt à le réduire; on s'est donc arrêté à la forme présentant le plus de
facilité pour le travail de la rivure; le type suivant (*fig.* 57) a été adopté

Fig 57.

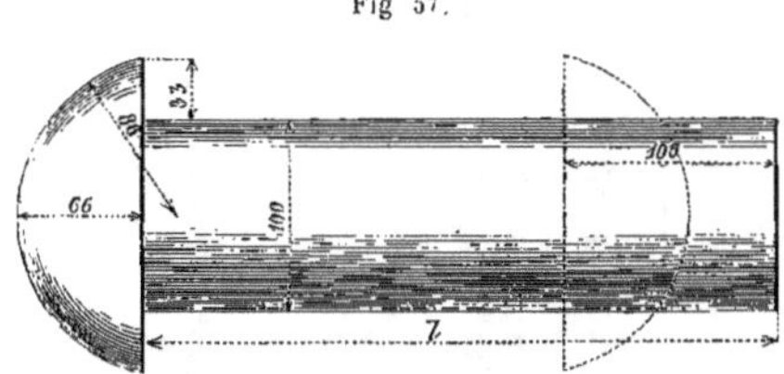

pour tous les rivets entrant dans la construction des ponts en tôle des
chemins du Midi. Le volume de cette tête est plus que suffisant pour
qu'elle ne cède pas après la contraction du rivet. Nous donnons, dans
le tableau ci-après, les longueurs des rivets employés usuellement
dans la construction des ponts en tôle; elles ont été déterminées expé-
rimentalement et avec beaucoup de soin lors de la construction du pont
de Langon dans les ateliers de MM. Gouin et Cie; la longueur de ces
rivets suppose que les trous sont percés dans la tôle à un diamètre
excédant de 1^{mm} celui du rivet.

RIVETS DE 18mm DE DIAMÈTRE. Poids de 100 têtes ou rivures : 4k.,281.			RIVETS DE 20mm DE DIAMÈTRE. Poids de 100 têtes ou rivures : 5k.,866.			RIVETS DE 22mm DE DIAMÈTRE. Poids de 100 têtes ou rivures : 7k.,764.			RIVETS DE 25mm DE DIAMÈTRE. Poids de 100 têtes ou rivures : 11k.,390.		
Epaisseur à river.	Longueur de la partie cylindrique.	Poids de 100 rivets.	Epaisseur à river.	Longueur de la partie cylindrique.	Poids de 100 rivets.	Epaisseur à river.	Longueur de la partie cylindrique.	Poids de 100 rivets.	Epaisseur à river.	Longueur de la partie cylindrique.	Poids de 100 rivets.
		k.			k.			k.			k.
12	39	11 450	12	42	15 405	15	45	20 503	15	51	29 277
15	42	12 044	15	45	16 138	18	48	21 391	18	54	30 165
18	45	12 638	18	48	16 871	21	51	22 279	21	57	31 313
21	48	13 232	21	51	17 604	24	54	23 167	24	60	32 461
24	51	13 826	24	54	18 337	27	57	24 055	27	63	33 609
27	54	14 420	27	57	19 070	30	60	24 943	30	66	34 757
30	57	15 014	30	60	19 803	33	63	25 831	33	69	35 905
33	60	15 608	33	63	20 536	36	66	26 719	36	72	37 053
36	63	16 192	36	66	21 269	39	69	27 607	39	75	38 201
39	66	16 776	39	69	22 002	42	72	28 495	42	78	39 349
42	69	17 360	42	72	22 735	45	75	29 383	45	81	40 497
»	72	17 944	45	75	23 468	»	78	30 271	48	84	41 645
45	75	18 528	48	78	24 201	48	81	31 159	»	87	42 793
48	78	19 112	51	81	24 934	51	84	32 047	51	90	43 941
51	81	19 619	54	84	25 667	54	87	32 935	54	93	45 089
54	84	20 280	57	87	26 400	57	90	33 823	57	96	46 237
57	87	20 864	60	90	27 133	60	93	34 711	60	99	47 385
60	90	21 448	»	93	27 866	»	96	35 599	63	102	48 533
63	93	22 032	63	96	28 599	63	99	36 487	»	105	49 681
66	96	22 616	66	99	29 332	66	102	37 375	66	108	50 289
69	99	23 200	69	102	30 065	69	105	38 263	69	111	51 977
»	102	23 784	72	105	30 708	72	108	39 151	72	114	53 125
»	105	24 366	»	108	31 531	75	111	40 039	75	117	54 273
»	»	»	75	111	32 204	»	114	40 927	78	120	55 421
»	»	»	78	114	32 997	78	117	40 845	»	123	56 569
»	»	»	»	»	»	81	120	42 703	81	126	57 717
»	»	»	»	»	»	84	123	43 591	84	129	58 865
»	»	»	»	»	»	87	126	44 479	87	132	60 013
»	»	»	»	»	»	»	»	»	90	135	61 461
»	»	»	»	»	»	»	»	»	93	138	62 309
»	»	»	»	»	»	»	»	»	96	141	63 457

CHAPITRE II.

DES MATÉRIAUX.

§ Ier. — TOLES.

Nous n'avons pas l'intention de décrire la fabrication des tôles et
des fers, cette question nous entraînerait en dehors de notre sujet;
nous voulons simplement indiquer les matériaux dont on dispose aujourd'hui pour la construction des ouvrages métalliques, et appeler cependant l'attention sur quelques points importants de cette fabrication, qui sont liés à la construction des ponts.

Nous avons montré plus haut l'importance des couvre-joints dans
la construction d'un pont; nous avons fait voir que la proportion
de métal employé à cet usage est plus considérable qu'on ne serait
porté à le croire *à priori*, et que la résistance est souvent diminuée
en ces points. Il y a donc un grand intérêt, au point de vue de
l'économie de poids et de main-d'œuvre, à réduire autant que possible le nombre des joints. Le moyen d'y parvenir est d'employer
des matériaux de grandes dimensions. C'est sous ce rapport que la
construction des ponts en tôle doit imposer à la métallurgie de
nouveaux progrès, en lui demandant la production courante et économique de tôles et de fers de grandes dimensions, ainsi que de formes
spéciales. Il est donc intéressant de préciser, autant que possible,
le point auquel l'industrie est arrivée maintenant dans cette voie, et
les difficultés qu'elle devra vaincre pour reculer encore la limite qu'elle
a atteinte aujourd'hui.

On sait que pour fabriquer une feuille de tôle, on réunit en un seul paquet (*fig.* 58) un nombre suffisant de barres de fer puddlé disposées à joints croisés, et qu'on renferme entre deux couvertes, de toute la

Fig. 58.

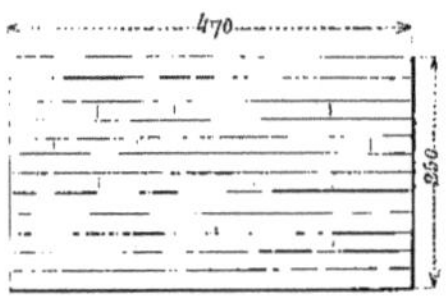

largeur du paquet, composées de fer ballé, ou de fer forgé au marteau-pilon, c'est-à-dire ayant subi deux réchauffages et deux étirages. Pour déterminer le poids de ce paquet, on calcule celui que doit avoir la feuille finie, et on y ajoute environ 25 p. 100 pour tenir compte des déchets du réchauffage et du laminage.

Ce paquet est ensuite porté dans un four à réchauffer; lorsqu'il est arrivé au blanc soudant, on le place sous le marteau-pilon, qui réunit entre elles toutes les mises et exprime les scories. Le bloc ainsi formé, bien homogène, est reporté encore rouge au four, et après une nouvelle chaude au blanc, il est conduit aux laminoirs qui l'étirent en largeur d'abord et en longueur ensuite, aux dimensions voulues. Quelquefois, lorsque les paquets doivent être de dimensions considérables, on réunit ensemble plusieurs blocs au marteau; il est alors à craindre que la soudure ne soit pas bien complète, et que dans la suite de l'opération les tôles ne viennent à se dédoubler.

Les laminoirs se composent, comme on sait, de deux cylindres superposés, pouvant se rapprocher ou s'éloigner, à la volonté de l'ouvrier, par le moyen de vis et de contre-poids.

Deux trains de laminoirs sont nécessaires : un train d'ébaucheur et un train de finisseur. Les tôles doivent être réchauffées entre l'ébauchage et le finissage. Quand la tôle est amenée à ses dimensions on la laisse refroidir, on trace au cordeau et à l'équerre le contour définitif, que l'on découpe ensuite à la cisaille.

La limite des dimensions qu'on peut donner aux tôles est déterminée par plusieurs causes : ce sont les dimensions des paquets, limitées par celle des fours à réchauffer et par les moyens de manœuvres dans l'usine, la force de la machine employée au laminage, la dimension des tables des cylindres pour la largeur, enfin la difficulté de laminer une feuille à une basse température.

Dans l'état actuel de la fabrication, on peut admettre $1,200^k$ comme la limite du poids du paquet que l'on peut réchauffer couramment; la manœuvre d'un pareil poids est déjà difficile et demande quelques précautions.

La largeur des tôles doit être inférieure de 50 à 100^{mm} à la longueur de la table des cylindres. Un petit nombre d'usines seulement pourraient, à cause de cette raison, fournir des tôles de 2^m mètres de largeur; jusqu'à présent on n'a guère dépassé $1^m,50$, et même alors pour des feuilles de peu de longueur.

A poids égal, une tôle est d'autant plus facile à fabriquer que son épaisseur est plus grande, car la difficulté du laminage augmente à mesure que la température s'abaisse, ce qui arrive avec une rapidité d'autant plus grande que l'épaisseur diminue davantage. L'épaisseur est cependant limitée par le cisaillage, qui ne peut plus guère s'opérer sur des tôles de 25 à 30^{mm}. Au delà de ces dimensions; il faudrait aujourd'hui couper les tôles au burin. A la vérité, il est rare que l'on ait à dépasser ces épaisseurs, et c'est sans doute pour cette raison que les forges ne possèdent pas encore de machines spéciales pour couper de fortes épaisseurs.

Le travail mécanique nécessaire au laminage augmente proportionnellement à la largeur des feuilles. D'un autre côté, ce travail subit par le refroidissement un accroissement d'autant plus grand que la longueur des feuilles est plus considérable, et à poids égal le déchet augmente aussi avec la longueur. Ces conditions, très-complexes d'ailleurs, ont conduit à certaines relations pratiques entre le poids d'un paquet et ses trois dimensions, suivant la plus ou moins grande difficulté de la fabrication ; nous donnons dans les tableaux suivants la classification qui a été adoptée entre la Compagnie des chemins de fer du Midi et les usines de Commentry et Saint-Jacques (Montluçon) pour la fabrication des tôles des grands ponts de Langon, du Tarn, du Lot, et des ouvrages accessoires de cette ligne. Les difficultés d'exécution et par suite les prix vont en croissant, de la première classe à la troisième.

PREMIÈRE CLASSE. — Limite supérieure du poids 350^k. Largeur minima 500^{mm} pour des épaisseurs comprises entre 5^{mm} et 15^{mm}.

ÉPAISSEUR EN MILLIMÈTRES.	LONGUEUR MAXIMA.	LARGEUR CORRESPONDANTE.	LARGEUR MAXIMA.	LONGUEUR CORRESPONDANTE.
mm	m.	mm	m	m.
2	3,000	670	1,000	2,000
3	3,500	720	1,100	2,300
4	4,000	750	1,200	2,500
5	4,500	750	1,250	2,600
6 à 15	5,000	750	1,300	2,700

La première classe comprend, en outre, les tôles de 800^{mm} sur 2,000, de 10^k et plus, et les tôles de 1,000 sur 2,000 de 25^k et plus.

DEUXIÈME CLASSE. — Limite supérieure du poids 450^k. Largeur minima 400^{mm} pour des épaisseurs comprises entre 5^{mm} et 20^{mm}.

ÉPAISSEUR.	LONGUEUR MAXIMA.	LARGEUR CORRESPONDANTE.	LARGEUR MAXIMA.	LONGUEUR CORRESPONDANTE.
mm.	m.	mm.	m.	m.
2	3,500	670	1,050	2,200
3	4,000	720	1,150	2,450
4	4,500	750	1,250	2,650
5	5,000	750	1,300	2,850
6	5,750	750	1,350	3,000
7 à 20	6,500	750	»	»

Troisième classe. — Limite supérieure du poids 650^k. Largeur minima 300^{mm} pour des épaisseurs comprises entre 5^{mm} et 25^{mm}.

ÉPAISSEUR.	LONGUEUR MAXIMA.	LARGEUR CORRESPONDANTE.	LARGEUR MAXIMA.	LONGUEUR CORRESPONDANTE.
mm.	m.	mm	m.	m.
2	4,000	670	1,100	2,400
3	4,500	720	1,200	2,600
4	5,000	750	1,300	2,800
5	5,750	750	1,350	3.000
6 à 25	6,500	750	1,400	3,200
Grandes tôles.				
7	8,200	700	»	»
8	8.200	750	»	»
9 et plus	8.200	800	»	»

Au-dessus de 6^{mm}, dans toutes les classes, les largeurs peuvent être augmentées de 100^{mm}, en réduisant les longueurs de 700^{mm}. Il en est de même pour les grandes tôles de la troisième classe, sans toutefois que leur largeur puisse excéder 1 mètre.

On pourrait encore ranger dans cette dernière classe, sous le rapport de la difficulté, des tôles de 0^m,60 de largeur et de 10 à 15^m de longueur, avec une épaisseur de 8 à 20^{mm}, ou de 1^m à 1,10 de largeur, avec une longueur de 6 à 7^m et une épaisseur de 10 à 15^{mm}.

Les feuilles de forme triangulaire ou trapézoïdale, dont on a souvent besoin dans les constructions des ponts, peuvent s'obtenir des forges sans perte de matière en les taillant dans des tôles rectangulaires au moyen de la cisaille; il faut, dans ce cas, que la distance ab (*fig.* 59)

Fig. 59.

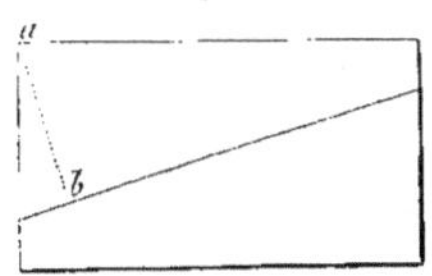

puisse être contenue entre la joue et le montant de la cisaille. Maintenant on peut porter cette cote jusqu'à $0^m,40$ environ. Il serait souvent avantageux de pouvoir la porter à $0^m,60$, au moyen d'une cisaille spéciale.

Défauts de fabrication. — Une des qualités les plus essentielles des tôles est l'homogénéité; il faut donc que toutes les mises de fer qui les composent soient bien soudées entre elles, sans quoi la tôle s'effeuille au bout de quelque temps. On s'assure que cette condition est bien remplie en examinant les extrémités de la tôle et en la frappant avec un morceau de fer; il faut qu'elle soit bien sonore dans toutes ses parties. Le corps de la feuille peut être bien soudé sans que les extrémités le soient, ce qui tient à ce que les couvertes étant plus dures que le centre du paquet, elles subissent un étirage inégal, qui se manifeste principalement aux extrémités.

Quelquefois le poids du paquet étant trop faible, lorsqu'on veut amener la tôle à ses dimensions définitives, la largeur de la feuille dans le voisinage des deux extrémités est trop faible pour que la cisaille puisse faire disparaître toute la partie défectueuse. C'est un défaut grave et qui doit entraîner le rebut de la feuille, parce qu'il a pour résultat de l'affaiblir à l'endroit où elle est exposée à l'être déjà par la rivure des couvre-joints.

Il arrive souvent aussi, avec les grossières cisailles dont on se sert aujourd'hui dans les forges, que la tôle n'est pas coupée parfaitement d'équerre. On est obligé, pour obvier à cet inconvénient, d'augmenter dans la commande toutes les dimensions définitives de la feuille de 5^{mm}; cet excédant est ensuite enlevé au rabotage.

Le fer doit être tenace et résistant; la coupe à la cisaille doit être grasse, et les rognures doivent se détacher sans se rompre; ce qui n'a pas lieu quand la tôle est cassante.

Pour vérifier la qualité du fer, il est bon d'essayer fréquemment des lames de tôle à la traction; elles doivent résister à un effort au moins égal à 32^k par millimètre carré, dans le sens du laminage, et à 30^k dans le sens transversal.

En général, une faible épaisseur est déjà une garantie de valeur pour la qualité du métal, lorsque la feuille ne présente pas de défauts apparents; le fer ne pouvant subir les efforts qui résultent d'un laminage prolongé qu'à la faveur d'une grande ténacité.

Il est inutile d'exiger des forges des tôles absolument planes, surtout lorsqu'elles sont de grandes dimensions. Les accidents du transport nécessitent toujours un dressage au chantier de construction; il est donc plus rationnel de ne pas faire faire ce travail deux fois. Lorsqu'on n'apporte pas assez de soin à placer les feuilles de manière qu'elles se refroidissent le plus uniformément possible, il arrive souvent qu'elles se gondolent, se tourmentent de manière à rendre le redressage difficile. On doit tenir à ce que les tôles, au sortir du laminoir, soient placées sur une aire plane, en fonte; cette simple précaution suffit pour épargner à l'atelier de construction un surcroît de travail inutile.

§ II. — FERS.

A l'exception de quelques fers spéciaux, présentant de très-faibles dimensions transversales, tels que les fers à vitrage, de petits fers à simple et à double T, la série des fers qu'on trouvait communément dans le commerce s'est longtemps composée de fers ronds, plats et carrés, et suivant une classification récemment adoptée par quelques forges, ces fers, sous le rapport des difficultés, et par conséquent des prix, peuvent être rangés en huit classes, qui sont les suivantes :

Première classe.

Carrés	de 20 à 54^{mm}	de côté.
Plats	de 40 à 115	sur 9 à 40^{mm}.
Plats	de 27 à 38	sur 11 et plus.

Deuxième classe.

Carrés	de	16 à	19^{mm} de côté.		
Carrés	de	55 à	68	de côté.	
Ronds	de	21 à	68	de diamètre.	
Plats	de	40 à	81	sur 6 à 8^{mm}.	
Plats	de	20 à	38	sur 8 à 10.	
Gros plats	de 120 à	165	sur 12 à 40.		

Troisième classe.

Carrés	de	11 à	15^{mm} de côté.	
Carrés	de	70 à	81	de côté.
Ronds	de	14 à	20	de diamètre.
Ronds	de	70 à	81	de diamètre.
Plats	de	82 à	115	sur 6 à 8^{mm}.
Gros plats	de 120 à	165	sur 7 à 11.	
Bandelettes	de	20 à	38	sur 5 $^1/_2$ à 7 $^1/_2$.
Aplatis	de	40 à	81	sur 4 $^1/_2$ à 7.

Plates-bandes demi-rondes de 27 sur 7^{mm} et plus.

Quatrième classe.

Carrés	de	7 à	11^{mm} de côté.	
Carrés	de	82 à	95	de côté.
Ronds	de	6 à	13	de diamètre.
Ronds	de	82 à	95	de diamètre.
Bandelettes	de	20 à	38	sur 4 $^1/_2$ à 5.
Aplatis	de	82 à	115	sur 4 $^1/_2$ à 7.
Aplatis	de	40 à	81	sur 3 $^1/_2$ à 4.
Plats	de 120 à	165	sur 5 $^1/_2$ à 6 $^1/_2$.	

Plates-bandes demi-rondes, 18 à 25^{mm} sur 7 et plus.

Cinquième classe.

Carrés   de 5 à   6^{mm} de côté.
Carrés   de 96 à 108
Bandelettes de 14 à 18   sur 4 $^1/_2$ à 7.
Ronds   de 96 à 110.
Aplatis   de 20 à 38   sur 3 $^1/_2$.
Plates-bandes demi-rondes de 14 à 16^{mm} sur 7 à 8.

Sixième classe.

Ronds   de 115 à 135^{mm}.
Plats   de 180 à 220   sur 5 à 7.
Plats   de 265   sur 10 à 13.
Feuillards   de 20 à 80   sur 2 à 2 $^1/_2$.
Fers à vitrage de   2 kilog. par mètre et plus.
Fers à T simple de   2 à 5 kilos le mètre.

Septième classe.

Plats   de 260^{mm} sur 6 à 9^{mm}.
Feuillards   de 14 à 18^{mm} sur 2 à 2 $^1/_4$.
Feuillards   de 81 à 115   sur 2 à 3.
Feuillards   de 20 à 80   sur 1 $^1/_2$ à 1 $^3/_4$.
Fers à T simple de   1 à   2 kilog. par mètre.
Fers à vitrage de   1 à   2 kilog. par mètre.

Huitième classe.

Feuillards   de 14 à 18^{mm} sur 1 $^1/_2$ à 1 $^5/_4$.
Feuillards   de 81 à 115   sur 1 $^1/_2$ à 1 $^5/_4$.
Fers à petit bois demi-ronds.

Cette classification représente plutôt les séries d'échantillons qu'on peut trouver communément dans le commerce, que la limite des difficultés qui peuvent être atteintes. Ainsi beaucoup d'usines peuvent fournir des fers plats, ayant de 10 à 15^{mm} d'épaisseur sur 300^{mm} de largeur.

Fers spéciaux. — Les assemblages des diverses parties d'une poutre se font généralement avec des fers laminés de formes spéciales, tels que des cornières, des fers à simple et à double T. La construction des ponts en tôle a exigé des usines, pour les fers de cette nature, des efforts nouveaux, car les assemblages sont rendus plus simples, plus économiques ou plus résistants, par l'emploi de certaines formes de fer dont la fabrication a souvent présenté quelques difficultés. Il est important de les définir, la métallurgie devant faire encore dans cette voie de nombreux progrès entièrement au profit des constructions métalliques.

Cornières. — Les cornières ou fer d'angle sont les fers dont la section se compose de deux branches égales ou inégales, faisant entre elles un certain angle; ces fers sont d'une fabrication ordinairement facile, si la matière première est de très-bonne qualité; pourtant ils présentent souvent des défauts qui consistent principalement dans l'existence de criques sur les arêtes vives *abc* (*fig.* 60), le manque de

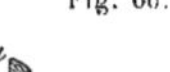

Fig. 60.

largeur des ailes qui ne pénètrent pas bien dans les cannelures et l'imperfection du dressage. Il arrive en effet que ces fers, n'étant symétriques que par rapport à un seul plan, tendent en se refroidissant à se courber de manière que l'arête du sommet devienne concave. On obvie à cet inconvénient en leur donnant une courbure en sens inverse, pendant qu'ils sont encore rouges.

Ces fers peuvent s'obtenir maintenant d'une manière courante en longueurs de 9 et même de 11 à 12^m. Lorsqu'on veut avoir des cornières de cette longueur, il est bon de faire entrer dans la commande une certaine partie de barres moins longues d'un tiers ou d'un quart. Cette tolérance, qui n'est généralement pas onéreuse, permet au fabricant de faire servir des pièces défectueuses sur une certaine longueur seulement, qu'il serait, sans cela, obligé de rebuter tout à fait.

La difficulté d'exécution de ces fers croît notablement avec la dimension des ailes. Ils sont, en effet, laminés de manière que leur plan de symétrie soit vertical. Il en résulte qu'à mesure que les branches s'allongent, les différents points sont étirés avec des vitesses de plus en plus inégales, et cette condition est une cause évidente d'imperfection. On trouve dans le commerce des cornières échelonnées depuis 5^{mm} jusqu'à 90^{mm}, avec des épaisseurs variant progressivement et proportionnellement à la dimension des ailes de 2 à 3^{mm} jusqu'à 12 et 15^{mm}. On peut pourtant regarder maintenant les cornières de 110^{mm} de branches comme d'une fabrication courante.

On a fait à Commentry deux modèles de cornières à branches égales, mais formant l'une un angle obtus, l'autre l'angle aigu supplémentaire ; comme ces angles étaient peu différents d'un angle droit, elles ont bien réussi. Pourtant, à mesure que cet angle diminuerait, la difficulté d'obtenir une arête extérieure bien nette deviendrait de plus en plus grande ; il faudrait même renoncer à reproduire un angle vif et remplacer l'arête par une courbe *abc* (*fig.* 61). Au reste,

Fig. 61.

ces formes de fer rendraient plus de service pour des charpentes ou autres constructions métalliques que pour les ponts, où elles ne seraient que d'une application restreinte.

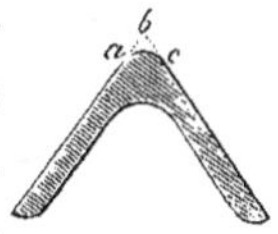

Les cornières à côtés inégaux, lorsqu'elles atteignent des dimensions un peu considérables, sont d'une exécution difficile, tant à cause du laminage que du dressage; on a fabriqué d'une manière courante, pour l'entretoise de la voie du midi (système Barlow), des cornières à branches inégales ayant 100^{mm} et 65^{mm} de longueur (*fig.* 62).

Pour le pont de Langon, on avait commandé pour les armatures des tables horizontales des cornières de 110^{mm} et 200^{mm} sur 15 à 20^{mm} d'épaisseur (*fig.* 63), mais ces cornières ont présenté de grandes difficultés et n'ont pu être fabriquées d'une manière courante.

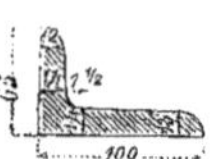

Fig. 62.

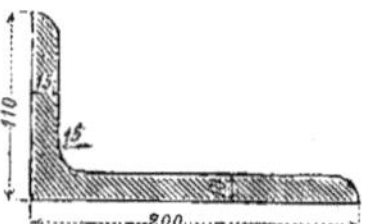

Fig. 63.

Fers à T. — Les fers à T sont d'un emploi aussi fréquent que les cornières dans la construction des ponts métalliques. Une des formes les plus difficiles qui aient été exécutées est celle du fer à T servant de couvre-joints et d'armature des parois verticales du pont de Langon, il a été fabriqué à l'usine de Saint-Jacques (Montluçon).

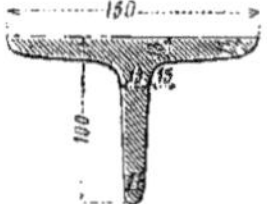

Fig. 64.

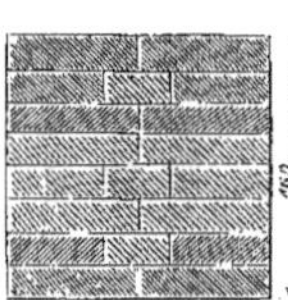

Fig. 65.

La table de ce fer (*fig.* 64) a 150^{mm} de largeur, et la branche 100^{mm} sur une épaisseur moyenne de 12^{mm}; la longueur de ces barres était de 5^{m},50 et 6^{m},50. Voici les détails principaux de la fabrication de ce fer, ils suffiront pour donner une idée générale de la fabrication des fers spéciaux.

La forme du paquet destiné à fournir des barres de 5^{m},50 est indiquée dans le croquis ci-contre (*fig.* 65); il est formé de barres de 0,75 de longueur sur 20^{mm} d'épaisseur, les unes de 54^{mm}, les autres de 81^{mm} de largeur, disposées de manière à croiser les joints. La section du paquet est à peu près carrée.

Ce paquet se compose : 1° de fers corroyés provenant de fonte au bois de Champagne, puddlée; les recoupes des fers à T ont été aussi employées au fur et à mesure de la fabrication. Dans le début, le paquet était entièrement composé de fer corroyé, mais dans la suite on se borna à l'employer pour former les tables inférieure et supérieure du paquet et dans les angles; 2° de fer de même provenance, mais simplement puddlé ou n° 1 ; 3° de fer également n° 1, provenant de fonte au coke puddlée. Ces deux derniers fers formaient la partie intérieure du paquet dans des proportions qui ont beaucoup varié pendant la durée de la fabrication; celle du fer au coke est montée jusqu'au 2/5 du poids du paquet.

Le paquet ainsi composé subit un réchauffage dont la durée est d'environ 1 h. à 1 h. 1/4; il est ensuite passé deux ou trois fois, en opérant une conversion d'un quart de tour à chaque fois, dans une cannelure ogivale qui opère le serrage des mises, puis dans deux autres qui opèrent le soudage en le resserrant sur toute la section à la fois; enfin, il est ébauché grossièrement et atteint une longueur d'environ 1^{m},50. On le réchauffe alors dans un four spécial, un peu plus long que les fours ordinaires, et muni de deux portes pour la facilité de la manœuvre; ce second réchauffage dure seulement de 10 à 15′; on continue alors le laminage, qui s'achève en six cannelures. La barre sortie des laminoirs est affranchie immédiatement de ses deux bouts à la scie, on la redresse sur une plaque en fonte unie, puis on la pose à plat sur une aire concave, présentant une flèche de 5 cent. pour 6^{m}, et on la force avec les maillets à prendre cette courbure; le refroidissement en opère ensuite le redressement. Ce mode de redressage à chaud est insuffisant pour produire des barres droites et sans gondolement des ailes. Un redressage à froid est presque toujours nécessaire.

Défauts de fabrication. — Les défauts de fabrication les plus sensibles ont été d'abord l'imperfection du dressage; 2° les criques ou manque de matière qui se sont presque toujours fait sentir sur la nervure du T. Ces criques tiennent à la difficulté du laminage de cette partie de la section, où la vitesse et par conséquent l'étirage est plus considérable que sur la table du T; elles peuvent être également favorisées par un réchauffage ou insuffisant ou excessif; 3° enfin, les doublures ou manques de soudure : elles se produisent principalement aux extrémités des barres, et disparaissent la plupart du temps par l'affranchissage des bouts.

Cinq fours à réchauffer travaillaient à cette fabrication; deux étaient employés à réchauffer du fer à corroyer, deux au réchauffage des paquets, le cinquième au second réchauffage des billettes dégrossies.

Les fours à réchauffer les paquets chargeaient chacun quatre à cinq paquets du poids de 156^k, et faisaient sept à huit charges par tournées de douze heures. La fabrication moyenne journalière a été de cent vingt-trois barres, d'un poids total de 15 à 16,000^k; ce qui correspond à peu près à une fabrication mensuelle de 330,000^k; la proportion des rebuts s'est élevée à 12 p. 100.

L'usine de Saint-Jacques a fabriqué assez facilement des barres de 8 à 10^m, et même cette dernière longueur peut être considérée comme courante; elle a fait exceptionnellement des barres de 12, 13, 14 et 15^m; pour cette dernière pièce, le paquet pesait 390^k, et avait 1^{m}50 de longueur; le chauffage dura deux heures; la billette dégrossie avait 3^m,50 de longueur. Le laminage de cette pièce a présenté quelques difficultés tenant au refroidissement de la barre, à cause de la durée de l'opération, à la manœuvre et à la difficulté de l'engager dans la cannelure.

Différentes formes de section des fers à T. — Le modèle de la Compagnie du Midi, ainsi que le prouve l'expérience, est un bon modèle au point de vue de l'exécution. Le fer exécuté pour le pont d'Asnières est également d'une forme très-convenable, et peut-être même plus facile que le précédent, à cause du rapport approché de 1 à 2, qui existe entre la table et la nervure. Cette circonstance permet, en amenant après l'ébauchage le fer à la forme d'un Y, de choisir pour former la nervure la partie la plus saine du T.

En admettant donc ce rapport de 1 à 2, on pourrait aujourd'hui obtenir assez couramment des fers à T, dont la table atteindrait 230^{mm} avec des épaisseurs variant de 12 à 15^{mm}. Il est favorable à la fabrication de donner aux deux branches les mêmes épaisseurs.

Les dimensions maxima en longueur de la barre résulteront de la section adoptée; en admettant la forme ci-dessus, il faudrait conserver entre le poids par mètre courant et le poids total de la barre les rapports indiqués dans le tableau suivant :

POIDS PAR MÈTRE.	POIDS DE LA BARRE.
k.	k.
20 à 25	200 à 250
25 à 30	250 à 275
35 à 40	250 à 380
40 à 45	300 à 325
45 à 50	325 à 400

Fers à double T. — Les fers à double T peuvent également rendre de grands services dans la construction des ponts, soit comme poutrelles pour soutenir les voies, soit comme consoles pour renforcer les parois verticales. Ces fers peuvent se ranger en deux classes, suivant que les deux tables du T sont égales ou inégales.

Différentes formes de section des fers à double T. — On trouve dans le commerce des fers à double T, appelés fers à planchers, dont les dimensions varient de 100 jusqu'à 200^{mm} en hauteur, avec des tables de 45 à 85^{mm}, et des épaisseurs de 5 à 8^{mm}. Ces fers s'obtiennent couramment, en longueur de 8 à 10 mètres. Au delà de ces dimensions, on peut citer le fer à double T, de l'usine de Montataire, de

260^{mm} de hauteur, avec une largeur de table de 67^{mm}. Le fer de l'usine du Bois du Tilleul (*fig.* 66), qui a même hauteur, avec une table de 120^{mm} et une épaisseur de 10^{mm}. Puis enfin les fers à T de 300^{mm} de hauteur, fabriqués seulement par les usines de la Providence (*fig.* 67), avec une largeur de table de 120^{mm} et une épaisseur de 15^{mm}. Ces barres sont amenées à une longueur de 4 à 5^m. On pourrait sans doute obtenir avec la même facilité des barres de 6 à 7^m, en organisant leur fabrication dans des trains où se fabriquent les rails Barlow; on pourrait même obtenir ainsi des fers de hauteur supérieure, tels que 0,40, et peut-être au delà.

Fig. 66.   Fig. 67.

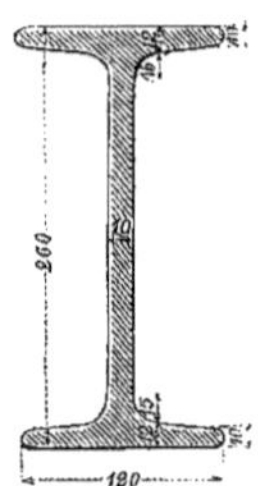
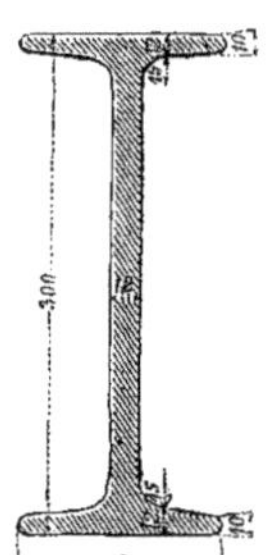

Défauts de fabrication. —Les défauts principaux qui se font sentir dans la fabrication de ces fers sont des criques sur les extrémités des branches, surtout quand elles sont de faible épaisseur; on éprouve aussi de la peine à amener la table à la largeur voulue, lorsque le fer est dur, ou à une température un peu trop basse. Souvent aussi les lamineurs, pour faciliter la fabrication, ne serrent pas assez les cylindres, en sorte que le corps du T est plus épais qu'il ne convient, ce qui augmente presque sans effet utile le poids de la barre. Enfin, de même que pour les fers à simple T, l'exagération de la double inclinaison de *a* en *b* et de *b* en *c* (*fig.* 68), qu'il est nécessaire de donner

aux tables pour favoriser la sortie du fer de la cannelure. Cette condition est fâcheuse pour l'emploi du fer, qu'elle rend incommode ; il
serait même bon de faire passer le fer fini dans une dernière cannelure,
dont le but unique serait de rendre les tables planes.

Les fers à double T, à tables inégales, se fabriquent comme ceux
dont nous venons de parler ; ils servent moins dans la construction des
ponts en tôle ; ils sont plus difficiles à obtenir que les fers à tables égales,
à cause de l'inégalité des pressions exercées par laminoir ; de plus, par
le refroidissement, ils tendent à se courber, à cause du manque de symétrie de leur section. Celui que représente la fig. 69 a été exécuté pour
la Compagnie du chemin du Midi en barres d'environ 4^m de longueur.

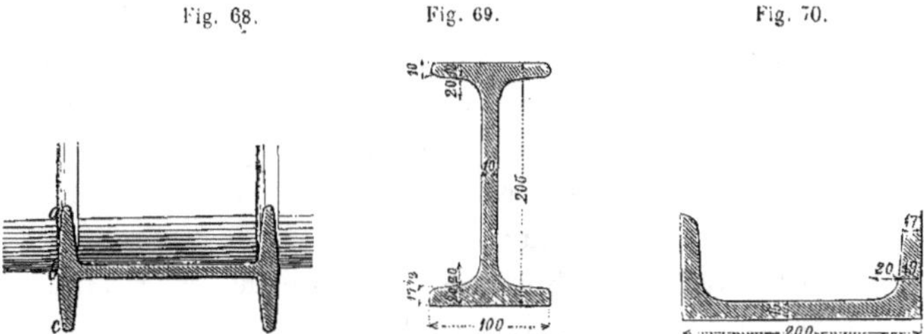

Fig. 68.   Fig. 69.   Fig. 70.

Fers à rebords. — Dans la construction du pont d'Asnières, on a fait
usage de fers à rebords, dont la section est représentée ci-contre (*fig.* 70) :
cette forme de fer a été appliquée d'une manière très-rationnelle à la
construction des croix de saint André. La fabrication de ces fers ne
présente d'autres difficultés que celles qui sont communes à toutes
les formes non symétriques.

L'exécution des fers à rebords du pont d'Asnières n'a pas été excellente, mais on doit l'attribuer à la qualité du fer d'abord, souvent défectueuse, et à une mauvaise série de cannelures ; un second essai réus-
sirait complétement. Ces barres pourraient s'obtenir facilement en
longueurs de 5 à 7^m.

En résumé, on voit que les usines métallurgiques avec leurs moyens de fabrication actuels peuvent offrir à la construction des ouvrages métalliques des tôles d'un poids de 600 à 700 kilos, avec des dimensions satisfaisant à un emploi rationnel du métal, et des fers spéciaux de 350 à 450 kilos ayant les sections à peu près les plus favorables pour le rôle qu'ils remplissent dans ces constructions ; mais ces résultats, obtenus d'ailleurs d'un petit nombre d'usines, sont encore insuffisants.

L'avantage qu'offriraient des fers à double T, de très-grandes dimensions, est bien frappant, car il deviendrait possible de les employer comme pièces de pont, et même de construire uniquement par leur moyen tous les ponts à petite portée des chemins de fer, dans des conditions d'économie qu'on n'a pu encore atteindre.

Au reste, les exigences quant aux dimensions des tôles et des fers sont toutes récentes ; il est peu d'usines qui les aient prévues dans leur organisation et dans leur outillage ; celles qui s'y soumettent font de véritables tours de force. Ce sera une nécessité à l'avenir de construire les usines à fers avec ces prévisions, et dès aujourd'hui les ingénieurs devraient s'occuper des appareils et des dispositions propres à obtenir ce qu'ils demandent.

La condition importante à réaliser pour obtenir des tôles de grandes dimensions et des fers de formes si diverses et si peu en harmonie avec le travail logique du laminoir est de travailler le fer très-chaud ; on y parviendra en employant des machines puissantes, des laminoirs d'un grand diamètre et des moyens de manœuvres faciles et rapides ; il y aurait aussi un avantage immense à utiliser le temps perdu dans la manœuvre qui consiste à faire repasser la pièce par-dessus le laminoir pour venir la repointer dans le sens du travail des cylindres, et obtenir pour ainsi dire un laminage continu. Ce dernier problème a d'ailleurs été résolu de plusieurs manières.

La section des fers doit être aussi étudiée avec soin, et l'on ne

devra pas perdre de vue deux points importants: le premier, c'est
que la section doit avoir de la dépouille pour sortir du cylindre; le
deuxième, c'est que la fonte du cylindre ne doit pas être découpée
de manière à présenter des points faibles, qui se briseraient sous la
pression; ainsi, une section telle que celle de la *fig.* 71 ne pourrait
être laminée, la grande table ne pouvant être placée horizontalement,
à cause de la dépouille, ni verticalement, à cause de la découpure *a*.

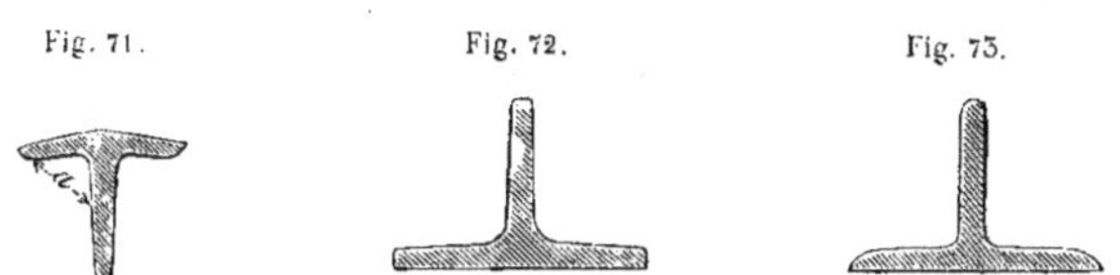

Fig. 71.　　　　　Fig. 72.　　　　　Fig. 73.

Dans les parties déliées, telles que l'extrémité des fers à T, il faut
laisser au fer toute son épaisseur, afin que le refroidissement soit
moins rapide; c'est un moyen d'éviter les criques, défauts de dimensions, etc. Ainsi la forme *fig.* 72 est supérieure à la forme *fig.* 73.
Dans toute autre circonstance, telle que la jonction des tables au
corps du T, de forts congés sont plus favorables.

CHAPITRE III.

CONSTRUCTION DES PONTS EN TOLE.

La construction des ponts en tôle comprend l'assemblage définitif des tôles et des fers qui constituent les éléments du pont, ainsi que les travaux préparatoires auxquels ces matières sont soumises. Elle se réduit à un certain nombre d'opérations assez simples, qui peuvent être exécutées avec des moyens plus ou moins économiques, suivant l'importance et la durée des travaux. Nous allons passer en revue ces différentes opérations avec l'ordre dans lequel elles se succèdent, les principaux outils qu'elles exigent, et indiquer les conditions les plus importantes à remplir pour arriver à une bonne construction.

Réception des matériaux. — La première opération consiste dans la reconnaissance et la vérification des matériaux.

Le nombre des feuilles de tôle et des barres de fer avec leur numéro de série, les lettres qu'elles portent dans le projet, leurs dimensions, poids, classifications, etc., sont consignés dans un tableau spécial ou livre de commande dont nous donnons un spécimen ci-après.

Lorsque les fers et les tôles arrivent au chantier de construction, ils sont pesés, marqués d'un numéro d'ordre, indiquant le nombre de pièces livrées de chaque espèce, puis on les dispose dans le chantier par tas de même nature, de manière à pouvoir les retrouver facilement.

Cette première opération demande du soin, afin d'éviter toute confusion ultérieure.

USINE DE

—

PONT DE LANGON.   COMMANDE N°

NUMÉROS DES SÉRIES.	LETTRES DU PROJET,	DÉSIGNATION des PIÈCES.	DIMENSIONS.						ÉPAISSEUR.	POIDS CALCULÉ.	NOMBRE DE PIÈCES.	CLASSIFICATION.	PRIX.	ÉPOQUE DE LIVRAISON.	OBSERVATIONS.
			LONGUEUR.			LARGEUR.									
			FINIE L.	POUR L'USINE.		FINIE l.	POUR L'USINE.								
				MINIMA $L+0.005$	MAXIMA $L+0.025$		MINIMA $l+0.005$	MAXIMA $l+0.025$							
1	A	Tôles verticales, extrémités ...	5.500	5.505	5.525	0.933	0.938	0.948	0.010	k. 401.115	4	3° cl.	fr. 480		
2	A.a.	Tôles intermédiaires	5.500	5.505	5.525	0.860	0.865	0.875	0.007	258.200	272	2° cl.	460		
100	D.a	Cornières d'attache des tables horizontales et des parois verticales.......	6.880	6.885	6.905	$\frac{100 \times 100}{12}$			»	120.300	680		360		
101	D.b.	Cornières d'attache des pièces de pont aux parois verticales.	5.460	5.465	5.485	$\frac{70 \times 70}{9}$			»	50.200	82	»	360		
200	J.a.	Fers plats des couvre-joints verticaux.....	5.280	5.285	5.305	$\frac{250}{8}$			»	84	56	6° cl.	480		
201	J.b.	Fers plats d'armature des tables horizontales.	6.880	6.885	6.905	$\frac{220}{12}$			»	200.700	252	4° cl.	380		
300	K.a	Fers à T verticaux........	5.470	5.475	5.495	$\frac{130 \times 100}{12}$			»	125.810	714	spéc.	600		

Dressage des fers et des tôles. — Les fers et les tôles qui entrent dans la construction d'un pont doivent être parfaitement dressés. Cette opération est de la dernière importance, pour assurer une exactitude rigoureuse dans toutes les opérations subséquentes et pour la solidité de l'ouvrage. On comprend, en effet, que les différentes parties de la section d'une poutre ne seront soumises aux efforts indiqués par les formules théoriques qu'autant que les éléments de cette section travailleront simultanément, ce qui n'aurait pas lieu, par exemple, si l'on rivait une cornière rectiligne sur une tôle gondolée; la cornière pourrait être soumise à un effort voisin de la rupture, quand la tôle serait simplement redressée ou courbée davantage, selon que le système serait soumis à un effort de traction ou de compression.

Le gondolement des tôles, la courbure et le gauchissement des fers sont occasionnés, outre les défauts de laminage, par un refroidissement inégal, dû au manque d'homogénéité, au peu de soin que l'on apporte au dressage dans les usines métallurgiques et aux accidents du transport.

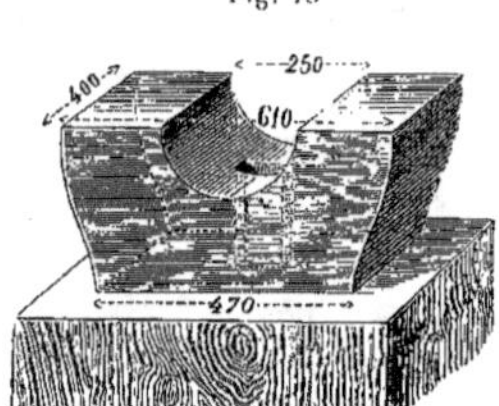

Fig. 74.   Fig. 75

Le dressage se fait toujours à froid et sans recuit préalable. On emploie pour les tôles des tas rectangulaires en fonte à surface plane (*fig.* 74).

Le dressage des cornières, fers à **T**, etc., se fait sur des enclumes de formes spéciales (*fig.* 75) présentant des arêtes vives et des appuis qui permettent de frapper sur la pièce en porte à faux.

Lorsque les fers et les tôles ont des dimensions un peu considérables, on place de part et d'autre de l'enclume des chevalets à rouleaux qui maintiennent les fers dans le plan du tas et facilitent leur déplacement;

la *fig.* 76 représente l'appareil employé pour le dressage des tôles du
pont de Langon.

Fig. 76.

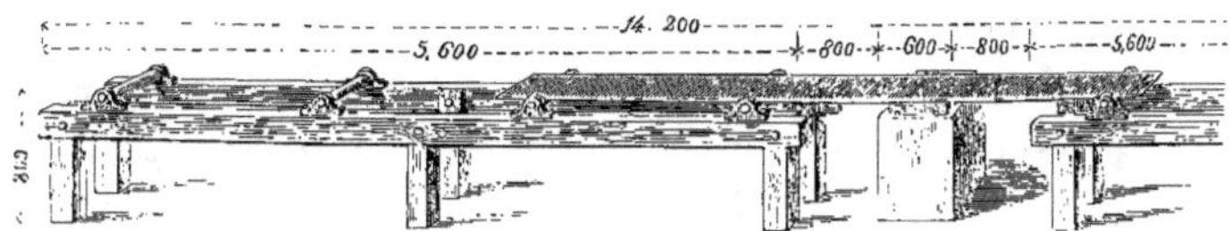

Une équipe de planeurs pour le dressage de tôles de 8^m de longueur
sur 0^m,90 de largeur se compose d'un chef et de deux ou trois frappeurs;
le poids des marteaux employés par ceux-ci varie de 7 à 9 kilogrammes.
Pour les fers spéciaux, un dresseur et un frappeur suffisent; le poids
des marteaux employés par ce dernier varie de 12 à 18 kilogrammes.

Ces équipes dressent de 30 à 45^{mq} de tôle et 90 à 100^m de fers
spéciaux, par journée de dix heures, selon l'épaisseur des tôles et la
section des fers.

Traçage des trous des fers et des tôles. — Lorsque les matériaux
sont dressés, on procède au traçage des trous et à leur perçage.

Le traçage des trous se fait au moyen de gabarits et de cordeaux, ou
de patrons en tôle mince de 1 à 2^{mm} d'épaisseur. Pour les tôles de petites
dimensions, telles que les couvre-joints, goussets, etc., on
emploie un patron de la même dimension que la pièce.
Ce patron est percé de petits trous correspondant au
centre de chaque rivet; on le fixe sur la tôle, et l'ouvrier donne un coup de pointeau dans chacun des
petits trous et reporte ainsi tous les centres sur la
tôle; il retire alors le patron, et avec un pointeau à
trois pointes (*fig.* 77), il marque les extrémités de deux
diamètres, à peu près perpendiculaires; ces quatre points déterminent la circonférence.

Lorsque les tôles ont de grandes dimensions, on se borne à déterminer la ligne des centres des deux rangées longitudinales de trous et la distance du premier trou à l'extrémité de la tôle. La division des trous est faite ensuite par la machine à percer elle-même, comme nous l'indiquons plus loin.

Fig. 78.

On procède au traçage de la manière suivante : on place deux gabarits G et G' aux extrémités de la tôle (*fig.* 78); leur largeur est celle de la tôle (dimensions finies), la longueur *cd* égale la distance des deux lignes des centres, et *ah*, celle du premier trou à l'extrémité de la tôle. A l'aide d'un cordeau que l'on fait passer par les quatre mires *ijkl*, on met les axes des deux gabarits dans le même prolongement, on s'assure en même temps, en faisant passer le cordeau par les points *a*, *e*, qu'il n'y aura défaut de matière en aucun point de la longueur de la tôle, et lorsque la position des gabarits est reconnue satisfaisante, on trace les angles *c*, *d*, *g*, puis on marque en ces points un trou avec le pointeau, comme nous l'avons indiqué plus haut.

Quant aux fers spéciaux, on se borne à tracer au moyen d'un gabarit deux ou trois trous à l'une des extrémités du fer, la position des autres est déterminée par la machine à poinçonner, comme pour les tôles.

Perçage. — Quand les trous sont ainsi tracés, on procède au perçage des tôles et des fers.

Le perçage, pour des constructions d'une certaine importance, se fait aujourd'hui presque exclusivement au moyen de machines à poinçonner; on ne fore les trous qu'accidentellement, pour des pièces que leurs formes ou leur importance ne permettent pas de soumettre à la machine à poinçonner, ou bien encore, quand elles ont subi un travail de forge altérant leur résistance.

La machine la plus employée est la machine à poinçonner à excentrique. La préférence qui lui est donnée sur les autres systèmes tient à ce qu'elle occupe peu de place, ne produit aucun choc, et permet au poinçon de se dégager facilement du trou. Cette machine, dont nous donnons plus loin un spécimen, se compose toujours d'un bâtis sur lequel sont placés : un arbre recevant la puissance motrice, un deuxième arbre commandé par le premier et marchant à une vitesse beaucoup moins grande ; cet arbre porte à son extrémité un excentrique qui donne un mouvement de va-et-vient à un porte-poinçon glissant dans un guide qui forme partie intégrante du bâtis ; le porte-poinçon est muni d'un, de deux ou de trois poinçons, selon le nombre de trous que l'on veut percer à la fois ; ces poinçons sont en acier trempé ; à chaque descente, ils pénètrent dans le trou d'une pièce également en acier trempé, appelée matrice, après avoir traversé la tôle placée sur cette matrice.

Un embrayage permet d'interrompre à volonté le jeu du porte-poinçon, indépendamment du mouvement de l'arbre qui reçoit la puissance motrice.

Lorsque la division des trous ne doit pas être faite par la machine elle-même, et qu'ils sont préalablement tracés, des hommes de peine apportent la tôle sous la machine à poinçonner, placent, après quelques tâtonnements, le centre du trou à percer sous le poinçon, et lorsque l'ouvrier poinçonneur juge qu'il est exactement en place, il commande l'embrayage, et le poinçon traverse la tôle.

Une disposition employée très-généralement, et qui permet d'obtenir une grande exactitude dans ce mode de perçage, consiste à donner au poinçon un mouvement alternatif continu, de telle sorte qu'il ne fasse qu'appuyer sur la tôle dans sa descente et ne la traverse que quand on embraye.

Quand les tôles ont des dimensions ou un poids considérables, on les fait reposer sur des rouleaux analogues à ceux de la *fig.* 78, pour faciliter leur manœuvre sous la machine à poinçonner.

Le mode de perçage que nous venons de décrire ne s'emploie, dans les constructions importantes, que pour les pièces de faibles dimensions, telles que couvre-joints, goussets, etc. Il est donc assez restreint.

Chariot diviseur. — Nous avons dit plus haut que les trous des tôles et des fers de grandes dimensions étaient divisés et percés simultanément. Plusieurs dispositions permettent d'arriver à ce résultat; elles peuvent être même considérablement modifiées dans leur application, mais le principe sera toujours le même.

Fig. 79.

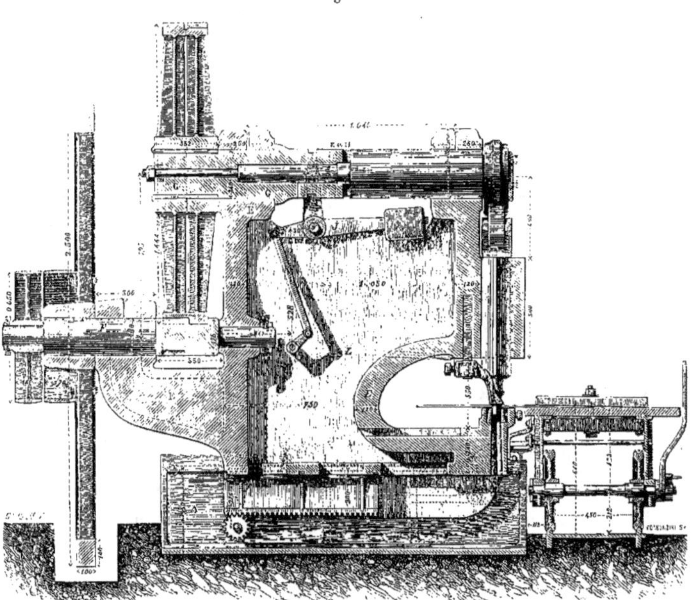

Si l'on suppose, en effet, qu'une tôle soit fixée sur un chariot avec la moitié de sa largeur en porte à faux, et que le chariot puisse prendre un mouvement de translation, de telle sorte que le centre du poinçon se trouve toujours sur la ligne des centres des trous à poinçonner, on concevra sans peine que s'il s'agit de percer une rangée de trous sur cette ligne, il suffira de donner au chariot un mouvement intermittent réglé, soit par une crémaillère dont le pas serait exactement égal à la distance des trous, soit par tout autre moyen de division. En fixant alors cette tôle sous la machine à poinçonner, le chariot avançant d'un cran dans l'intervalle pendant lequel le poinçon a abandonné la tôle, on voit qu'un trou se trouve percé avec une grande

Fig. 80.

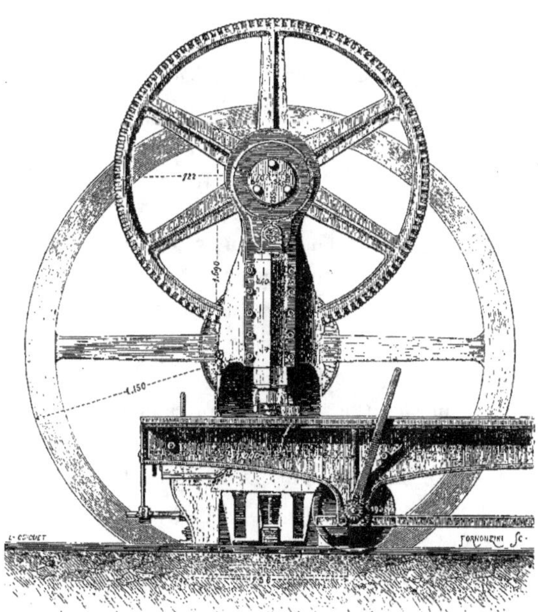

rapidité et une exactitude qu'on peut rendre rigoureuse en apportant quelques soins à la construction de l'appareil.

Les rangées de trous dans le sens de la largeur de la tôle n'exigeant qu'un faible déplacement du poinçon, pourront être percés en donnant au poinçon lui-même un mouvement de translation en le réglant comme celui du chariot par l'application du même principe; la combinaison des mouvements du chariot et du poinçon permettra, en outre, de percer une rangée de trous suivant telle loi qu'on se sera imposée.

L'exemple que nous prenons d'un chariot mobile pour le perçage de rangées de trous longitudinales, et du poinçon mobile pour les rangées transversales, n'a rien d'absolu, et ce n'est probablement pas la meilleure disposition; celle dans laquelle la machine à poinçonner serait mobile dans deux sens perpendiculaires, et opérerait sur une tôle fixe, présenterait l'avantage d'occuper moins de place, permettrait l'emploi de moyens mécaniques très-simples pour la manœuvre des tôles, et apporterait sans doute plus de précision dans le perçage.

Nous donnons dans les croquis ci-dessus, *fig.* 79 et 80, l'ensemble de la poinçonneuse et du chariot diviseur, employés par MM. Gouin et Cie au perçage des fers et tôles des ponts d'Asnières, de Langon, d'Aiguillon, de Moissac, etc. Elle se compose d'un bâtis en fonte A, sur lequel est placée la poinçonneuse proprement dite, qui peut prendre un mouvement sur ce bâtis au moyen d'une crémaillère et d'un pignon placé sur un arbre auquel on donne un mouvement de rotation avec un cliquet fixé sur l'extrémité de cet arbre. Une autre crémaillère placée sur la partie supérieure du bâtis A, et un rochet attaché à la partie mobile de la machine, servent à régler.

La poinçonneuse proprement dite se compose d'un bâtis EEE sur lequel sont placés: un arbre F recevant la puissance motrice, un arbre creux en fonte G sur lequel est calée une roue que commande le pignon de l'arbre F; l'arbre creux est traversé par un arbre en fer, portant à son extrémité un excentrique qui donne au porte-poinçon, assujetti à se mouvoir dans un guide vertical, un mouvement de va-et-vient; la liaison de l'excentrique et du porte-outil a lieu par un collier embrassant l'excentrique et qui est articulé au moyen d'un boulon avec le porte-outil.

Le mouvement de rotation de l'arbre G se transmet à volonté à l'arbre qui porte l'excentrique par l'intermédiaire d'un manchon d'embrayage que l'on manœuvre avec le système de levier JKL ; le contre-poids placé à l'extrémité du levier J débraye l'excentrique spontanément.

Le chariot diviseur se compose de deux flasques en fonte reliées par des entretoises également en fonte, des boulons de serrage et un tablier en bois. Ce chariot est monté sur deux paires de roues calées sur leurs essieux, qui emboîtent les rails de façon à s'opposer au mouvement latéral du chariot ; deux hommes le font avancer sur sa voie au moyen d'un cliquet établi sur l'extrémité des essieux. La crémaillère qui sert à la division est fixée sur la flasque intérieure du chariot, et le rochet sur la partie fixe de la machine.

La liaison du chariot et de la poinçonneuse est complétée par une barre de fer plat fixée sur la flasque intérieure du chariot et qui glisse dans la rainure d'une pièce du bâtis de la poinçonneuse. Ce guide s'oppose d'une manière très-efficace aux mouvements latéraux du chariot.

Fig. 81.

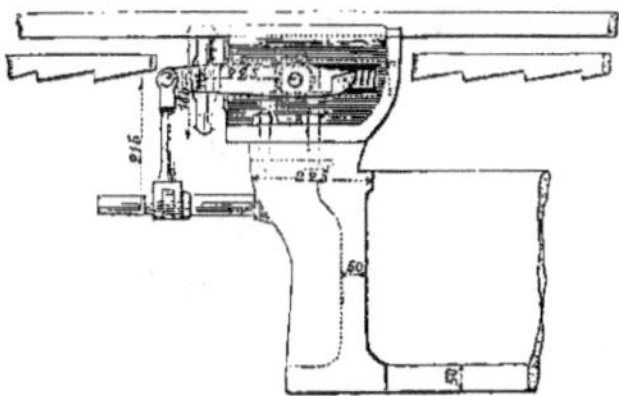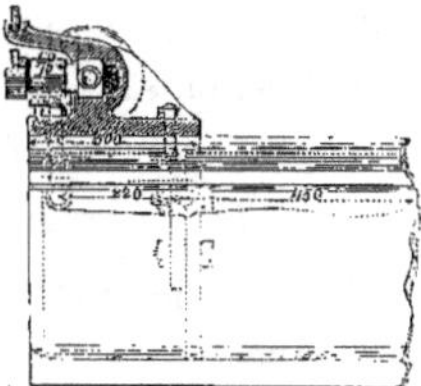

Une disposition ingénieuse et sur laquelle nous appelons l'attention a encore été appliquée à cet appareil, elle consiste à rendre mobiles les rochets qui se placent dans les crans des crémaillères et règlent le mouvement du chariot ou de la poinçonneuse. Ces rochets peuvent être placés au fond d'un cran des crémaillères, quelle que soit leur position ; on évite ainsi un tâtonnement très-long que l'on aurait à faire si l'on mettait d'abord le rochet au fond d'un cran et qu'on déplaçât ensuite la tôle jusqu'à ce que le trou tracé fût rigoureusement sous le poinçon. La disposition (*fig.* 81) est celle du rochet qui règle le mouvement du chariot diviseur, il est fixé sur l'avant du bâtis de la poinçonneuse, comme le montrent les *fig.* 79 et 80.

Pour percer une tôle au moyen de cet appareil, on commence par la fixer provisoirement sur le chariot en faisant correspondre le poinçon avec le premier trou marqué; on fait ensuite avancer le chariot jusqu'à ce que l'extrémité de la tôle se trouve sous le poinçon, et l'on s'assure qu'il coïncide bien avec le trou marqué à cette extrémité; on fixe alors la tôle définitivement et on procède au perçage, après avoir placé le rochet au fond d'un cran de la crémaillère du chariot.

Quand la première rangée longitudinale est percée, on perce la partie des rangées transversales qui se trouvent en porte à faux, en faisant avancer la machine comme nous l'avons indiqué plus haut.

Lorsque tous les trous de la partie en porte à faux sont percés, on détache la tôle du chariot, on la retourne pour que la partie qui reste à percer soit également en porte à faux; on fait alors avancer le poinçon jusqu'à ce qu'il corresponde exactement à un trou percé à l'extrémité de la tôle, puis on l'engage dans ce trou; on fait ensuite avancer le chariot après avoir enlevé le poinçon jusqu'à ce que l'autre extrémité de la tôle vienne se présenter sous la machine; on engage le poinçon dans un trou occupant la même position que le premier, et l'on fixe la tôle définitivement. On est alors certain que la position des trous qui restent à percer sera rigoureusement déterminée par les crémaillères du chariot et de la machine.

Pour les fers, on perce les deux ou trois premiers trous tracés à l'une des extrémités, puis on fixe cette extrémité au chariot par un boulon; on engage ensuite le poinçon dans l'un des trous libres, et après avoir placé le rochet dans un cran de la crémaillère, on procède au perçage comme pour les tôles, en ayant soin de commencer par l'extrémité qui n'est point fixée au chariot, afin que la courbure que prend le fer n'ait pas d'influence sur l'exactitude de la division des trous.

Le résultat qu'il importe le plus d'obtenir dans le perçage est une exactitude parfaite dans la distance des trous, et leur disposition rectiligne; lorsque cette condition n'est pas remplie, le montage présente de grandes difficultés. On ne doit pas tolérer pour deux trous superposés une excentricité dépassant $\frac{1}{30}$ de leur diamètre; au delà, il est indispensable de remédier à la mauvaise installation de l'appareil de perçage.

Les conditions essentielles d'une grande régularité dans le perçage peuvent être réalisées complétement au moyen d'un appareil analogue à celui que nous reproduisons. Il suffit d'employer des crémaillères très-exactes, un chariot bien guidé, d'un certain poids, vibrant peu sous les coups du poinçon et un moyen de fixer sûrement la tôle sur le chariot.

Nous avons vu dans les ateliers de MM. Gouin et Cie des paquets de 150 à 200 tôles superposées, dont les trous, percés avec leur appareil, coïncidaient tous parfaitement dans toute la hauteur du paquet; ce perçage était cependant fait d'une manière courante.

Les trous doivent encore être cylindriques autant que possible et sans bavures; on atteint ce résultat par un bon entretien du poinçon et de la matrice, en laissant peu de jeu entre les poinçons et la matrice ($1/2^{mm}$ à 1^{mm} au plus suivant l'épaisseur de la tôle), enfin en prenant le soin de faire reposer exactement la tôle sur la matrice lors du perçage. L'extrémité du poinçon doit être bien plane et recouverte de stries pour empêcher le glissement de la tôle. Le trou de la matrice doit en outre être conique, afin de faciliter le dégagement de la débouchure.

Un poinçon de 22^{mm} convenablement trempé et une matrice de même diamètre peuvent percer environ 5,000 trous sans réparation.

Le perçage des cornières et des fers spéciaux présente quelques particularités sur lesquelles nous nous arrêterons: lorsqu'on perce un trou dans une cornière, au moyen de la machine à poinçonner, il se fait dans l'épaisseur du métal un refoulement qui a pour résultat d'allonger la barre et de la contourner, ce qui oblige à la redresser ensuite; or, ce redressage dérange toujours les trous en produisant sur la barre un retrait qui est d'environ la moitié de l'allongement produit par le poinçonnage. Il résulte d'expériences nombreuses faites lors de la construction du pont de Langon que cet allongement définitif est de 3/4 de millimètre par mètre sur des cornières de $\dfrac{80 \times 80}{10}$ et qu'il est à peu près constant. On devra donc tenir compte de cet allongement dans la division des crémaillères dont la construction exige, comme on le voit, une grande connaissance pratique du perçage.

Fig. 82.   Fig. 83.

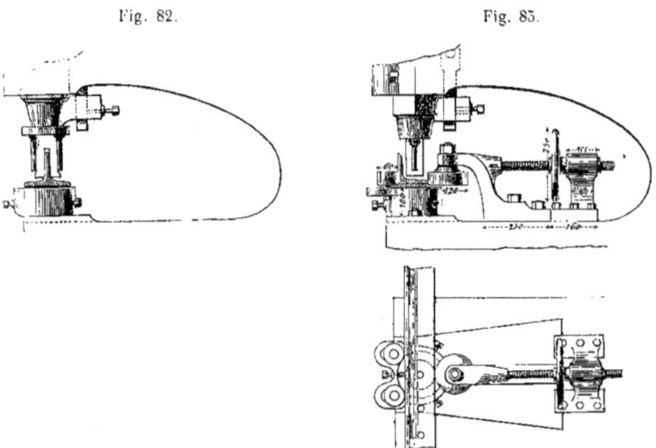

Lorsqu'on doit percer des fers à T ou généralement des fers de formes symétriques par rapport à une nervure, on peut atténuer le contournement du fer en perçant à la fois deux rangées de trous situés de chaque côté de la nervure. On emploie à cet effet un double poinçon; il est préférable alors de placer les trous de ces deux rangées en regard de manière que la ligne d'axe des poinçons soit perpendiculaire à la nervure. La *fig.* 82 indique cette disposition, et avec la *fig.* 83, un moyen de guider les cornières et fers à T pour percer les trous à une distance rigoureuse de l'axe indépendamment de la courbure que le fer pourrait avoir et des mouvements latéraux du chariot diviseur ; ces dispositions ont été employées avec le plus grand succès pour le perçage des fers des ponts d'Asnières et de Langon.

La machine à poinçonner que nous avons reproduite peut percer environ 16 trous par minute, en travail continu ; mais le travail effectif dépend beaucoup des dimensions de la tôle et du nombre de trous à percer dans la même feuille. Ainsi, une feuille de 2^{m}75 portant 76 trous exigeait 30 minutes, ce qui fait seulement 2 trous 1/2 par minute ; le temps pour fixer la tôle était de 12 minutes. On compte en moyenne sur 2,000 trous par journée de 10 heures en opérant sur un grand nombre de feuilles à peu près identiques. Le travail est exécuté pour les grandes tôles par un poinçonneur et deux aides, et pour les fers par un poinçonneur et un aide.

Après le perçage, les fers spéciaux sont redressés. Cette opération est surtout nécessaire pour les cornières ; elle se fait sur le tas que nous avons décrit plus haut. On met ensuite les fers à longueur, en affranchissant les bouts à la tranche et à chaud.

Il arrive fréquemment que les cornières et les fers à T doivent s'appliquer sur des surfaces qui ne sont pas dans le même plan, telles que les fers à T de parois verticales qui doivent embrasser les cornières reliant ces parois aux tables horizontales. Ce travail est exécuté après le perçage des trous par un forgeron et un frappeur ; ils se servent d'un tas en fonte (*fig.* 84) présentant en creux la forme à donner à la pièce ; ils engagent la nervure

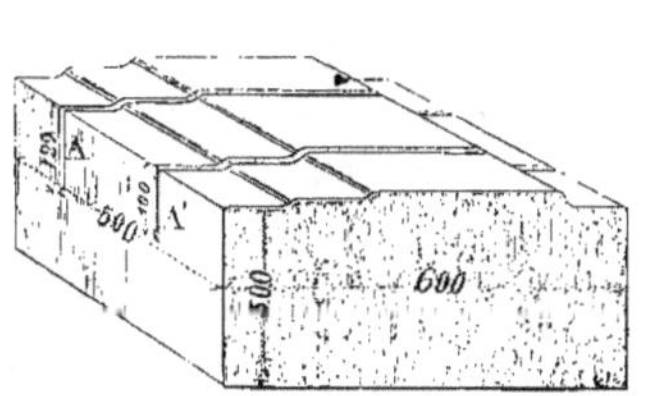

Fig 84

du fer dans la rainure A, donnent la forme grossièrement au marteau et finissent ensuite avec une chasse plane. Un calibre en tôle, découpé suivant le profil de l'épaulement et une équerre suffisent pour guider l'exécution de ce travail.

Dans le pont de Britannia, où un grand nombre de cornières devaient être renvoyées de l'épaisseur des couvre-joints, on employait une sorte de presse composée d'une matrice sur laquelle on plaçait le fer porté au rouge et d'un mouton qu'on laissait tomber d'une certaine hauteur sur la pièce. On arrivait ainsi à la forme définitive d'un seul coup de mouton.

Cisaillage et rabotage des tôles. — Les grandes tôles, quand elles sont percées, passent généralement à la machine à raboter lorsque leur longueur ne dépasse pas les dimensions finies de plus de 10^{mm}; dans le cas contraire, elles sont cisaillées et ramenées à ces dimensions. Les petites tôles sont simplement cisaillées.

Les tôles de mêmes dimensions sont rabotées ensemble par paquet de 10 à 15 feuilles au plus, suivant leur épaisseur; on fait correspondre avec soin les trous semblablement placés et on en pénètre quelques-uns de broches et de boulons, en nombre suffisant pour fixer solidement le paquet sur le bâtis de la machine à raboter.

La manœuvre des tôles et leur mise en place sur la machine à raboter prenant toujours un temps assez long par rapport à la durée totale du rabotage, il serait très-avantageux, pour des travaux d'une certaine importance, de disposer une machine à raboter spéciale qui permît de fixer facilement les paquets et d'attaquer les quatre faces simultanément. Cette dernière disposition a du reste été appliquée chez MM. Gouin et Cⁱᵉ, à l'une de ces grandes machines à raboter horizontale à bâtis fixe et outils mobiles généralement en usage dans les ateliers de construction, et dont le type est trop connu pour que nous le reproduisions ici. Les tôles étaient fixées à plat sur le bâtis de la machine avec leur axe longitudinal parallèle au mouvement des burins. Le porte-outil portait deux chariots, munis de deux burins taillés à grain d'orge avec un côté droit, qui agissaient en coupant verticalement les deux côtés du paquet; les burins étaient rapprochés après qu'une tranche était coupée, jusqu'à ce que leur distance définitive devînt rigoureusement égale à la largeur finie des feuilles; la distance des trous au bord de la tôle était conservée très-exacte au moyen d'un calibre, avec lequel on mesurait soigneusement cette distance. Deux autres porte-outils placés aux extrémités du paquet et ayant un mouvement perpendiculaire à celui des outils latéraux marchaient simultanément et affranchissaient les bouts. Cette disposition permettait de raboter des paquets de 8 à 10 centimètres d'épaisseur, 0,85 centimètres de largeur et 8^m de longueur, en quinze heures. Le temps de la mise en place était d'environ trois heures.

La nécessité de raboter les tôles est contestée et cette opération n'a pas été faite pour quelques grands travaux exécutés en Angleterre ; elle n'est pas indispensable, à notre avis; son seul but, en effet, est un contact plus complet des extrémités des tôles, par suite, une certaine facilité dans le montage et un soulagement de la rivure dans les parties du pont qui résistent à la compression. L'avantage qu'on peut retirer du contact des tôles serait évident s'il pouvait conduire à supprimer complétement l'effort supporté par la rivure. Mais dans un pont à une seule arche, la moitié de la poutre est soumise à un effort de traction, et dans un pont à plusieurs arches à poutres continues, la plus grande partie résiste, au moins temporairement, à un effort de ce genre; le rabotage est donc une opération inutile, à ce point de vue, au moins pour la moitié des tôles, et la résistance d'un pont sera toujours soumise forcément à celle de la rivure, indépendamment du contact des tôles. De plus, l'exactitude de ce contact est à peu près impossible à obtenir dans des travaux exécutés avec des moyens expéditifs, et par conséquent on sera conduit à mettre le même nombre de rivets pour les couvre-joints, soit qu'ils résistent à un effort de traction, soit qu'ils résistent à un effort de compression, et c'est en effet ce qui se passe en pratique. L'opération du rabotage doit donc prendre un rang secondaire dans la construction d'un pont. Puisque l'on met toujours un nombre de rivets assez grand pour obtenir une résistance suffisante des assemblages, sans tenir compte du contact rigoureux des extrémités des tôles, il serait rationnel de supprimer et d'économiser le travail du rabotage et l'installation d'une machine très-coûteuse. Il serait, en effet, très-facile d'établir des cisailles sortant des formes ordinaires, qui permettraient d'affranchir les tôles en laissant le champ presque aussi net que ceux que l'on obtient avec la machine à raboter et à des dimensions rigoureuses. Une pareille cisaille devrait être installée dans les forges qui livreraient aux chantiers de construction les tôles amenées à leurs dimensions définitives ; on ferait ainsi en une fois un travail qui se fait maintenant en deux ou trois fois bien distinctes.

L'opération du rabotage, telle qu'elle est exécutée aujourd'hui, ne présente d'ailleurs aucune difficulté, elle ne demande que de la place et du temps.

Montage sur chantier. — Lorsque tous les matériaux ont été préparés ainsi que nous venons de le voir, on procède au montage et à la rivure.

Le montage se fait sur des chantiers en bois parfaitement plans et horizontaux ; ils doivent être formés de longuerines en bois reposant sur des tas et reliées par des traverses. La hauteur du plan du chantier au-dessus du sol doit être de 0^m,80 à 0^m,90, afin qu'un homme puisse passer dessous ; les longuerines et les traverses doivent laisser les trous bien dégagés, pour ne pas gêner le travail.

Les tôles et les fers repérés sont apportés par ordre et placés sur le chantier dans la position qu'ils doivent occuper définitivement, puis une équipe de monteurs vient amener les tôles au contact, en les serrant entre elles avec des serre-joints ; ils introduisent ensuite des broches légèrement coniques dans les trous, ils placent enfin les couvre-joints, fers spéciaux, cornières longitudinales, etc., qu'ils fixent provisoirement avec des boulons. Les monteurs continuent ainsi sur toute la longueur du chantier, tandis que derrière eux vient une équipe de riveurs qui assemblent définitivement les tôles.

C'est dans l'opération du montage que les imperfections du travail préparatoire se manifestent; il faut donc, avant de procéder à la rivure, examiner si le travail est exécuté conformément, aux plans, si aucune confusion n'a été faite dans les tôles, si les joints des tôles et des fers sont parfaits, si l'ensemble se dégauchit convenablement, et enfin si tous les trous de rivets correspondent avec exactitude. Nous avons insisté plus haut sur l'importance de cette condition, qui présente les inconvénients les plus graves lorsqu'elle n'est pas remplie. En effet, lorsque les trous de rivets chevauchent les uns sur les autres, on est exposé à ce que les rivets ne remplissent pas les cavités qui se trouvent alors formées, et quand les trous sont excentrés de plus de 1/10 de leur diamètre, on ne peut plus introduire le rivet; on est conduit à rétablir la correspondance au moyen d'un bédanage ou d'un alésage, et le trou se trouvant agrandi, il faut que le diamètre du rivet le soit aussi. Mais cette précaution est trop assujettissante pour être bien suivie en pratique, et l'on doit craindre que le rivet posé dans un trou trop grand ne le remplisse pas d'une manière suffisante lors de son refoulement, et même qu'il ne se ploie de manière qu'on ne puisse plus compter sur la friction. On doit regarder ces conditions comme très-mauvaises, et les éviter autant que possible.

Lorsque les poutres doivent être transportées loin du chantier de construction, on ne peut les assembler définitivement que sur une longueur restreinte qui est déterminée par les moyens de transport et les engins dont on dispose pour les manœuvrer. Dans ce cas, on garde au chantier une portion de poutre qui a été assemblée avec la dernière portion expédiée et sur laquelle on a eu le soin de reporter toutes les lignes de repère nécessaires à la suite de la construction.

Une équipe de monteurs, dans un chantier un peu important, se compose de deux monteurs et de deux aides; ils peuvent entretenir facilement 8 à 10 équipes de riveurs.

Pour donner une idée du travail du montage, nous décrirons en

Fig. 85.

Élévation longit.ᵗ
GUIGUET. D.
PEGRAO. SC.
Plan.
2.ᵐ000
650
650
5.ᵐ500
5.ᵐ430
1.ᵐ50
75 75
650
700

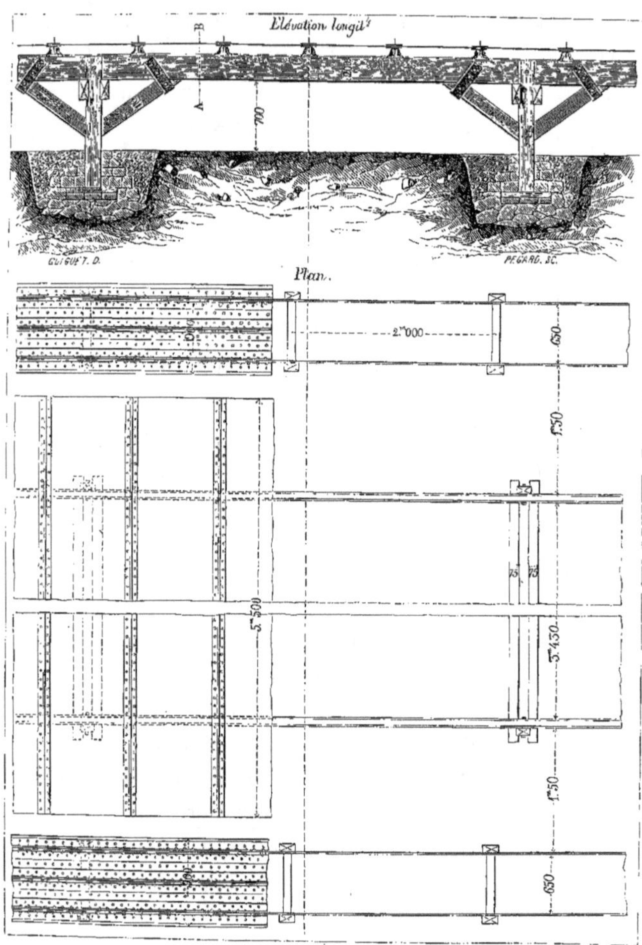

quelques mots celui du pont de Langon. Le montage de ce pont a été
exécuté en plusieurs parties; les pièces de pont, les croix de Saint-André
et les consoles ont été montées sur des petits chantiers formés de tréteaux qui n'offrent rien de particulier; les poutres ont été montées en
trois parties, les parois verticales et les deux tables horizontales; ces
trois parties étaient montées simultanément par portion de **25** mètres
environ, sur trois chantiers voisins, comme l'indique la *fig.* 85. Le
chantier des parois verticales se compose d'une série de chaises supportant des longuerines, sur lesquelles est fixée une barre de fer plat faisant fonction de rail; les chaises sont solidement fixées en terre et
entretoisées par des moises; les rails reçoivent des sabots en fonte
(*fig.* 86) destinés à supporter les fers à T des joints verticaux. Les chan-

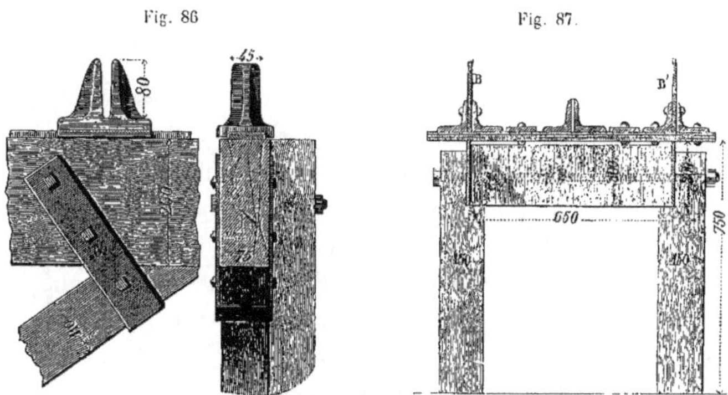

Fig. 86   Fig. 87.

tiers des tables horizontales dont la *fig.* 85 représente le plan et la
fig. 87 la coupe, sont formés de poteaux solidement fixés en terre, en-
tretoisés par une traverse en bois et des boulons de serrage; les poteaux sont en outre reliés entre eux longitudinalement par des bandes
de fer plat placées sur des chaises et destinées à supporter les tôles.

Après avoir bien dressé le chantier de montage des parois verticales,
on plaçait dans les sabots de fonte les nervures des fers à T, formant les

couvre-joints extérieurs de la paroi ; on plaçait les tôles sur ces fers en les mettant rigoureusement au contact ; on les recouvrait ensuite des couvre-joints intérieurs, et l'on fixait l'ensemble au moyen de boulons. Les cornières formant l'assemblage des parois verticales aux parois horizontales étaient posées ensuite bout à bout et assemblées de la même manière. Ces cornières étaient d'abord alignées au moyen d'un cordeau, en mettant leurs trous en correspondance avec ceux des tôles, et l'on arrivait ainsi à rendre les extrémités de la paroi parallèles et rectilignes.

Le montage des tables horizontales se faisait simultanément et sur la même longueur ; le voisinage des trois chantiers facilitait les vérifications et la position des repères. Les tôles étant apportées par ordre sur le chantier et rangées bout à bout, on plaçait des cales sous les parties les moins épaisses, de manière à obtenir la face supérieure parfaitement plane ; on plaçait ensuite les cornières d'attache des parois verticales, que l'on détachait à cet effet de ces parois, après que les feuilles étaient rivées, puis les nervures BB', les fers plats et les couvre-joints. Après s'être assuré que chaque rangée de trous de rivets était bien dans le prolongement d'une même droite, on procédait à la rivure. Toutes ces pièces n'étaient pas rivées, les cornières d'attache des parois verticales aux tables horizontales ont été entièrement rivées au levage, de même que les nervures intérieures B, qui eussent rendu la rivure des couvre-joints de ces cornières très-difficile.

Pour s'assurer de l'exactitude des longueurs des parois et des tables, on faisait un mesurage avec un décamètre étalon, et l'on indiquait, par un trait profond tracé sur les tables, les parois verticales et leurs cornières d'assemblage, les longueurs qui devaient se correspondre et que l'on devait retrouver au levage. Ces repères de mesurage étaient conservés sur la portion de paroi qu'on laissait sur le chantier et qui servait d'amorce au montage d'une nouvelle portion de poutres ; les pièces qui devaient être assemblées sur place étaient en outre, avant leur expédition, repérées avec des marques très-apparentes faites au pinceau. La paroi verticale fut rivée par fragments composés de trois feuilles de tôle, présentant une longueur totale de 2^m 580, et les tables horizontales, par fragments de 12 à 25^m de longueur. Ces dimensions ont été déterminées en vue du mode de transport qui s'est fait complétement par chemin de fer.

Le montage des croix de Saint-André s'est fait horizontalement sur tréteaux, il ne présenta rien de particulier. Ce travail se rapprochait d'un travail d'ajustage.

Les pièces de pont étaient faites en quatre morceaux ; la pièce de pont proprement dite, les deux jambes de force et le tirant; elles étaient seulement assemblées au levage. Comme leur exécution devait être très-rigoureuse, toutes ces pièces étaient vérifiées sur leur profil et leurs dimensions principales avec des calibres en tôle.

Pour obtenir les tirants droits et maintenir les cornières bien d'équerre, on appliquait sur ces cornières, avant de les river, la face d'un fer à T que l'on maintenait au moyen de boulons jusqu'à ce que la rivure fût achevée.

Rivure. — La rivure est l'opération la plus importante et la plus longue; elle se fait aujourd'hui, pour ces grands travaux, de deux manières : à la main ou au moyen de machines. Nous examinerons avec soin ces deux méthodes.

Une équipe de riveurs à la main se compose de trois hommes, un riveur et deux aides : l'un est frappeur, l'autre est teneur d'abatage ou de tuc ; un troisième aide, ordinairement un enfant, est employé au chauffage des rivets, il suffit pour entretenir plusieurs équipes, quand elles sont voisines du four à chauffer les rivets.

Le premier point sur lequel l'attention doit se porter est la bonne qualité du fer employé à la fabrication des rivets. Il faut n'employer que des fers à la fois nerveux et forts et qui conservent cette qualité après le chauffage, sans quoi ils cassent sous les chocs.

Cette dernière condition est importante; des fers dont la cassure est à froid très-nerveuse ne la remplissent pas toujours et pourraient induire en erreur si l'on s'en rapportait à ce seul examen. Le fer employé à la fabrication des rivets devra provenir de fontes au bois puddlées et ayant toujours subi deux corroyages.

Chauffage des rivets. — Le chauffage des rivets se fait dans de petites forges volantes ou dans des fours spéciaux. Le premier moyen présente des inconvénients dont le principal est une grande lenteur, car dans ce cas un chauffeur ne peut même pas suffire à une équipe; de plus, ce mode de chauffage réclame une attention soutenue, sans quoi un grand nombre de rivets peuvent être brûlés et perdus; aussi, pour des ouvrages un peu considérables, on emploie des fours spéciaux dont

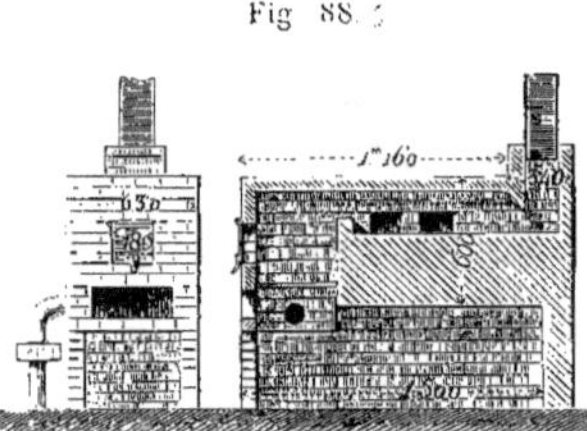

Fig. 88.

la première application date de la construction du pont de Britannia. Ce sont généralement de petits fours à réverbère (*fig.* 88) à courant d'air forcé ; ils présentent l'avantage d'une production considérable; ils peuvent entretenir quatre ou cinq équipes de riveurs; les rivets courent aussi moins de risques d'être brûlés et sont amenés à une température plus uniforme.

Les fours à réverbère ne sont cependant pas encore d'un emploi satisfaisant. Les rivets étant à une haute température au contact d'air brûlé incomplétement s'oxydent très-rapidement et s'encrassent en se combinant avec la sole du four; ils subissent ainsi une diminution sensible dans leur diamètre, il arrive même qu'on les brûle, lorsque la surveillance n'est pas très-grande. On compte en effet sur un déchet de 3 à 4 0/0 de rivets brûlés. On pourrait sans doute, en augmentant l'épaisseur du combustible, rendre la flamme moins oxydante, mais il est probable qu'on n'arrivera à une solution tout à fait satisfaisante de cette question, qui est de la première importance pour la rivure, qu'en se rapprochant autant que possible du chauffage en vase clos. Peut-être ne serait-il pas impossible de réaliser complétement cette dernière condition au moyen d'une sorte de fourneau à moufle : nous ne sachons pas qu'aucun essai ait été tenté dans cette voie.

Quant au mode de chauffage obtenu avec des fours ouverts, dont une paroi est percée de trous par lesquels les rivets sont introduits et chauffés au contact du charbon, il doit être tout à fait repoussé ; en effet, la tête du rivet et les parties qui l'avoisinent, refroidies par le contact de l'air, sont toujours à une température beaucoup moins élevée que celle du corps du rivet ; il en résulte que ces parties ne se refoulent pas, ou se refoulent mal lors de la pose du rivet. C'est un grave inconvénient, surtout lorsque les trous ne correspondent pas très-bien, la tête du rivet n'ayant avec la tôle qu'un contact très-imparfait ; si l'on veut chauffer la tête du rivet d'une manière suffisante avec ces fours, on brûle les bouts.

Rivure à la main. — Lorsque le rivet est chaud, il est jeté aux riveurs ; le teneur d'abatage le saisit au moyen d'une tenaille et l'introduit dans le trou, puis place sur la tête du rivet un appareil appelé turc (*fig.* 89), reposant sur une plaque en fonte destinée à maintenir le rivet sous les coups des riveurs. Les riveurs frappent d'abord sur les tôles avec des marteaux de 4 kilog. pour les amener en contact autour du rivet, afin qu'en se refoulant il ne puisse pénétrer entre les tôles, ce qui arriverait si ces dernières laissaient entre elles un intervalle ; ils écrasent ensuite la tête du rivet et achèvent de lui donner la forme défi-

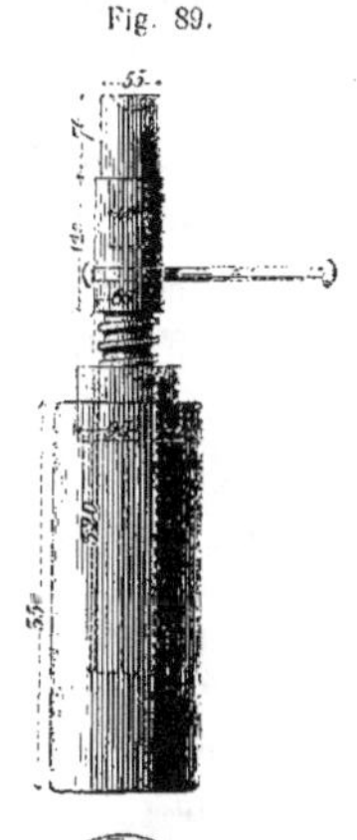

Fig. 89.

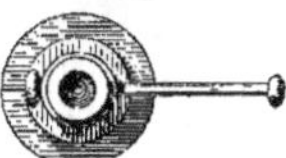

nitive qu'elle doit avoir au moyen de la bouterolle, sur la tête de laquelle on frappe avec un marteau à devant de 9 kilog.; celle que nous représentons, *fig.* 90, a servi à poser les rivets de 22^{mm} du pont de Langon, elle pesait 2 kilog. 1/2.

Lorsque les formes des pièces ne permettent pas l'usage du turc, on emploie alors pour maintenir le rivet sous les coups des riveurs le

<table><tr><td>Fig. 90.</td><td>Fig. 91.</td></tr></table>

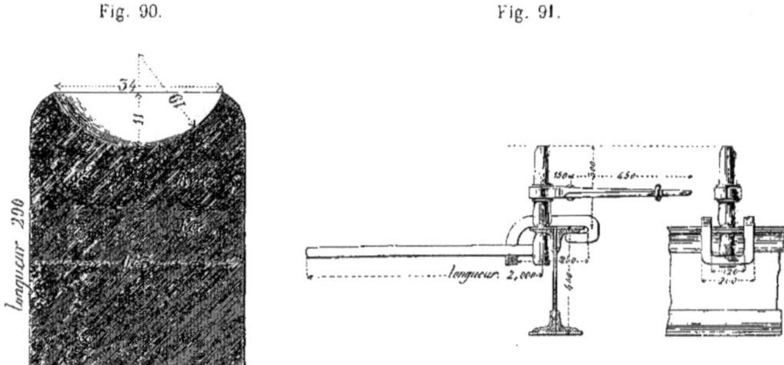

levier d'abatage dont la *fig.* 91 présente la disposition la plus générale. Le point d'appui du levier est mobile; un aide est assis sur l'extrémité du levier et y pèse de tout son poids pendant la durée de la rivure.

La condition d'une adhérence complète entre les tôles doit être absolument réalisée si l'on veut compter sur le frottement dû au serrage exercé par les têtes de rivets, lorsque ces derniers se refroidissent, et nous avons vu plus haut que c'est sur ce seul effort qu'il est prudent de compter.

Conditions principales d'une bonne rivure. — 1° A froid, le diamètre du rivet ne doit pas être inférieur à celui du trou de plus de $0^m,001$ à $0^m,0015$; au delà de cette limite, il est à craindre que le refoulement du rivet ne suffise pas à remplir complétement le trou.

2° Pour que la tête soit convenablement bouterollée, il faut que la longueur du rivet dépasse l'épaisseur à river d'une quantité variable (Voir le tableau du chapitre 1er, page 124).

3° La température du rivet au moment où on le pose doit correspondre à peu près au blanc. Il faut qu'à la fin de l'opération il soit encore au rouge sombre.

4° Les têtes doivent être parfaitement concentriques avec l'axe du rivet et non déportées d'un seul côté ; elles ne doivent présenter ni gerçures, ni fentes, surtout dans le sens latéral ; il faut, en un mot, que les têtes soient bien hémisphériques, sans crevasses, et qu'on aperçoive sur leur périmètre l'empreinte de la bouterolle, ce qui indique un bon serrage.

5° Le rapport entre la longueur du rivet et son diamètre devra toujours être assez petit pour que le refoulement du rivet ait lieu sur toute sa longueur ; le diamètre du rivet ne doit pas être non plus trop considérable pour qu'on ne puisse remplir cette condition avec des marteaux d'un poids ordinaire et d'une manière courante. On regarde 25^{mm} comme la limite du diamètre des rivets, que l'on peut facilement écraser avec des marteaux de 4 kilog. ; l'épaisseur à river dans ce cas ne doit pas dépasser 60^{mm} pour que la rivure soit bonne. Les rivets de 22^{mm} peuvent river une épaisseur maxima de 40^{mm} sans inconvénient, et ceux de 18^{mm} une épaisseur de 25^{mm}.

Une équipe de riveurs exercés peut poser par jour, dans les conditions les plus favorables, 250 à 300 rivets de 22^{mm} ; lorsqu'il faut river des tôles placées verticalement, ce maximum se réduit environ à 200.

Voici pourtant, à peu près, les chiffres sur lesquels on doit compter pour la moyenne des équipes, sur un chantier à plat :

Avec des rivets de 18^{mm} de diamètre. . .   200 rivets
    id.   de 20^{mm} *id.*   *id.*
    id.   de 22^{mm} *id.*   100 à 125 *id.*
    id.   de 25^{mm} *id.*   90 à 100 *id.*

sur un chantier vertical ces chiffres doivent être réduits de 1/4.

Rivure à la machine. — Les machines à river ont été employées
pour la première fois sur une grande échelle à la construction du
pont de Conway.

Des discussions nombreuses se sont élevées sur la valeur des résultats

Fig. 92.

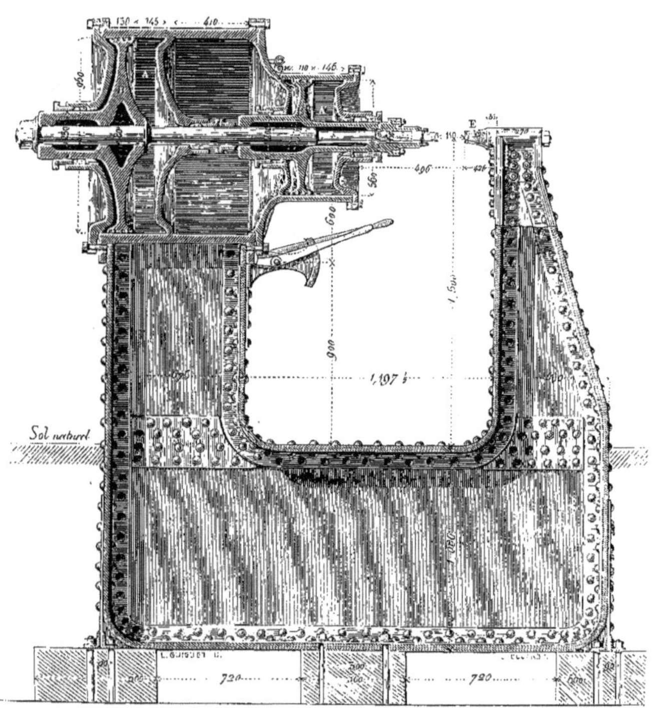

Echelle 0,037

obtenus avec cette machine; ce qui en doit ressortir est que la différence
entre la qualité de la rivure à la main et à la machine est à l'avantage
de cette dernière, et que si quelques objections ont pu lui être faites

alors, elles étaient plutôt adressées au système de la machine qu'au
mode général du travail. Cette machine, en effet, ne reproduisait pas
une des conditions importantes de la rivure à la main, l'application
préalable des tôles l'une contre l'autre, en sorte qu'on pouvait craindre

Fig. 95.

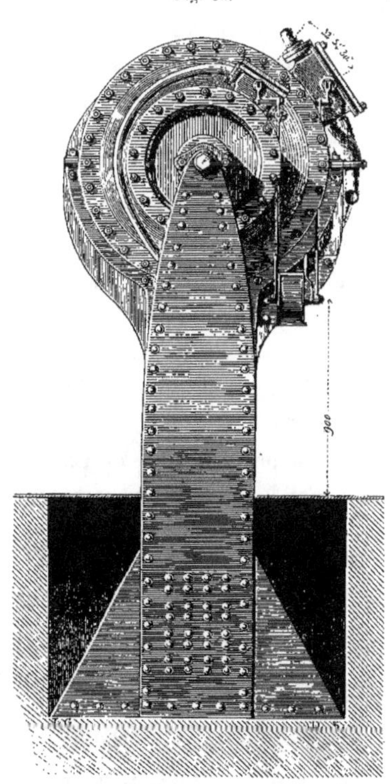

jusqu'à un certain point que le rivet ne fût en partie refoulé entre les
tôles ; mais cette condition a été réalisée depuis d'une manière très-ingénieuse, par plusieurs industriels qui ont complété cette machine.
Nous reproduisons dans les *fig.* 92 et 93 une machine à river, ré-

cemment construite par MM. Gouin et Cie, et qui fonctionne actuellement dans leurs ateliers.

Elle se compose de deux cylindres AA′ dans lesquels se meuvent deux pistons BB′; les cylindres et les pistons sont complétement indépendants les uns des autres; le piston B est traversé par une tige en acier qui passe dans un stuffing-box et porte à son extrémité une bouterolle; le piston B est traversé par une tige creuse dont le rôle est d'exercer une pression énergique sur les tôles à river; chacun des deux pistons porte à l'arrière une forte tige qui s'engage dans un stuffing-box.

Pour poser un rivet avec cette machine, on présente la pièce après y avoir introduit le rivet, de telle sorte que la tête du rivet se loge dans la bouterolle E, puis on introduit la vapeur derrière le piston B, la tige creuse amène les tôles au contact, on introduit alors la vapeur derrière le piston B et la bouterolle vient écraser le rivet avec une pression correspondant à la surface du piston et à la tension de la vapeur dans le cylindre. La tension moyenne de la vapeur pendant l'écrasement d'un rivet de 25^{mm} est d'environ 3 atmosphères, ce qui correspond à peu près à une pression totale de 12,000 kilog.

Lorsque le rivet est écrasé, les pistons sont ramenés à leur position première, en faisant communiquer les deux extrémités des cylindres; il suffit pour cela de mettre le tiroir de distribution de vapeur à la position représentée *fig*. 94 en lignes ponctuées. La tension de la vapeur étant la même dans les deux parties des cylindres, la pression totale sur la face d'avant des pistons se trouve alors plus considérable que la pression sur la face d'arrière. Cette différence est suffisante pour faire mouvoir les pistons et les ramener à leur position première; la distribution représentée *fig*. 94 offre cette particularité, que l'échappement se fait avant la fin de la course du piston et qu'un certain volume de vapeur reste emprisonné dans le cylindre, pour éviter que le piston n'en vienne choquer le fond ou le couvercle.

On voit que cette machine échappe à tous les inconvénients qu'on a reprochés aux premières; la rivure est faite sans choc, en réalisant une

Fig. 94

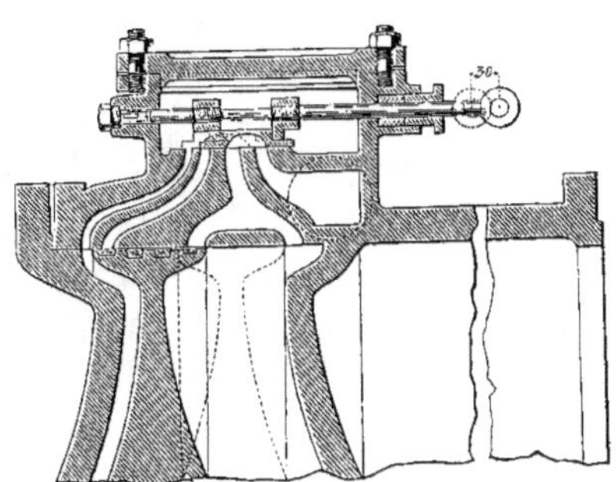

des conditions importantes de la rivure à la main: l'application préalable des tôles l'une contre l'autre (¹).

La rivure avec une pareille machine présente, selon nous, des avantages considérables sur la rivure à la main; en effet, une des conditions les plus importantes, pour obtenir une bonne rivure, est d'employer les marteaux les plus lourds possible, pour que la puissance vive, dépensée à chaque coup, soit due plus à la masse qu'à la vitesse.

C'est à cette seule condition que le refoulement du rivet aura lieu sur toute sa longueur et remplira complétement les trous; dans le cas contraire, l'extrémité seule du rivet sera refoulée.

La machine à river dont le piston a une vitesse très-faible et qui reçoit une pression énorme réalise au maximum cette condition. La rivure faite à la machine présente d'ailleurs une plus grande uniformité; elle n'est pas soumise aux mêmes variations que la rivure à la main; elle ne laisse point aux ouvriers la faculté de dissimuler les rivets brû-

(¹) Il serait préférable, d'après MM. Gouin, que le diamètre du cylindre de cette machine fût moindre avec une tension de vapeur plus élevée, et d'augmenter la résistance du bâti.

lés en les refoulant moins avant de les bouteroller ; elle rend, en outre, possible l'emploi de rivets de diamètres supérieurs à 25^{mm}, regardés aujourd'hui comme la dernière limite à laquelle on puisse atteindre en rivant à la main ; avantage important qui permet de diminuer de beaucoup le nombre des rivets (dans le rapport inverse des carrés des diamètres), de conserver des épaisseurs plus grandes aux tables horizontales, par suite, de se rapprocher davantage de la courbe des moments de résistance ; elle présente, en outre, une économie de main-d'œuvre d'une grande importance (environ 7/8).

La machine que nous reproduisons pose 2,000 rivets par jour.

Le personnel pour river avec cette machine se compose d'un riveur, de deux aides pour manœuvrer la tôle au moyen d'un chariot, d'un aide riveur. Ces quatre hommes font le travail de dix équipes de riveurs, c'est-à-dire, de trente hommes. La machine du pont de Menai posait 3,600 à 5,500 rivets par jour et n'exigeait que trois hommes.

Il suffit de citer ces chiffres pour montrer clairement l'avantage considérable qu'on pourrait retirer de l'emploi de machines à river, pour des ouvrages un peu importants ; aussi sont-elles destinées à se répandre, malgré les nombreuses objections que l'on a faites à leur emploi, telles que le prix élevé de leur installation, leur application un peu restreinte, etc. Nous devons ajouter que la machine à river ne peut être employée avec tous ses avantages sans une installation spéciale. Il faut, en effet, lui adjoindre des moyens faciles de manœuvres ; car les plaques rivées arrivent nécessairement à présenter, dans le plus grand nombre de cas, des dimensions et des poids embarrassants.

La machine à river dont nous donnons le dessin est installée sous une sorte de grue roulante pour manœuvrer les tôles (*fig.* 95). La charpente inférieure est fixe, la plate-forme qui porte le chariot auquel est suspendue la pièce à river est mobile.

Cette plate-forme se compose de deux poutres en tôle servant de rails au chariot, reliées à leurs extrémités par des moises qui portent les

roues au moyen desquelles la plate-forme repose sur sa charpente fixe
et se déplace suivant l'axe de la machine à river; les moises portent en
outre deux longuerines qui soutiennent avec les poutres en tôle un
plancher servant à la circulation des hommes qui manœuvrent le cha-

Fig. 95.

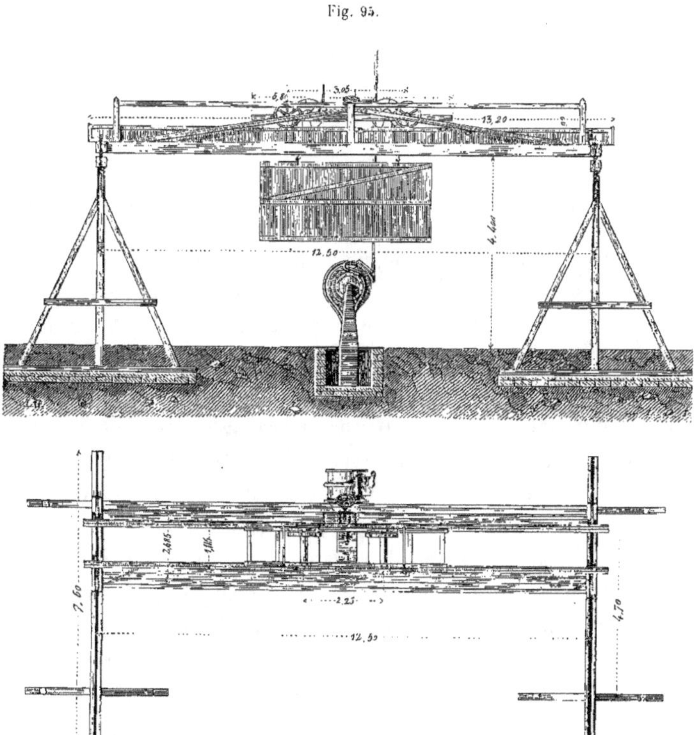

riot et la plate-forme; le mouvement est donné à cette dernière au
moyen d'une vis sans fin qui commande un pignon calé sur l'arbre
réunissant les deux roues d'arrière.

24

Le chariot est muni de deux treuils avec lesquels on peut enlever chacune des extrémités de la pièce que l'on rive; on le déplace sur ses rails en le poussant à la main.

Dans les chantiers les mieux installés pour la construction des ponts en métal, les moyens de transport et de manœuvres mécaniques ont toujours été trop peu employés. On pourrait économiser une main-d'œuvre considérable en faisant usage de grues mobiles, transportant les tôles du chantier où elles sont classées aux machines à percer, à raboter, à river et enfin au chantier de montage définitif.

La description que nous venons de faire des opérations principales de la construction d'un pont en tôle fait ressortir clairement les conditions pratiques que doit remplir un projet de pont bien étudié. Il faut bien se pénétrer de cette vérité que toute difficulté de construction inutile n'est pas moins préjudiciable à l'ouvrage en lui-même qu'au constructeur. Un travail facile et courant est en effet la meilleure garantie de solidité et de bonne exécution. On devra donc éviter d'introduire, dans ces ouvrages des pièces de forge, à moins de nécessité absolue; on s'efforcera d'écarter les complications en s'appliquant à reproduire, autant que possible, les mêmes pièces; les espacements des trous et leurs diamètres devront être uniformes, ou se réduire à un très-petit nombre de variations.

En attachant une grande importance à la simplicité du mode de construction, nous répétons que l'ingénieur, par la sécurité qui résulte d'une surveillance plus facile et par une exécution supérieure et plus économique, trouvera un intérêt plus grand que le constructeur lui-même.

Nous terminerons ce chapitre par l'analyse du prix de revient de la construction du pont de Langon. Cet exemple, en donnant les valeurs relatives des divers éléments de la construction, est propre à indiquer sur quel point l'attention de l'ingénieur doit se porter dans l'étude d'un pont et de l'installation d'un chantier de construction, pour réduire le prix de ces travaux, que des conditions spéciales imposent si souvent.

Tableau des VALEURS RELATIVES des opérations de MAIN-D'ŒUVRE subies par les divers éléments du pont de Langon.

L'entretien du gros et du petit outillage et les frais généraux n'entrent pas dans les chiffres qui ont servi de base à ces rapports.

DÉSIGNATION des OPÉRATIONS.	POUTRES.	PIÈCES de PONT.	CROIX de St-ANDRÉ.	LONGERONS.	CONTREVENTE-MENTS.	TOTAUX.		OBSERVATIONS.
Réceptions et bardage...	0.0760	0.0112	0.0018	0.0047	0.0009	0.0946		Le bardage comprend tous les transports et les manœuvres des matières livrées dans le chantier de construction jusqu'au montage définitif du pont, sauf le transport de Paris à Langon et le levage sur le pont de service.
Dressage............	0.0594	0.0129	0.0018	0.0048	0.0009	0.0798		
Perçage.............	0.0566	0.0128	0.0011	0.0045	0.0001	0.0751		
Redressage..........	0.0159	0.0087	0.0006	0.0029	»	0.0281		
Rabotage............	0.0122	»	»	»	»	0.0122		
Forgeage............	0.0360	0.0128	0.0010	0.0155	0.0008	0.0687		
Montage à l'atelier.....	0.0420	0.0124	0.0120	0.0248	»	0.0912		
Montage au levage......	0.1130	0.0169	0.0029	0.0070	0.0014	0.1412		
Rivure — au chantier de construction.......	0.1948	0.0276	0.0043	0.0166	»	0.2433	0.3939	La rivure a été faite entièrement à la main.
Rivure — au levage, en place.	0.0627	0.0313	0.0060	»	0.0040	0.1040		
Rivure — au levage, sur chantier, à plat.	0.0466	»	»	»	»	0.0466		
Totaux............	0.7172	0.1466	0.0321	0.0808	0.0081	0.9848	— soit : 1,000	
Poids............	694.818	113.070	16.603	52.843	10.846			Ces poids sont ceux calculés et portés au devis; ils sont un peu inférieurs aux poids réels.
Valeurs relatives rapportées à la tonne de métal.	0.1034	0.1297	0,190	0,154	0,075			

CHAPITRE IV.

§ I. — LEVAGE.

Il est fort difficile de donner sur le levage des ponts en tôle des indications générales. Cette opération dépend, en effet, entièrement des circonstances locales, des difficultés spéciales qu'on rencontre dans chaque cas particulier.

Pour montrer, en effet, dans quelles limites ces circonstances peuvent varier, nous citerons l'exemple des ponts de Britannia et d'Asnières, dans lesquels ces levages présentaient d'énormes difficultés et de nature toute différente.

Le pont de Britannia, élevé sur un détroit dont il était impossible d'entraver la navigation autrement que pendant un temps très-court, se compose de deux tubes séparés portant chacun une voie de chemin de fer; ils reposent sur trois piles formant quatre arches; les deux extrêmes de 80^m de portée, celles du milieu de 140^m.

Les chantiers de construction de ces immenses tubes étaient disposés le long du rivage, de manière que le tube, construit sur une sorte de pont de service latéral, pût être, après son achèvement, déposé sur des pontons au moyen desquels on le transporta à la place qu'il devait occuper entre les piles. Dans la construction de la maçonnerie de ces piles on avait laissé deux rainures, dans lesquelles le tube fut enlevé au moyen de chaînes et de presses hydrauliques.

Nous n'entrerons pas dans le détail de cette intéressante opération, qui a été décrite avec un soin minutieux dans l'ouvrage spécial de

M. E. Clarke ; ce travail, exécuté avec un plein succès à deux reprises au pont de Conway pour deux tubes pesant environ chacun 1,300 tonnes, au pont de Britannia pour deux tubes de 140ᵐ pesant chacun environ 2,065 tonnes, présenta nécessairement d'immenses difficultés.

L'élévation de ces poids énormes exigea des appareils tout spéciaux et de dimensions inusitées. Mais nous croyons devoir renvoyer à l'ouvrage que nous venons de citer, où cette opération se trouve décrite par l'auteur de manière à exciter un profond intérêt.

On trouvera plus loin, dans l'historique de la construction du pont d'Asnières, la description du levage de ce pont. Ce travail, quoique d'une apparence plus modeste, présentait pourtant dans un autre ordre des difficultés considérables.

Il s'agissait, en effet, de substituer à un pont en bois portant trois voies et servant à la fois de viaduc pour le chemin de fer et de pont de service pour le nouvel ouvrage un pont métallique à quatre voies, sans interrompre le service sur aucune des voies existantes, avec un trafic représentant une moyenne de sept à huit trains par heure.

Les problèmes à résoudre ne présentent pourtant pas toujours d'aussi grandes difficultés. Le levage de ponts à petite portée peut se faire simplement au moyen de treuils, par une méthode analogue à celle qui a été employée au pont de Britannia. Mais il faut nécessairement, dans ce cas, que les poutres aient toujours au moins la longueur d'une travée. Cette condition, qu'il est toujours facile de remplir lorsqu'on établit sur le lieu même de l'ouvrage un chantier spécial pour sa construction, n'est plus réalisable lorsqu'il faut transporter le pont pièce par pièce d'un atelier éloigné jusqu'au lieu du montage. Il devient, en effet, nécessaire dans ce cas de fractionner les poutres par longueurs qui les rendent transportables. C'est alors que l'établissement d'un pont de service peut devenir utile. Cependant, bien que ce moyen de levage ait été adopté fréquemment, même pour des ouvrages importants, comme pour le pont de Langon, par exemple, nous pensons que l'emploi de ces constructions provisoires et coûteuses n'est en réalité que rarement justifié. D'abord l'exemple du pont d'Asnières est un cas tout à fait spécial et en dehors de cette discussion, puisque le pont de service avait été construit pour livrer passage au chemin de fer pendant plusieurs années, et qu'en conséquence il était très-rationnel de s'en servir pour le montage du pont en tôle. De plus, même dans l'hypothèse de la construction des poutres métalliques par portions de faible longueur, il n'est pas indispensable de réunir ces tronçons sur un pont de service construit à cet effet. Il paraît, au contraire, bien plus simple de terminer ce travail, soit sur la berge, dans un chantier préparé à cet effet, et qui sera toujours infiniment plus commode que le pont de service, et dans ce cas d'élever les poutres sur les piles par longueur d'une travée, soit de terminer les poutres sur la culée même, et de les faire glisser ensuite à leur place. Dans ce dernier cas, il n'est nécessaire de construire que quelques palées provisoires, toujours infiniment moins dispendieuses que le pont de service complet. Nous ajouterons que les ponts de service présentent d'assez nombreux inconvénients; d'abord, au point de vue du montage, ils subissent des tassements inégaux et considérables qui forcent à changer le calage des poutres, et à une attention soutenue pour les river exactement dans la position respective qu'elles doivent occuper. En outre, à moins de grandes dépenses d'établissement, ces ponts, qui embarrassent la section d'écoulement des eaux, sont exposés à être emportés par les grandes crues.

L'usage des ponts de service pour le montage des ponts en tôle semble avoir été introduit par l'habitude des ponts en pierre; mais il est facile de voir que les conditions de ces deux genres d'ouvrages sont essentiellement différentes. Le pont en pierre se compose de matériaux de petites dimensions, qu'il est nécessaire de supporter individuellement jusqu'au moment de l'achèvement complet de l'arche. Le pont en tôle, au contraire, quel que soit son système, peut toujours présenter

une forme, soit droite, soit arquée, mais offrant une résistance suffisante pour être amenée à sa place d'une seule pièce et se soutenir sans
aucun secours. Si donc le pont de service est indispensable dans le
premier cas, son emploi n'est nullement justifié dans le second.

Les deux méthodes de levage sans pont de service, dont nous venons
de parler, sont donc fondées sur la propriété caractéristique de ces
ponts. Toutes deux exigent que les poutres soient amenées avant le
montage à la longueur d'une travée, afin de pouvoir se supporter par
elles-mêmes. Ce principe admis en général, on n'aura donc à hésiter
qu'entre celle de ces deux méthodes dont l'application sera la plus
simple. Pour les ponts composés d'un petit nombre d'arches de très-
grande portée, on peut dire que la meilleure méthode de levage sera
d'enlever les tubes par longueur d'une travée, comme aux ponts de
Britannia, de Chepstow, etc. Si, au contraire, les poutres étaient composées d'un grand nombre d'arches de petites dimensions, il semble-
rait plus rationnel, à cause du secours qu'on peut obtenir des piles
comme soutien, de tirer les poutres de la culée horizontalement sur
des rouleaux. Ce dernier moyen, lorsqu'il est praticable, peut nécessiter une dépense de force moins considérable et des appareils beaucoup plus simples que le premier.

En résumé, on peut dire que, dans presque toutes les circonstances,
un pont en tôle peut être monté sans pont de service; qu'il sera toujours avantageux d'éviter toutes constructions provisoires en rivières
autres que quelques palées, dont on peut encore restreindre beaucoup
l'importance.

Les remarques qui précèdent et le détail du levage du pont d'Asnières et de Langon suffiront à donner une idée de l'importance de
cette opération dans les circonstances les plus diverses qui peuvent se
présenter. De plus longs détails sur les appareils qui servent dans ce
genre de travaux, et qui sont connus de tout le monde, ne présente-
raient aucun intérêt.

§ II. — DES FONDATIONS

Les ponts en tôle sont surtout destinés à franchir de grandes portées. Comme il n'est que rarement économique de s'imposer cette dernière condition sans nécessité, on conçoit que l'exécution d'un pont en tôle se trouvera souvent liée à des difficultés de fondation plus ou moins considérables. C'est à ce point de vue que nous avons cru devoir dire quelques mots de méthodes nouvelles qui se répandent beaucoup en Angleterre, et semblent de nature à écarter la plupart des difficultés, et surtout des incertitudes qui accompagnent ces travaux.

Les principales méthodes pour les fondations au-dessous du niveau de l'eau employées communément, chacune suivant les circonstances particulières de l'ouvrage, sont les bâtardeaux, les caisses étanches à deux parois, les caisses étanches à une paroi, les plates-formes. Tout le monde connaît les difficultés qui sont présentées par chacun de ces procédés, dont l'inconvénient le plus grave est d'ouvrir toujours une porte à l'imprévu dans une rivière difficile. Un grand nombre de circonstances peuvent, en effet, influer sur le succès et la durée de ces travaux, telles que les affouillements, les crues, etc. On a proposé, dans ces derniers temps, un assez grand nombre de procédés nouveaux, dans le but de perfectionner les anciennes méthodes.

Le principe de la plupart de ces perfectionnements a été l'introduction de la vapeur, comme force mécanique, à l'enfoncement des pieux; et cette idée, fort simple d'abord, a subi elle-même de remarquables modifications.

L'application la plus simple de la vapeur au battage des pieux a été la substitution de la sonnette à vapeur à la sonnette à tiraude ou à déclic. Cette invention, qui économise beaucoup de temps dans cette longue opération, est due à M. Nasmith.

En 1833, M. Mitchell s'appliqua à faciliter l'enfoncement du pieu dans le sol, en remplaçant le sabot ordinaire par une vis à laquelle il donna successivement différentes formes. Pour enfoncer ce pieu, on le faisait tourner au moyen de barres horizontales appliquées à la partie supérieure, ou au moyen d'une corde enroulée. Ce procédé a été employé à des fondations de jetées et de phares, et paraît avoir réussi. Il semble pourtant présenter quelques inconvénients, dont le plus grave est la difficulté de s'assurer d'une manière bien positive si le pieu est enfoncé à refus.

L'usage de plus en plus répandu du métal en Angleterre, les inconvénients résultant de la rapide destruction des bois par les tarets dans les eaux saumâtres, et particulièrement dans la Tamise, a conduit à l'emploi de la fonte pour remplacer les pieux et les palplanches; la première application de ce système a été faite avec succès par MM. Page et Mellaw au pont de Chelsea, sur la Tamise. Les pieux sont des demi-cylindres en fonte terminés par deux rainures, dans lesquelles viennent glisser les nervures correspondantes des palplanches. Ce pont est fondé sur deux piles de 26^m,23 de longueur sur 5^m,80 de largeur, terminées à leurs extrémités par des avant et arrière-becs demi-circulaires. Les pieux, espacés de 2^m,14, ont été enfoncés dans le sol de 4^m,88; les palplanches, de 3^m,05. Tout le système d'une pile était en place avant qu'on ne commençât le battage, qui était effectué au moyen d'une sonnette à déclic; le poids du mouton était d'une tonne.

L'enfoncement de chaque pieu exigeait de une à deux semaines; la fondation d'une pile dura dix mois.

Le docteur Potts proposa ensuite, au lieu d'agir sur le pieu pour en déterminer l'enfoncement, d'agir directement sur le terrain, et à cet effet il imagina l'emploi de pilots métalliques creux, dans l'intérieur desquels il faisait le vide, et qui devaient dès lors s'enfoncer par l'effet de la pression atmosphérique.

Cette idée reçut une application intéressante à la construction du viaduc du chemin de fer de Holyhead, dans l'île d'Anglesey. La pile de ce viaduc est construite sur dix-neuf pilots reliés par un chapeau portant la maçonnerie : chaque pilot est un cylindre creux en fonte, de $0^m,355$ de diamètre extérieur, et de $0^m,318$ de diamètre intérieur. Sur le chapeau se trouve une sorte de tubulure sur laquelle vient s'adapter un tuyau recourbé communiquant avec des pompes pneumatiques. Ces pilots étaient guidés par des échafauds provisoires, et pendant le jeu des pompes, descendaient en moyenne de $0^m,685$ par $1'$. Lorsque les pilots étaient enfoncés de $3^m,66$ dans le sol, on les vidait et on les remplissait de béton.

Ces fondations, exécutées en 1847, n'ont éprouvé aucun tassement.

Il est assez difficile de vider le pieu lorsqu'il est plein avant qu'il n'ait atteint sa profondeur définitive. Pour faciliter cette opération, on a imaginé de placer dans l'intérieur du tube un autre tube creux muni à la partie inférieure d'un clapet pour vider le pilot; il suffit alors d'enlever le tube intérieur.

Malgré l'opinion de l'auteur de cette ingénieuse méthode, qui a prétendu la généraliser, il semble qu'elle ne peut être appliquée avec avantage qu'à des terrains de vase, de sable ou de gravier fin et homogène.

Ce n'est qu'en 1851 que MM. Fox et Henderson, propriétaires du brevet du docteur Potts, en essayèrent l'emploi à la construction du pont de Rochester, et, par une importante modification, arrivèrent à une méthode de fondation qu'on peut regarder comme générale, et présentant sur tous les autres modes des avantages incontestables de sécurité, de rapidité, et, dans beaucoup de cas, d'économie.

Le pont de Rochester est placé sur le Medway, et se compose de trois arches : celle du milieu a $55^m,25$ d'ouverture, et les deux autres $45^m,50$. Chacune des piles a $5^m,388$ de largeur sur $21^m,350$ de longueur; elles

sont supportées chacune par quatorze pilots cylindriques en fonte de
2^m,135 de diamètre.

Ces cylindres sont composés d'anneaux superposés et réunis par
de fortes brides boulonnées. Un échafaudage était destiné à les guider
dans leur descente, et toutes les dispositions prises pour employer la
méthode du docteur Potts. Les choses en étant à ce point, au lieu de
rencontrer de la vase et du sable, comme les sondages paraissaient l'indiquer, on tomba sur l'emplacement d'un ancien pont, et le sol de la
rivière se trouva jusqu'à une certaine profondeur embarrassé de débris
de toute nature.

En présence de ces difficultés, M. Hughes, ingénieur des travaux, imagina de se servir d'une méthode dont l'idée première appartient à
MM. Triger, Cavé et Mougel, qui, substituant au vide l'air comprimé,
permet de travailler au fond du cylindre, et par conséquent d'enlever
les obstacles qui s'opposent à son enfoncement. Cette méthode avait
déjà reçu une application heureuse lors du percement de quelques
puits des mines de la Loire.

La modification à faire subir au système était facile, il fallait trans-
former les pieux en cloches à plongeur, et, à cet effet, on prépara une
tête de cylindre pouvant servir de chambre d'équilibre.

L'adoption de ce mode de travail nécessita la modification des échafauds, il fallut les faire plus forts, et préparer un contre-poids capable
de déterminer l'enfoncement du cylindre que la pression intérieure de
l'air tendait à soulever.

Le travail de cet appareil est excessivement simple, les hommes
placés au fond du cylindre enlèvent intérieurement la terre, en sorte
que le cylindre descend absolument comme une trousse coupante; un
treuil placé à la partie supérieure du cylindre est employé à l'enlèvement des bennes que la chambre d'équilibre permet de faire
sortir sans que la pression diminue sensiblement dans le cylindre.
Cette tête de cylindre se démonte pour y ajouter un anneau inter-

médiaire, lorsque l'enfoncement du pieu rend cette opération nécessaire.

On avait pensé que le terrain ambiant serait toujours assez poreux pour permettre sous l'action de l'air comprimé la sortie de l'eau par la partie inférieure du cylindre. Ce fait ne se produisit pourtant pas, et il devint nécessaire de placer dans l'intérieur du cylindre un tube en forme de siphon, dont la partie supérieure remontait au niveau de l'eau de la rivière. Il ne restait alors jamais au fond du cylindre qu'une lame d'eau très-mince, et qui ne nuisait en rien au travail.

Le seul point défectueux de ce travail a été le contre-poids fixe dont la manœuvre n'était pas commode, et qui a déterminé des enfoncements un peu irréguliers pour les cylindres. Ce contre-poids s'est élevé jusqu'à 40 tonnes, et a nécessité des échafaudages excessivement coûteux.

L'enfoncement de 1 mètre de pilots de $2^m,13$ de diamètre a duré en moyenne neuf heures, et celui de 1 mètre de pilots de 1,83 de diamètre a duré six heures.

Lorsque le cylindre est arrivé à sa profondeur définitive, on peut l'emplir de béton et faire reposer la pile sur sa surface, ou mieux, la monter tout entière en maçonnerie, ce que permet l'absence de l'eau.

Cette méthode de fondation reçoit en ce moment plusieurs autres applications; à Rochester encore, et pour un pont de chemin de fer, la méthode suivie a été la même qu'au premier pont. Une seule modification a été apportée, c'est dans le mode d'enlèvement des terres. La chambre d'équilibre est traversée par deux tubes verticaux, qui mettent en communication l'intérieur du cylindre avec l'air extérieur. Les terres sont chargées dans des seaux munis d'un piston en caoutchouc pouvant fermer hermétiquement les tubes, et traversés d'une tige qui permet de les attacher les uns aux autres au moyen d'une douille et d'une clavette. L'une des rangées de seaux est animée d'un mouvement ascensionnel, tandis que l'autre descend. On retire alors le seau plein à la partie supérieure, et on en remet un vide à l'autre colonne, tandis qu'on fait l'opération inverse au fond du cylindre. Cette disposition évite les pertes de temps résultant de la manœuvre intermédiaire de la chambre d'équilibre.

La description de cette méthode suffit à faire comprendre qu'elle a sur toutes les autres les avantages que nous avons annoncés. On ne peut guère reprocher aux applications que nous venons de décrire que trois imperfections sérieuses et auxquelles il est facile de remédier.

La première est, à notre avis, l'emploi d'un trop grand nombre de pilots.

Il est évident, en effet, que la durée et la difficulté de l'opération augmente beaucoup avec le nombre des pilots, puisqu'il est nécessaire de monter et de démonter un plus grand nombre de fois la tête du cylindre, ce qui est la partie la plus longue de ce travail. Il serait préférable de former les piles de deux ou trois cylindres seulement, d'un diamètre beaucoup plus considérable. M. Brunel est largement entré dans cette voie au pont de Saltash, en employant des tubes de 11^m,30 de diamètre; il a en outre apporté à cette méthode une autre modification très-ingénieuse, qui a pour but de diminuer l'importance du travail effectué dans l'air comprimé. Il a employé, à cet effet, un second cylindre concentrique au premier, et d'un diamètre moindre, de manière que l'espace compris entre les deux cylindres permette à un homme d'y travailler. On s'est alors contenté d'enlever les terres comprises entre ces deux cylindres, et lorsqu'ils sont arrivés au roc, l'espace annulaire a été rempli de béton, et le cylindre de terre enfermé dans le cylindre intérieur a été enlevé ensuite à l'air libre.

Après la construction de la pile, le cylindre extérieur a pu être lui-même retiré. Dans ce cas particulier, le tube devait pénétrer une grande profondeur d'eau et une faible épaisseur de terrain pour arriver au roc, en sorte qu'il n'a pas été nécessaire de donner au tube intérieur la même hauteur qu'au tube extérieur. Il a suffi de le recouvrir d'une double calotte sphérique destinée à maintenir la compression de l'air ; la chambre d'équilibre était placée dans l'espace annulaire compris entre les deux cylindres. Cette disposition très-remarquable présente un avantage qui doit être transporté dans la méthode générale ; il résulte de la position de la chambre d'équilibre à la partie inférieure du tube, qui dispense de déplacer cette chambre toutes les fois qu'il est nécessaire d'ajouter un anneau ; c'est une manœuvre longue et difficile de moins.

La seconde objection est la difficulté et la cherté de l'échafaudage en rivière, qui, même dans certains cas, peut être tout à fait impossible.

La troisième est la difficulté de la manœuvre du contre-poids.

M. Nepveu a proposé une solution à ces deux dernières difficultés. Le principe de ce perfectionnement consiste à remplacer le contre-poids fixe et l'échafaudage par des bateaux à réservoirs d'air et d'eau, pouvant flotter et servir d'un contre-poids facile à régler. Pour la fondation d'une pile à trois cylindres de 3^m de diamètre, l'appareil complet se composerait de quatre bateaux en tôle de $13^m,50$ de longueur sur $4,90$ de largeur et $4,25$ de hauteur, partagés en deux étages.

Ces bateaux seraient placés en rectangle, de manière à circonscrire l'espace occupé par la pile ; au-dessus de cet espace est établie une charpente reposant sur ces bateaux, destinée au service de l'enlèvement des terres, lequel se fait au moyen de treuils roulants. Un des bateaux porte deux machines d'environ vingt chevaux chacune, avec leurs chaudières.

Elles sont destinées : 1° à comprimer l'air dans les cylindres, 2° à fournir de l'eau aux réservoirs des bateaux, 3° à transporter sur la rivière tout le système avec les cloches, enfin à déterminer l'enfoncement des cylindres et des bateaux contre-poids.

A cet effet, deux puissantes presses hydrauliques sont fixées sur chaque cloche, de manière que le corps de pompe adhère avec elles. Un plongeur, dont la course est considérable, agit sur une poutre transversale

fortement reliée aux bateaux. La machine, envoyant de l'eau sous ce
plongeur, tendra à lui faire soulever les bateaux, et par réaction
à enfoncer le cylindre.

A cause du prix de la fonte en France, M. Nepveu a proposé également
ment l'emploi du bois dans la construction de ces cylindres.

Cette méthode, qu'on peut regarder comme une amélioration réelle
du procédé employé à Rochester, ne présenterait qu'un inconvénient,
c'est la cherté du premier établissement, mais il disparaîtrait si l'appareil
pareil pouvait servir à la construction de plusieurs ouvrages.

Quoi qu'il en soit, et en mettant même de côté ces procédés nouveaux,
on doit regarder l'emploi du métal dans les fondations, et surtout de
l'air comprimé, comme une invention féconde. Il est donc probable
que ces méthodes se répandront rapidement en France, car il n'est pas
nécessaire, pour que leurs avantages soient appréciés, de les appliquer
dans des cas de difficultés spéciales ; la plus grande sécurité et l'économie
nomie considérable de temps qu'elles offrent, doivent les faire adopter
pour la construction d'un grand nombre d'ouvrages placés dans des
circonstances ordinaires.

TROISIÈME PARTIE.

CHAPITRE I.

APPLICATION DES FORMULES GÉNÉRALES AU CALCUL DES PONTS A UNE, DEUX, TROIS, QUATRE ET CINQ TRAVÉES. — EXEMPLES.

§ 1ᵉʳ. CALCUL D'UN PONT A UNE TRAVÉE.

Les poutres d'un pont à une seule travée peuvent se trouver dans deux circonstances bien distinctes. Elles peuvent être simplement posées sur leurs appuis, ou encastrées sur ces appuis. Nous allons examiner successivement ces deux cas.

Poutre reposant sur deux appuis. — Soit (*fig.* 96) l la lon-

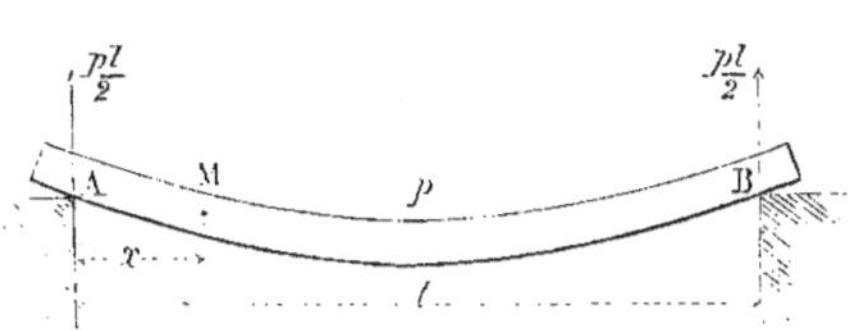

Fig. 96.

gueur de la poutre, p le poids uniformément réparti par mètre courant sur toute la longueur; si nous prenons les moments par rapport à un point M quelconque, nous aurons :

$$(1) \quad \frac{RI}{V} = \frac{\varepsilon d^2 y}{dx^2} = \frac{px^2}{2} - \frac{plx}{2} = \frac{px}{2}(x-l).$$

26

Cette équation montre que le moment de rupture est nul pour $x=o$ et $x=l$, qu'il va en augmentant à mesure que x croît et qu'il atteint son maximum pour $x=\dfrac{l}{2}$, car la somme des deux facteurs x et $l-x$ est constante et égale à l.

Cette équation permettra donc de déterminer les valeurs de I pour chaque point de la courbe.

Pour trouver les flèches, il suffit d'intégrer deux fois l'équation (1), on obtiendra :

$$(2) \quad \frac{\varepsilon dy}{dx} = \frac{px^3}{6} - \frac{plx^2}{4} + \mathrm{A}$$

$$(3) \quad \varepsilon y = \frac{px^4}{24} - \frac{plx^3}{12} + \mathrm{A}x + \mathrm{B}.$$

B est nul, car pour $y=o$, $x=o$ et pour déterminer A, nous écrirons que la courbe passe par le point B, c'est-à-dire, que dans l'équation (3), pour $x=l$, $y=o$, il viendra :

$$\frac{pl^4}{24} - \frac{pl^4}{12} + \mathrm{A}l = o, \text{ d'où : } \mathrm{A} = \frac{pl^3}{24}.$$

L'équation qui donnera les flèches sera donc :

$$(4) \quad \varepsilon y = \frac{px^4}{24} - \frac{plx^3}{12} + \frac{pl^3}{24}\,x.$$

et pour obtenir la flèche maxima f, il faut y faire $x=\dfrac{l}{2}$, ce qui donnera :

$$(5) \quad \varepsilon f = \frac{pl^4}{16.24} - \frac{pl^4}{8.12} + \frac{pl^4}{2.24}, \text{ d'où : } f = -\frac{5pl^4}{384\varepsilon}$$

Recherche de la courbe des moments maximum dans le cas où la surcharge varie de position. — Nous avons supposé que le poids p était uniformément réparti sur toute la longueur de la poutre ; mais cette hypothèse ne peut pas toujours être admise. La poutre peut être soumise à l'action de surcharges uniformément réparties, mais occupant des longueurs variables, et la courbe des moments de rupture que nous cherchons est, dans ce cas, celle dont les ordonnées représentent le plus grand effort que chaque point ait à supporter lorsque la surcharge s'avance sur la poutre. Il est intéressant de vérifier si l'équation (1) représente une courbe de moments plus considérables en chaque point que ceux que produirait une charge p, la même par mètre courant, mais ne s'étendant que sur une certaine longueur de la travée, et si, bien que la plus grande valeur du maximum du moment de rupture soit certainement produite au milieu de la poutre par la charge complète sur toute sa longueur, il n'est cependant pas, pour les points intermédiaires tels que M (*fig.* 97), une position de la surcharge qui donne une plus grande valeur du moment de rupture.

Supposons donc une poutre AC (*fig.* 97); soit l' la longueur de la por-

Fig. 97.

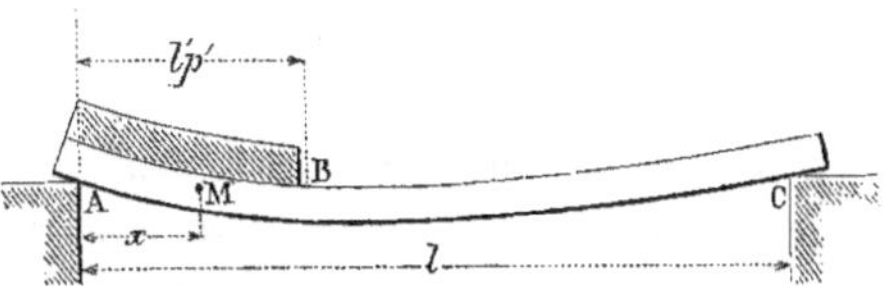

tion de la pièce chargée du poids p' par mètre; pour l'équilibre d'un point M placé dans la courbe AB, nous aurons :

$$\frac{\varepsilon d^2 y}{dx^2} = \frac{p' x^2}{2} - \frac{p' l'}{l}\left(l - \frac{l'}{2}\right) x.$$

Si nous voulons trouver quelle est la valeur de l' qui, pour chacun des points M, donnera la plus grande valeur de $\frac{\varepsilon d^2 y}{dx^2}$, il suffit de considérer x comme constant, de différentier l'équation par rapport à l', et d'égaler la différentielle à o, il vient ainsi : $l = l'$; par conséquent, dans le cas particulier d'une poutre reposant simplement sur deux appuis, l'équation (1) est en même temps l'équation de la courbe des moments maximum, quelle que soit la longueur l' de la charge p' par mètre courant.

Quant à la construction de cette courbe, elle n'offre aucune difficulté: c'est une parabole dont l'axe est vertical, qui passe par les points A et C (*fig.* 98), dont le sommet S est à une distance du point B égale à $\frac{pl^2}{8}$, comme on le trouve en faisant $x = \frac{l}{2}$ dans l'équation (1). On pourra en construire autant de points qu'on le voudra, sachant que son foyer est à une distance de ce sommet S, égale à $\frac{1}{2p}$. En général, il est plus simple de la construire en calculant directement quelques points d'une moitié, que l'on reporte symétriquement sur l'autre.

Fig. 98.

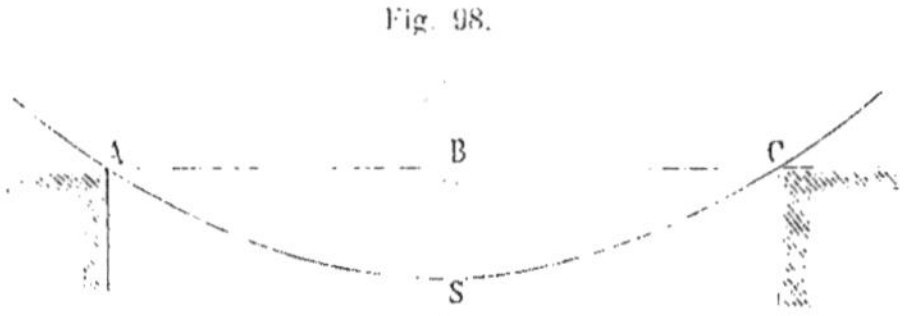

Nous verrons plus loin, et une fois pour toutes, l'usage qu'on doit faire de cette courbe pour déterminer les dimensions de la pièce; il est le même pour les deux cas que nous examinons en ce moment.

Recherche des moments maximum dans l'hypothèse de poids discontinus. — Nous avons dit, chap. IV de la première partie, que pour des ponts à une seule travée et de faibles dimensions, on ne pouvait supposer que la poutre fût soumise à l'action de surcharges uniformément réparties sur toute la longueur sans se placer dans des conditions beaucoup plus favorables que celles qui seront réalisées en pratique. Il est nécessaire de donner à ce sujet quelques détails.

Nous chercherons d'abord la courbe des moments maximum dans le cas d'une surcharge unique P égale à $\frac{pl}{2}$ et variant de position. Dans ce cas, la courbe des moments maximum est la même que celle de l'équation (1).

Nous prouverons d'abord que pour un point autre que le point d'application du poids P, le moment est moindre que celui donné par l'équation (1).

En effet, on aura pour tous les points situés entre P et A (*fig. 99*), en appelant z, la distance de P à l'origine des coordonnées :

$$\varepsilon\frac{d^2 y}{dx^2} = -\,\mathrm{P}\frac{(l-z)}{l}x = -\,\frac{p}{2}(l-z)\,x.$$

Fig. 99.

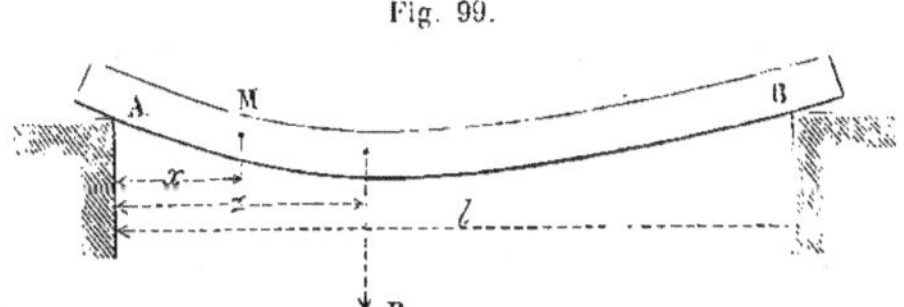

Il faut, en changeant les signes pour rendre les moments positifs, que l'on ait :

$$\frac{px}{2}(l-z) \lesseqgtr \frac{px}{2}(l-x),$$

d'où : $x \lesseqgtr z$, ce qui est évident.

Pour tous les points compris entre P et C on a :

$$\varepsilon\frac{d^2 y}{dx^3} = -\,\mathrm{P}\frac{(l-z)}{l}x + \mathrm{P}(x-z) = -\,\frac{p}{2}(l-z)x + \frac{pl}{2}(x-z).$$

Il faut que $\dfrac{px}{2}(l-z) - \dfrac{pl}{2}(x-z) \lesseqgtr \dfrac{px}{2}(l-x)$,

ou $-\,xz - lx + lz \lesseqgtr -\,x^2$,

d'où $z(l-x) \lesseqgtr x(l-x)$,

d'où $z \lesseqgtr x$, ce qui est évident.

Maintenant, si on pose $z = x$, c'est-à-dire si l'on cherche la courbe des moments de rupture produits en chaque point, au moment où la charge passe dessus, on a :

$$\frac{\varepsilon d^2 y}{dx^2} = - \mathrm{P}\frac{l-x}{l}x = \frac{px}{2}\,(l-x),$$

Valeur identique à celle de l'équation (1), la courbe des moments de rupture est donc représentée par la même parabole. Il n'en est pas de même pour les courbes des flèches maximum, qui sont complétement différentes, comme on l'a vu dans le chapitre traitant de la charge en mouvement.

Lorsqu'une poutre est chargée de plusieurs poids discontinus, le maximum du moment de rupture se trouve toujours à l'un des points d'application de ces poids et varie suivant une proportion arithmétique dans tout l'intervalle qui le sépare du point d'application suivant. On vérifiera facilement cette proposition en établissant l'équation d'équilibre d'une poutre placée dans ces conditions.

En supposant un pont chargé d'une suite de locomotives dont les essieux moteurs porteraient 15 tonnes et les autres 13 tonnes, la distance des essieux étant de $2^m,30$ pour une même locomotive, et de $4^m,10$ entre les essieux de deux locomotives successives, on peut facilement calculer le moment maximum résultant de la position la plus défavorable de ces poids discontinus et les surcharges uniformes qui donneraient le même moment. Les chiffres sont consignés dans le tableau suivant :

PORTÉES.	MAXIMUM des MOMENTS DE RUPTURE.	POIDS PAR MÈTRE COURANT DE VOIE, qui donneraient les mêmes moments.
2 m.	8.000	16.000 k.
3	12.000	10.666
4	16.000	8.000
5	21.350	6.832
6	31.600	7.022
7	41.850	6.833
8	52.100	6.513
9	62.350	6.158
10	72.600	5.808
12	93.180	5.177
15	138.150	4.912
20	241.400	4.828

Il n'est à peu près indifférent de calculer un pont, en le considérant comme chargé d'un poids uniforme, par mètre courant et égal à 4,500^k en plus du poids propre du pont, que pour des portées de 20 à 25 mètres environ et au delà.

Dans ces calculs, on n'a pas tenu compte du poids propre de la poutre; il faut encore remarquer que ce poids, uniformément réparti sur toute la longueur et qui augmente avec elle, tend à rapprocher les valeurs totales des poids par mètre courant à introduire dans le calcul.

Poutre encastrée à ses deux extrémités. — Nous avons dit qu'une poutre était encastrée lorsqu'elle était soumise sur ses points d'appuis à un moment tendant à modifier la valeur de la tangente de l'angle que fait avec l'horizontale l'élément de la poutre au-dessus du point d'appui. Généralement on applique le mot d'encastrement au cas particulier où cet angle est nul, c'est-à-dire où la tangente est horizontale. Il est facile de déterminer dans ce cas l'équation des moments de rupture, ainsi que la valeur du moment qui produit l'encastrement.

Fig. 100.

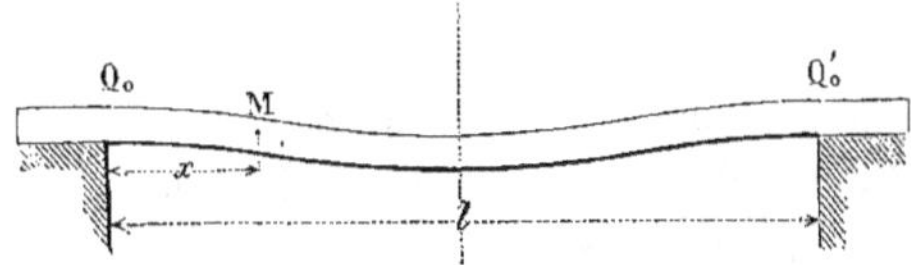

Soit en effet (*fig.* 100) p la surcharge par mètre courant et uniformément répartie sur la poutre, soit Qo la valeur du moment d'encastrement; écrivons l'équilibre d'un point M quelconque dont l'abscisse est x, nous aurons :

$$(1) \quad \frac{\varepsilon d^2 y}{dx^2} = \frac{px^2}{2} - \frac{plx}{2} + Q_0 .$$

En intégrant, il viendra : $\dfrac{\varepsilon dy}{dx} = \dfrac{px^3}{6} - \dfrac{plx^2}{4} + Q_o x$, la constante est nulle d'après l'hypothèse, et on a également, en faisant $x = l$,

$$(2) \quad o = \frac{pl^3}{6} - \frac{pl^3}{4} + Q_o l, \text{ d'où :}$$

$$Q_o = \frac{pl^2}{12}.$$

En substituant dans (1), on aura :

$$(3) \quad \frac{\varepsilon d^2 y}{dx^2} = \frac{p}{2}\left(\left(\frac{l}{2} - x \right)^2 - \frac{l^2}{12} \right).$$

Cette équation représente une parabole dont le sommet a pour ordonnées $x = \dfrac{l}{2}$ et $y = -\dfrac{pl^2}{24}$; elle coupe l'axe des x en deux points symétriques par rapport à l'axe de la pièce, qui sont données par l'équation $\left(\dfrac{l}{2} - x \right)^2 - \dfrac{l^2}{12} = o$, d'où :

$$x = \frac{l}{2} \pm \frac{l}{\sqrt{12}} = 0{,}212\, l.$$

Ces deux points s'appellent points d'inflexion, parce que la courbure et les moments de rupture sont nuls en ces points et qu'ils y changent de signes. Le maximum de $\dfrac{d^2 y}{dx^2}$ a lieu pour $x = \dfrac{l}{2}$; les deux points d'inflexion sont donc placés, de part et d'autre du maximum, à des distances égales, et c'est une loi générale, quel que soit le nombre des travées d'une poutre et le mode de répartition de la surcharge sur chacune de ces travées. C'est une conséquence de la verticalité de l'axe de toutes les paraboles des moments [1]. La portion de poutre comprise entre les points d'inflexion est absolument dans les mêmes conditions que si elle était posée simplement sur ces points; cela résulte de ce que nous avons d'ailleurs déjà dit dans la première partie,

[1] Voir page 41.

que la parabole des moments de rupture est indépendante de la longueur de la pièce, et ne dépend que du poids uniformément réparti.

L'équation (1) indique pour ces deux points des dimensions nulles. Dans le cas où la poutre n'a à supporter qu'une surcharge invariable de position, la seule considération qui détermine sa section en ces points est l'effort tranchant. Il est facile d'en trouver la valeur.

Effort tranchant. — Considérons un point M de la poutre (*fig.* 101); remplaçons la partie BM par sa réaction verticale F, et écrivons que la somme algébrique des projections verticales des forces est nulle, nous aurons :

$$F - px + \frac{pl}{2} = o. \quad F = p\left(x - \frac{l}{2}\right).$$

Fig. 101.

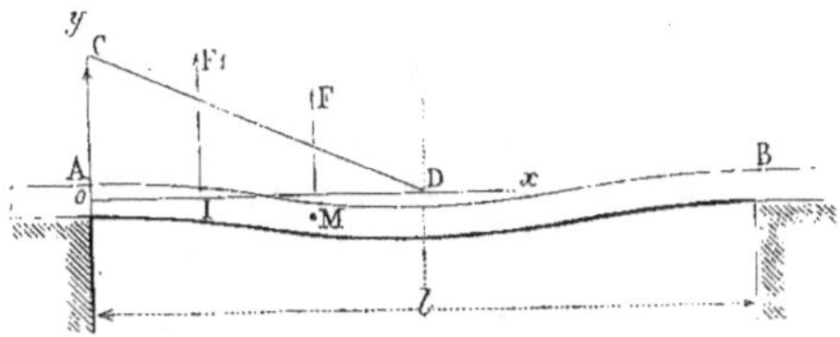

Détermination de la section aux points d'inflexion. — Cette expression donne la valeur de F pour un point quelconque de la poutre. On voit que la valeur maxima a lieu pour $x = o$ et que cet effort est nul pour $x = \frac{l}{2}$; on peut donc le représenter par les ordonnées d'une droite telle que CD. Il est clair en effet qu'en ce point la résultante des actions élémentaires est horizontale [1]; il faut donc qu'au point d'inflexion I, nous ayons une section S de métal capable de résister à l'effort représenté par F_1, c'est-à-dire, que l'on ait : $F_1 = RS$.

[1] Voir page 45.

Mais généralement la question ne sera pas aussi simple, car les surcharges n'étant pas uniformes, les points d'inflexion changeront de position, et le point I sera soumis à un moment de rupture dont il faudrait connaître le maximum pour déterminer la section qu'il est convenable d'adopter en ce point.

Le meilleur moyen pour sortir d'incertitude sera alors de faire quelques hypothèses sur la position des surcharges. On supposera que la poutre est chargée seulement sur le quart, la moitié, les trois quarts de sa longueur, et on établira les équations d'équilibre pour ces cas. Au moyen de ces équations on construira les courbes des moments de rupture correspondantes, et l'enveloppe de toutes ces courbes déterminera avec une exactitude suffisante la valeur du moment maximum au point I. C'est du reste la méthode employée pour les ponts à plusieurs travées.

Mais il importe de bien remarquer que les exemples de ponts encastrés par leurs extrémités ne se rencontreront, en pratique, que fort rarement, et dans tous les cas, toujours sur une très-petite échelle ; la force nécessaire pour produire l'encastrement de la poutre est toujours très-considérable relativement au poids supporté, à moins qu'on ne prolonge beaucoup la poutre au delà de l'appui, et dans ce cas on perd complétement le bénéfice de l'encastrement.

On pourrait du reste rechercher encore ici directement la courbe des moments de rupture maximum, mais nous ne donnerons pas le détail de ce calcul assez long et de peu d'utilité. Voici pourtant la marche qu'il faudrait suivre, si on tenait à se servir de la méthode rigoureuse :

Soit AB (*fig.* 102) une poutre encastrée à ses extrémités ; soit l' la longueur d'un train engagé sur la poutre ; p' le poids par mètre du train ; p, le poids par mètre de la poutre. Cherchons quelle est la valeur de l' qui donne l'effort maximum, pour un point quelconque M. Nous écrirons pour cela l'équation d'équilibre de la pièce en fonction de l' et nous déterminerons les moments Q_o et Q'_o comme plus haut, en sorte que nous arriverons à la valeur de $\dfrac{\varepsilon d^2 y}{dx^2}$ exclusivement en fonction de l' de x, de p et de p'. Si maintenant nous considérons un point M

Fig. 102.

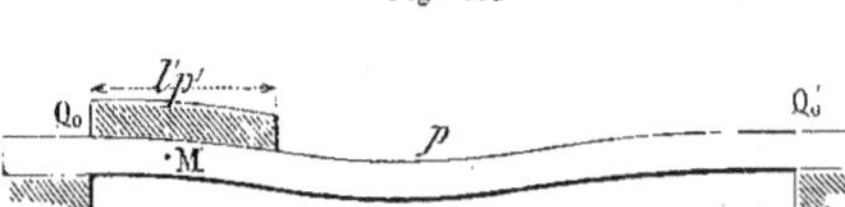

quelconque, la valeur de l' qui donnera pour ce point le plus grand moment de rupture sera celle qui rendra maximum le second membre de l'équation. Cette valeur de l' s'obtiendra donc en différentiant le second membre de l'équation et en égalant cette différentielle à o. On aura ainsi une relation entre l' et x, qui pour chaque valeur de x conduira à une valeur de l', qui transportée dans l'équation des moments donnera le plus grand effort que puisse supporter le point considéré. Il se présentera seulement une difficulté qui consiste en ce que l'équation en l' et x sera d'un degré élevé en l' et ne pourra pas être résolue autrement que par approximations successives. Mais nous répétons que ces calculs, qui deviennent inextricables pour des ponts à plusieurs travées, doivent être considérés aussi comme inutiles en pratique, pour le cas qui nous occupe; la marche que nous avons indiquée précédemment suffit à obtenir toute l'approximation qu'on peut désirer.

Nous n'avons pas cru devoir donner un exemple de l'application des formules qui précèdent au calcul d'un pont à une seule travée. Elles sont trop simples et trop connues pour mériter un plus long développement. On trouvera dans l'atlas les détails d'un pont de ce genre, et nous avons choisi pour exemple le pont biais de Clichy, sur le chemin de fer de Saint-Germain, dont la disposition générale est intéressante.

Nous avons dit plus haut qu'en vertu de la difficulté pratique que l'on trouve à encastrer des ponts d'une ouverture un peu considérable, ce système de pont ne pouvait jamais présenter qu'un très-petit nombre d'exemples. On doit à M. Clapeyron un moyen fort ingénieux de produire l'encastrement d'une poutre. Il existe sur le chemin de fer du Midi, sur le Ciron, un pont construit dans ce système, dont le principe est de produire le moment d'encastrement au moyen de la réaction horizontale des culées sur un retour d'équerre des poutres; le calcul d'un pont de ce genre est d'ailleurs très-simple.

Calcul des ponts encastrés de M. Clapeyron. — On peut considérer ce pont, dont le croquis est représenté par la *fig.* 103, comme une espèce d'arc soumis à un poids réparti uniformément, soit sur la longueur totale, soit sur une portion seulement de cette longueur, et à une réaction horizontale provenant de la résistance de la culée et passant par un point déterminé de la poutre.

On peut donc construire la parabole des pressions comme nous l'avons indiqué au chapitre V, Ire partie, et calculer chacune des sections de la poutre au moyen de cette parabole qui permet de déterminer le point de passage et la valeur des résultantes agissant sur chaque section; ce calcul se fera absolument comme celui d'un arc dans lequel la courbe des pressions sort de la section, c'est-à-dire, dans lequel les parties supérieure et inférieure d'une section verticale travaillent l'une à la compression et l'autre à la traction, ou réciproquement.

Comme il y a pourtant quelques différences entre les deux méthodes, différences qui tiennent à ce que les hypothèses ne sont pas tout à fait les mêmes, nous allons indiquer succinctement comment le problème peut se mettre en équation.

Soit ABDE le pont (*fig.* 103), l sa portée, p le poids par mètre courant uniformément réparti, A et B les points de passage des réactions des

culées. La courbe des pressions sera une parabole passant par les points
A et B, et dont l'équation rapportée aux axes ox et oy sera $y = ax^2$.

Fig. 105.

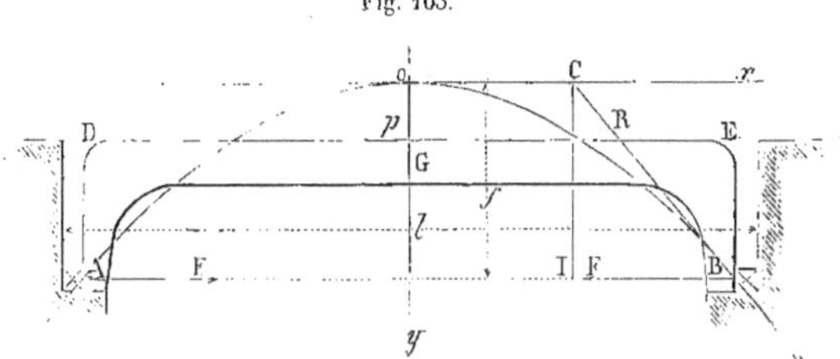

Elle passe par le point B dont les coordonnées sont $\frac{l}{2}$ et f, nous aurons :

$f = \frac{al^2}{4}$ d'où $a = \frac{4f}{l^2}$; l'équation de la courbe sera donc $y = \frac{4f}{l^2} x^2$. Si on

mène la dernière tangente à la parabole BC, $IB = \frac{l}{4}$ et dans le triangle

CIB dont les côtés sont proportionnels aux forces F, $\frac{pl}{2}$ et R, on a :

$$\frac{pl}{2} : F :: f : \frac{l}{4}; \quad \text{d'où } f = \frac{pl^2}{8F}.$$

La différence qui existe entre ce calcul et celui d'un arc ordinaire
est qu'au lieu de déterminer F par la condition que le point O, sommet
de la courbe des pressions, coïncide avec le milieu de la poutre G, on
détermine F par d'autres conditions, par exemple, en égalant le
moment de F à celui d'encastrement en A; il arrive alors généralement que la courbe sort de la poutre comme dans la figure ci-jointe,
et que, par conséquent, les deux nervures horizontales sont soumises
à des efforts de sens contraires, excepté dans la portion de la parabole
qui se trouve contenue dans la poutre; le reste du calcul s'achève absolument comme pour un arc. Pour le pont du Ciron, on a déterminé F
de manière que le moment de rupture au milieu de la poutre soit

sensiblement égal au moment des points D et E, et on a donné au retour d'équerre EB une longueur assez grande pour que F ne soit pas trop considérable, et pour diminuer la quantité de métal qu'on est obligé de mettre sur toute la longueur du pont pour résister à la compression que produit cette force.

Le calcul du pont du Ciron a été fait d'une manière toutegraphique. Nous donnons cette épure dans la gravure ci-jointe. ABCD représente la poutre intermédiaire du pont du Ciron. AME est la parabole des pressions dont l'équation est connue en fonction de F, résultante horizontale sur les culées; cette dernière force ayant été déterminée par la condition que la courbe des pressions coupe l'axe de la poutre rectifiée à peu près au quart de sa longueur, on a pu construire cette parabole. Il s'agit maintenant d'en déduire les dimensions de la poutre, ou, ce qui revient au même, les efforts supportés par une section transversale quelconque de la poutre sur les nervures supérieure et inférieure

Pour cela, considérons d'abord l'axe de la poutre et remarquons que la compression qui a lieu au point C, et la tension en D sont deux forces parallèles de sens contraire, et qui ont pour résultante la force F, dont nous connaissons la valeur et le point de passage. Il s'ensuit que si nous prenons DS proportionnel à la face F, et que nous joignions SC, cette ligne prolongée coupera la ligne ER, de manière que la ligne ER soit égale à la tension appliquée en D (ce qui résulte de l'égalité des moments de deux forces parallèles par rapport au point d'application de leur résultante), et la compression en C sera représentée par la somme des deux lignes DS et RE. Cette construction très-simple, appliquée à toutes les sections comprises depuis C jusqu'en T, pour lesquelles la courbe des pressions est en dehors de la poutre, fera donc connaître la tension et la compression en un point quelconque.

Pour la partie TU la construction s'applique de même; ainsi, pour la section LG, nous prendrons encore LK=F, et joignant KG, HI re-

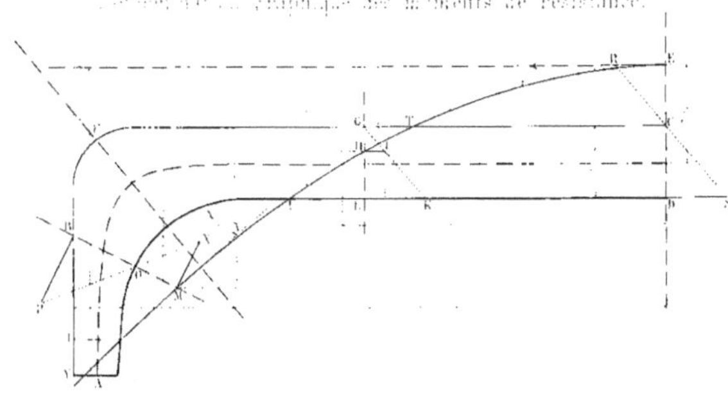

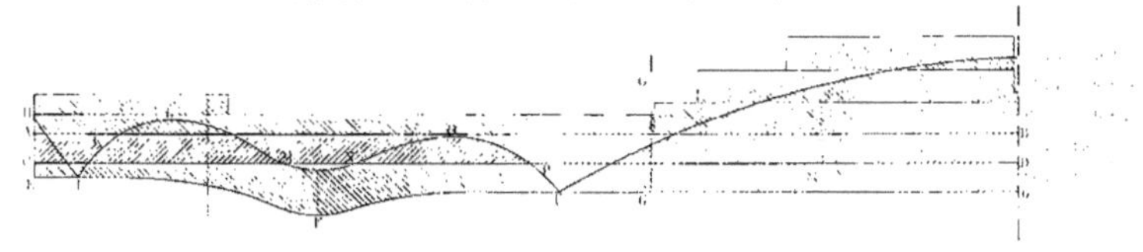

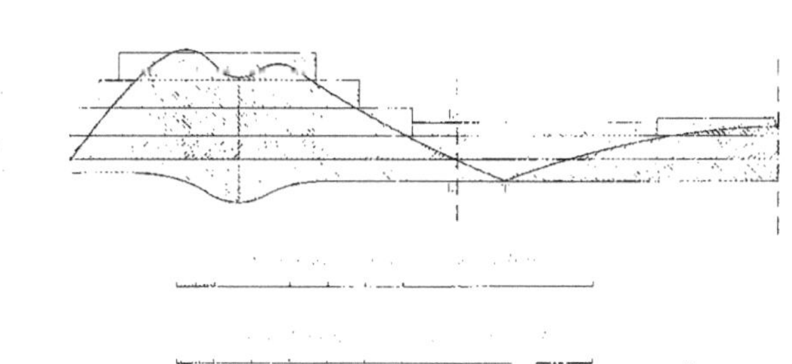

présentera la compression en L, la comprsseion en G sera représentée
par LK+HI.

Pour la partie courbée de la poutre, cette construction ne peut plus
s'expliquer que comme une méthode approximative.

Pour cela, considérons une section BO occupant une position à peu
près moyenne entre les normales aux deux arcs, prolongeons BO jusqu'en M, menons la tangente à la parabole, et prenons sur cette tangente
une longueur MV, qui représente la valeur de la pression en M; cette valeur est égale à la résultante de F et du poids de la partie de la poutre
située à droite de la section verticale passant par M. L'hypothèse, assez
justifiée d'ailleurs, que nous ferons, consistera à considérer cette force
MV comme représentant également la résultante des actions en B et
en O. Ceci admis, nous décomposerons MV perpendiculairement à MB,
et prenant BP=MN, et joignant PO, cette dernière ligne coupera MN, de
manière que MX représente l'effort agissant en B.

Dans la *fig.* 2, l'axe AB représente le développement de la ligne CBY,
nervure supérieure de la poutre. En dessous de cet axe, on a porté
une ordonnée représentant la résistance constante des cornières dans
toute la longueur de la poutre; cette résistance est figurée par la
ligne horizontale CD. En dessous de cette ligne, on a prolongé ces ordonnées d'une longueur qui représente la résistance de la paroi verticale
au point correspondant. Cette résistance est prise en concevant la paroi
verticale supprimée et remplacée par des lames de tôle placées sur les
nervures horizontales de la poutre et ayant le même moment d'inertie
que la paroi verticale. La hauteur de la paroi a toujours été comptée sur
la ligne de jonction des deux sections considérées ensemble, ce qui explique la courbure de la ligne inférieure de cette figure, aux points
qui correspondent au coude de la poutre, ou les sections ont été prises
inclinées et donnant par conséquent des hauteurs de lame verticale
plus considérables, et par suite en augmentant le moment d'inertie. On
a ensuite porté en chaque point les forces agissant sur la nervure su-

périeure, déduites de la construction graphique précédente, en comptant ces longueurs depuis la courbe inférieure EFG; en sorte que la résistance due aux cornières et à la paroi verticale se trouvant ainsi retranchée, les longueurs des ordonnées comprises entre l'axe des x et la courbe HI, KLM, NOP, sont proportionnelles aux épaisseurs des tôles de la nervure supérieure. Au moyen de cette courbe, on a effectué la division des tôles.

La *fig.* 3 représente la même construction appliquée à la nervure inférieure de la poutre.

Valeur du moment d'encastrement qui donne la plus grande économie de métal. — Il est intéressant de se rendre compte si la valeur du moment de F, qui produira l'encastrement complet de la poutre, est bien celle que l'on doit adopter au point de vue de la plus grande économie possible du métal. Pour cela, revenons à l'équation d'équilibre d'une poutre encastrée symétriquement à ses deux extrémités. Cette équation est de la forme :

$$Q = Q_0 + \frac{px^2}{2} - \frac{plx}{2}.$$

Elle montre d'abord que la différence des moments du milieu Qm et de l'encastrement Qo est constante, quelle que soit la valeur de Q_0, nous aurons en effet : $Q_0 - Qm = \dfrac{pl^2}{8}$.

Fig. 104.

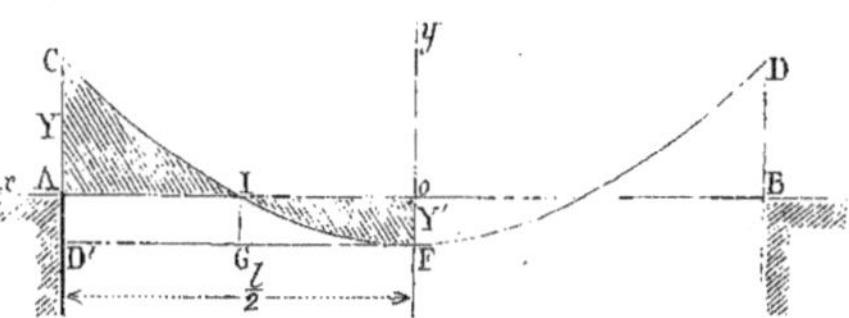

Supposons maintenant qu'on considère une poutre en double T (*fig.* 104) et négligeons la paroi verticale qu'on peut, dans une poutre d'une hauteur et d'une longueur données, considérer comme constante et comme indépendante de la variation des lames horizontales, si on désigne par h la hauteur de la poutre, par l' sa largeur, par e l'épaisseur de la lame du T, le moment $\dfrac{ed^2y}{dx^2}$ peut, comme nous l'avons déjà dit, être considéré comme égal à R lhe. Or, le second membre représente la parabole des moments; on voit donc que les ordonnées de cette courbe seront proportionnelles à la fois aux moments des forces extérieures et aux épaisseurs des lames horizontales; par conséquent la somme des surfaces CAI, IoF est proportionnelle à la quantité de métal employé dans la poutre, si nous négligeons la portion de la poutre encastrée dans la maçonnerie; la question se résume donc à celle-ci : la différence des moments Y et Y' pris avec leurs signes, c'est-à-dire la ligne CDD' étant constante, trouver la parabole qui, passant toujours par F et c, coupera l'axe des x en un point I, tel que CAI + IoF soit un minimum.

L'équation de cette parabole sera de la forme $y = ax^2 - m$, en prenant pour origine le point o, et on aura en appelant X la longueur oI :

$$a = \frac{p}{2},\ m = Y' = \frac{pX^2}{2}.$$

La somme des surfaces CAI et IFo, est :

$$\frac{3}{4}XY' + \frac{lC}{6} - \frac{lY'}{2} = S,$$

en posant $C = (Y + Y') = \dfrac{pl^2}{8}$. Remplaçons Y en fonction de X, et nous aurons :

$$S = \frac{4}{6}pX^3 + \frac{lC}{6} - \frac{plX^2}{4}.$$

Si maintenant on différentie cette expression par rapport à X et qu'on égale la différentielle à o, on aura la valeur de X pour laquelle S est minimum. Il viendra ainsi :

$$2X^2 - \frac{lX}{2} = o,\ \text{d'où } X = \frac{l}{4}.$$

On sait que dans le cas de l'encastrement absolu la distance AI $= 0,212l$; on voit donc que le cas le plus favorable à l'emploi du métal est très-voisin de cet encastrement, mais correspond à une valeur de Q_o, un peu supérieure. Dans l'application au pont du Ciron que nous venons de donner, on n'a pas adopté cette proportion qui suppose une égalité de hauteur dans toute l'étendue de la paroi verticale. La courbure de l'angle rendait plus avantageux de rapprocher de l'axe le point d'inflexion de la poutre.

Valeur du moment d'encastrement qui donne la plus grande économie de métal, lorsqu'on ne néglige pas le métal employé dans les retours d'équerre. — Sur une ligne AE (*fig.* 105) égale à la

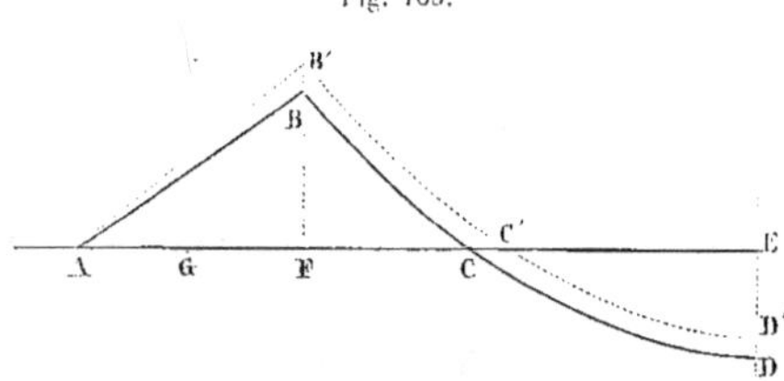

Fig. 105.

demi-longueur de la poutre et au retour d'équerre développé traçons la courbe BCD, qui comprend entre elle et l'axe AE des surfaces proportionnelles aux quantités de métal employé dans la partie horizontale de la poutre. Joignons BA. Le triangle ABF a sa surface aussi proportionnelle au métal employé dans le retour d'équerre. Si on augmente le moment d'encastrement d'une quantité infiniment petite $d\,m$, la ligne A B C D se transportera en A B′ C′ D′. La partie B′ C′ D′ sera la même parabole B C D remontée d'une quantité dy, et le triangle A B F aura été augmenté du triangle A B B′, dont la surface est $dy \times \dfrac{\mathrm{AF}}{2}$. La surface BFC aura été augmentée d'une quantité $dy \times$ F C. Enfin, la surface CDE aura été diminuée de $dy \times$ C E.

Pour avoir le minimum de surface représentant le métal employé, il faut que l'augmentation de surface soit nul; on a par conséquent :

$$dy \left(\frac{\mathrm{AF}}{2} + \mathrm{FC} \right) - dy\,\mathrm{CE} = o,$$

$$\text{ou } \frac{AF}{2} + FC = CE.$$

Prenant donc un point G également distant de A et F, il faudra que C. soit à égale distance de G et E. Ce sont ces considérations qui ont servi à déterminer la courbe du pont du Ciron.

§ II. — PONTS A DEUX TRAVÉES.

Formules générales. — Soit un pont à deux travées inégales *fig.* 106), ayant pour longueur l'une l' l'autre l'', soient p' et p'' les poids par mètre courant de chacune des deux travées :

Fig. 106.

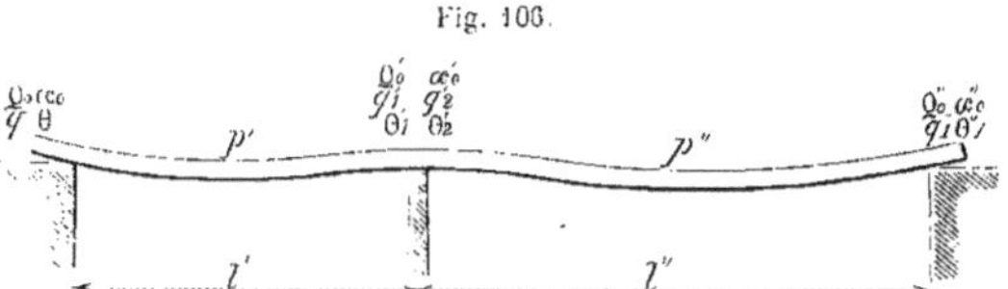

Soient Q_0 le moment de rupture sur la première travée, z_0 la tangente de la poutre avec l'horizontale, q, θ les deux quantités proportionnelles à ces valeurs :

Soient Q'_0, α'_0, q'_1, θ'_1, q'_2, θ'_2 les mêmes valeurs pour la pile ;

(2) Q''_0, α''_0, q''_1, θ''_1 pour la deuxième culée, nous aurons les équations suivantes :

Pour la première travée :

$$(1) \quad Q_0 = \frac{2}{8} q l'^2 = o.$$

$$(2) \quad Q'_0 = \frac{2}{8} q'_1 l'^2.$$

$$(3) \quad \alpha_0 = \frac{l'^3 \theta}{24\varepsilon}.$$

$$(4) \quad \alpha'_0 = \frac{l'^3 \theta'_1}{24\varepsilon}.$$

$$(5) \quad q'_1 = p' - \theta.$$

$$(6) \quad \theta'_1 = p' - 2\vartheta.$$

Pour la deuxième travée :

$$(1') \quad Q'_0 = \frac{2}{8} q'_2 l'^2.$$

$$(2') \quad Q''_0 = \frac{2}{8} q''_1 l''^2 = o.$$

$$(3') \quad \alpha'_0 = \frac{l''^3}{24\varepsilon} \theta'_2.$$

$$(4') \quad \alpha''_0 = \frac{l''^3}{24\varepsilon} \theta''_1.$$

$$(5') \quad q''_1 = p'' - 2q'_2 - \theta'_2 = o.$$

$$(6') \quad \theta''_1 = p'' - 3q'_2 - 2\theta'_2.$$

Il est facile de déterminer q'_1 au moyen de ces équations : pour cela égalons (2) et (1') nous aurons $q'_1 l'^2 = q'_2 l''^2$, d'où, en posant $\frac{l'}{l''} = m_1$, $q'_2 = q'_1 m^2_1$; de (4) et (3'), nous tirerons de même :

$$\theta'_2 = \theta'_1 m_1^3 ;$$

En substituant dans (5') nous aurons :

$$o = p'' - 2m_1^2 q'_1 - m_1^3 \theta'_1 ;$$

Les équations (5) et (6) donnent, en éliminant θ :

$$\theta'_1 = 2q'_1 - p' ;$$

En substituant dans l'équation précédente, et tirant la valeur de q'_1, nous aurons :

$$q'_1 = \frac{p'' + m_1^3 p'}{2m_1^2 + 2m_1^3}.$$

q'_1 étant connu, nous obtiendrons facilement les autres inconnues ; nous aurons, en effet, de suite :

$$Q'_0 = \frac{2}{8} \frac{p'' + m_1^3 p'}{2m_1^2 + 2m_1^3} l'^2.$$

$$A = \frac{p' l'}{2} - \frac{Q'_0}{l'}.$$

$$A'' = \frac{p'' l''}{2} - \frac{Q'_0}{l''}.$$

A et A″ représentant les réactions sur les culées. La réaction totale sur la pile sera :

$$R = p' \, l' + p'' \, l'' - (A + A'').$$

L'équation de la première travée sera :

$$Q = p' \frac{x^2}{2} - \left(p' \frac{l'}{2} - \frac{Q'_0}{l'} \right) x.$$

Celle de la seconde :

$$Q = p'' \frac{x^2}{2} - \left(\frac{p'' l''}{2} + \frac{Q'_0}{l''} \right) x.$$

Pour calculer le pont, il faudra faire trois hypothèses sur les valeurs de p' et p'', si les travées sont de longueurs différentes; on supposera d'abord chaque travée successivement chargée, puis la surcharge uniformément répartie sur tout le pont. Les deux premières hypothèses donneront les maximum des moments dans l'intervalle des piles, la troisième hypothèse donnera le maximum de Q'_0.

·Si les deux travées sont égales, il suffira dans les équations précédentes de faire $m_1 = 1$. Dans ce cas, le nombre des hypothèses à faire se réduira à deux : 1° la surcharge uniformément répartie sur tout le pont; 2° une travée seule chargée.

Nous n'avons rien à ajouter relativement à l'effort tranchant, il se trouvera toujours en suivant la marche que nous avons indiquée page 45. Nous renvoyons pour un exemple aux ponts de Langon et d'Asnières.

§ III. — PONTS A TROIS TRAVÉES.

Formules générales. — Supposons maintenant (*fig.* 107) une poutre reposant sur quatre appuis; conservons les notations précédentes pour les deux premières travées et appelons :

l''' la longueur de la troisième travée,

p''' la charge par mètre courant de cette travée,

Q''_2, q''_2 les quantités proportionnelles du troisième point d'appui, du côté de la troisième travée.

Soient, en outre, pour le quatrième point d'appui :

Q'''_0 le moment de rupture,

α'''_0 la tangente de l'angle,

θ'''_1 q'''_1 les quantités proportionnelles

Fig. 107.

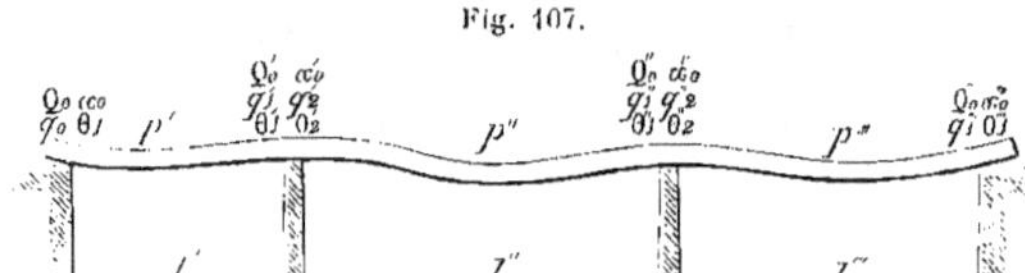

On a les équations suivantes :

Pour la première travée :

$$(1) \quad Q_0 = \frac{2}{8} q \, l'^2 = o.$$

$$(2) \quad Q'_0 = \frac{2}{8} q'_1 \, l'^2.$$

$$(3) \quad \alpha_0 = \frac{l'^3}{24\varepsilon} \theta.$$

$$(4) \quad \alpha'_0 = \frac{l'^3}{24\varepsilon} \theta'_1.$$

$$(5) \quad q'_1 = p' - 2q - \theta.$$

$$(6) \quad \theta'_1 = p' - 3q - 2\theta.$$

Pour la deuxième travée :

$$(1') \quad Q'_0 = \frac{2}{8} q'_2 \, l''^2.$$

$$(2') \quad Q''_0 = \frac{2}{8} q''_1 \, l''^2.$$

$$(3') \quad \alpha'_0 = \frac{l''^3}{24\varepsilon} \theta'_2.$$

$$(4') \quad \alpha''_0 = \frac{l''^3}{24\varepsilon} \theta''_1.$$

$$(5') \quad q''_1 = p'' - 2q'_2 - \theta'_2.$$

$$(6') \quad \theta''_1 = p'' - 3q'_2 - 2\theta'_2.$$

Pour la troisième travée :

$$(1'') \quad Q''_0 = \frac{2}{8} q''_2 \, l''^2.$$

$$(2'') \quad Q'''_0 = \frac{2}{8} q'''_1 \, l''^2 = o.$$

$$(3'') \quad x''_0 = \frac{l''^3}{24\varepsilon} \theta''_2.$$

$$(4'') \quad x'''_0 = \frac{l''^3}{24\varepsilon} \theta'''_1.$$

$$(5'') \quad q''_1 = p'' - 2q''_2 - \theta''_2 = o.$$

$$(6'') \quad \theta'''_1 = p''' - 3q''_2 - 2\theta''_2.$$

Nous allons, au moyen de ces équations, chercher la valeur de q'_1.

Remarquons d'abord que $Q_0 = o$ et $Q'''_0 = o$, d'où il résulte $q = o$ et $q'''_1 = o$.

On tire de (5), $\theta = p' - q'_1$.

En portant cette valeur dans (6) il vient, $\theta'_1 = 2 q'_1 - p'$ $\quad (a)$.

Egalons maintenant les équations (2) et (1)' et posons $\dfrac{l'}{l''} = m_1$, on a $q'_2 = m^2_1 q'_1$.

Egalons de même (4) et (3'), il vient $\theta'_2 = m^3_1 \theta'_1$.

Substituons ces valeurs dans les équations (5') et (6') on a

$$q''_1 = p'' - 2m^2_1 q'_1 - m^3_1 \theta'_1 \qquad (b).$$

$$\theta''_1 = p'' - 3m^2_1 q'_1 - 2m^3_1 \theta'_1 \qquad (b_1).$$

En égalant de même (2') et (1'') puis (4') et (3'') et substituant dans (5'') et (6''), on aura en posant $\dfrac{l'}{l''} = m_2$ les équations :

$$o = q'''_1 = p''' - 2m^2_2 q''_1 - m^3_2 \theta''_1, \qquad (c).$$

$$\theta'''_1 = p''' - 3m^2_2 q''_1 - m^3_2 \theta''_1 \qquad (c_1).$$

Cela posé, remplaçons dans les équations (b) et (b_1), θ'_1 par sa valeur donnée par l'équation (a), portons ensuite les valeurs de q''_1 et de θ''_1 dans l'équation (c), nous aurons ainsi une équation dans laquelle il n'y aura qu'une seule inconnue q'_1, et nous pourrons par conséquent en connaître la valeur. On trouve ainsi :

$$q'_1 = \frac{-p''' + m^2_2 (2 + m_2) p'' + m^3 m^2_2 (2 + 2m_2) p'}{m^2_1 m^4_2 [4 (1 + m_1 + m_1 m_2) + 3m_2]}.$$

Si le pont est symétrique par rapport au milieu, il faut faire $m_2 = \dfrac{1}{m_1}$; ce qui donne :

$$q'_1 = \frac{-m^3_1 p''' + (2m_1 + 1) p'' + 2m^3_1 (m_1 + 1) p'}{m^2_1 (4m^2_1 + 8m_1 + 3)}.$$

et si toutes les travées étaient égales, on aurait :

$$q'_1 = \frac{-p''' + 3p'' + 4p'}{15}.$$

La valeur de q'_1 étant connue, il est facile de déterminer les autres inconnues; en effet, au moyen de (a) on connaît θ'_1, et en portant les valeurs de q'_1 et de θ'_1 dans (b) on a q''_1.

Les moments Q'_0 et Q''_0 se déterminent au moyen des équations (2) et $(2')$. Lorsqu'on en aura les valeurs, il suffira, pour avoir l'équation de chacune des travées, de les substituer dans l'équation générale que nous donnons page 48, et qui est :

$$Q = Q_0^{m-1} + \frac{p^m x^2}{2} - \left(\frac{p^m l^m}{2} + \frac{Q_0^{m-1} - Q_0^m}{l^m} \right).$$

ces équations permettront ensuite de construire les courbes des moments de rupture

Pour calculer un pont à trois arches, il faudra faire quatre hypothèses sur p', p'' et p'''; on supposera que la surcharge est placée, 1° sur la première travée, 2° sur la deuxième travée, 3° sur les deux premières, enfin sur tout le pont. On déduira de la formule précédente la valeur de q'_1 résultant de celle de m_1, m_2 et de ces différentes hypothèses. Nous donnerons comme exemple de calcul d'un pont à trois arches le détail très-complet du projet du pont de Langon. Nous devons cette étude à l'obligeance de M. de Dion, attaché comme ingénieur aux chemins de fer du Midi lors de l'exécution de ce pont, et qui a rédigé en entier ce remarquable projet sous la direction de MM. E. Flachat et Clapeyron. Nous y avons joint un exposé très-complet des opérations du levage, de manière que l'ensemble de tous ces renseignements puisse servir de guide certain dans une étude analogue ; c'est dans cet esprit que nous sommes entrés, aussi bien pour le calcul que pour l'exécution, dans des détails qui paraîtront peut-être un peu minutieux, mais sur lesquels nous passerons légèrement dans les exemples suivants.

PONT DE LANGON.

Historique du projet. — Le pont de Langon est établi sur la Garonne, en un endroit où les fondations présentent quelques difficultés ; elles ont dû, en effet, être descendues à cinq ou six mètres au-dessous de l'étiage ; leur établissement était rendu dangereux par les crues qui, jusqu'au mois de juillet, dans cette rivière, s'élèvent fréquemment de sept à huit mètres. La navigation, assez active sur ce point, se fait au moyen de bateaux à vapeur qui redoutent soit pour eux-mêmes, soit pour leurs convois, le passage des ponts à petite ouverture. Enfin les délais nécessités par la fondation d'un grand nombre de piles eussent retardé la mise en exploitation de la ligne. Ces considérations ont décidé à la construction d'un pont à grandes travées, c'est-à-dire en métal : un pont en pierre eût d'ailleurs coûté la même somme d'après les devis établis.

Plusieurs projets de ponts en métal ont été successivement étudiés, et il a fallu d'abord choisir entre le fer et la fonte. On sait que les coefficients de résistance de ces deux matériaux sont à peu près en raison inverse de leur prix ; il n'est pourtant pas vrai, surtout pour des portées un peu considérables, qu'il soit indifférent d'employer la fonte ou le fer. Les incertitudes que présente la fonte, les exigences de la fonderie, conduisent toujours à un poids de métal proportionnellement plus considérable que celui auquel on arrive par l'emploi du fer ; c'est ce qu'on a vérifié en comparant des projets étudiés dans les mêmes conditions, et pour le pont de Langon dont les trois travées font une longueur totale d'environ 208 entre les culées, la fonte aurait eu un désavantage marqué. L'emploi de la tôle a donc été arrêté.

Deux projets de ponts en tôle ont été proposés : les poutres droites continues, les arcs en dessous. Une comparaison détaillée de ces deux systèmes a été établie.

Le pont en arc en dessous à section variable, avec tympans en treillis et plancher à poutrelles supportant du ballast, était calculé pour une charge permanente de 15 tonnes et 6 tonnes de surcharge pour les deux voies ; les fers des arcs travaillaient alors à raison de 6 kilog. par millimètre carré ; les poutrelles à 7 kilog., en supposant le poids uniformément réparti sur toute la section transversale de l'arc.

Le pont à poutres droites adopté et construit a été calculé avec un coefficient de 6 kilog. par millimètre carré et une surcharge de 4 tonnes par mètre courant de voie.

Si on avait voulu appliquer aux arcs le coefficient de 6 kilog. et la surcharge de 4 tonnes par simple voie, on eût été conduit à un poids bien supérieur ; mais la charge permanente étant trop considérable, on peut admettre qu'en la ramenant à un chiffre plus voisin de la vérité, les résultats eussent été à peu près identiques.

Les deux projets étudiés dans les conditions que nous venons de définir ont conduit à peu près au même résultat, tout en laissant au pont à poutres droites un avantage en poids et en économie de culées et de piles représenté environ par une somme de 60,000 francs.

Le pont à poutres droites a été préféré tant pour cette raison qu'en vertu des autres avantages présentés par ce système sur les arcs, sous le rapport de la sécurité due à la suppression des culées, des inconvénients de la dilatation, etc. De plus, la simplicité de la construction est plus grande pour les ponts à poutres droites, en sorte que pour une comparaison plus exacte, il serait juste d'appliquer des prix différents aux deux systèmes de construction.

Le système général arrêté, on eut à choisir la meilleure disposition de pont à poutres droites, et le premier point fut de déterminer la portée des travées, et de décider s'il y aurait deux grandes poutres soutenant les voies, ou trois. Après quelques tâtonnements sur le nombre et la proportion la plus favorable à adopter entre les longueurs des travées en vue de la plus grande économie possible, on fut conduit à fixer le nombre des travées à trois, les deux extrêmes de $62^m,83$ de portée, celle du milieu de $74^m,40$, avec des piles de 4^m.

Une étude comparative démontra que l'emploi des deux poutres en garde-corps de $5^m,50$ de hauteur, ayant la section d'un double T, était la disposition la plus économique. Une objection a été souvent reproduite contre ce système, qui détermine dans les deux poutres, quand une seule voie est chargée, des flèches inégales; nous en reparlerons plus loin (¹) et nous exposerons les raisons qui, à notre avis, ne permettent pas de la regarder comme sérieuse.

La position des voies par rapport aux poutres fut ensuite discutée; les voies à la partie supérieure furent rejetées pour cause d'instabilité (²). On ne pouvait donc plus choisir qu'entre la partie inférieure, avec un contreventement à la partie supérieure des poutres, ce que la hauteur de $5^m,50$ rendait possible, ou le milieu, en profitant de la demi-hauteur inférieure de la poutre pour obtenir un entretoisement d'une parfaite rigidité. Aucune raison bien déterminante ne pouvait faire décider entre ces deux partis qui, à notre avis, présentent chacun leurs avantages. La dernière disposition a prévalu.

Tels sont les principaux motifs qui ont conduit au choix du système général. Nous renvoyons pour les détails à l'atlas et à l'explication des planches. Voici maintenant l'exposé des calculs qui ont servi à

(¹) Voir chap. II, troisième partie.
(²) Voir page 76.

déterminer les dimensions des différentes parties du pont. Nous nous occuperons d'abord des grandes poutres.

On a considéré quatre hypothèses :

1° La première travée seule chargée ;

2° La deuxième travée seule chargée ;

3° Les deux premières travées seules chargées ;

4° Le pont tout entier chargé.

Les deux premières hypothèses fournissent les plus grandes valeurs des moments vers le milieu des poutres, la troisième donne la valeur maximum à l'encastrement sur la pile.

Quant au cas de la surcharge uniforme répartie sur tout le pont, elle conduit pour l'encastrement et les maximum des travées à des valeurs moindres que les hypothèses précédentes ; elle était pourtant intéressante à calculer, parce qu'elle indique la manière dont travaille le pont dans des conditions symétriques. Nous avons établi les formules générales qui donnent la valeur de q'_1 pour un pont à trois arches. Pour obtenir celle qui convient au cas particulier du pont de Langon, il nous suffira d'introduire dans cette formule que les deux travées extrêmes sont égales, c'est-à-dire que $l''' = l'$ et $m_2 = \dfrac{1}{m_1}$. Il viendra ainsi :

$$q'_1 = \frac{-m^3_1 p''' + (2m_1+1)p'' + 2m^3_1(m_1+1)p'}{m^2_1(4m^2_1+8m_1+3)}.$$

Les valeurs adoptées pour les poids des différents éléments du pont sont les suivantes : les poids sont rapportés au mètre courant de voie ; le calcul est donc appliqué à une seule poutre.

Poids d'une poutre en tôle et de la moitié du tablier.	1,750 ^{k}
Poids des rails.	90
Poids des longuerines.	60
Total pour la charge permanente.	1,900
Charge variable.	4,000
Total du maximum de charge par m. c^t. de voie. .	5,900

$$m_1 = \frac{l'}{l''} \text{ a pour valeur } \frac{64,08}{74,40} = 0,85995$$

Ceci posé, nos formules générales seront :

(2) $\quad q''_1 = p'' - 2m^2_1 q'_1 - m_1^3 (2q'_1 - p')$.

(3) $\quad Q'_0 = \frac{2}{8} q'_1 l'^2$.

(4) $\quad Q''_0 = \frac{2}{8} q''_1 l''^2$.

Les réactions sur les piles sont utiles à connaître pour la détermination de l'effort tranchant. Nous appellerons A la réaction sur la culée, A'_1 la réaction sur la première pile due à l'action de la première travée, A'_2 la réaction sur la même pile due à l'action de la deuxième travée. Les valeurs de ces réactions sont :

$$A = \frac{p'l'}{2} - \frac{Q'_0}{l'}.$$

$$A'_1 = \frac{p'l'}{2} + \frac{Q'_0}{l'}.$$

$$A'_2 = \frac{p''l''}{2} + \frac{Q'_0 - Q''_0}{l'}.$$

Nous ne donnons que les réactions de la première culée et de la première pile, les autres, à partir de l'axe du pont, étant toujours inférieures ou symétriques.

A, A', A'' expriment les réactions sur la culée et les deux piles dues à l'action seule de la travée correspondante suivant l'indice dont elles sont affectées.

Nous avons consigné dans les tableaux qui suivent les principaux résultats donnés par l'application de ces formules aux quatre hypothèses mentionnées plus haut.

Ces tableaux donnent les moments maximum dans l'intervalle des piles, le moment sur les piles, les points d'inflexion, les réactions sur les piles et les équations des travées, c'est-à-dire qu'ils contiennent les éléments suffisants pour construire approximativement les courbes de résistance.

PREMIÈRE HYPOTHÈSE. — La première travée seule chargée (*fig.* 108).

Fig. 108.

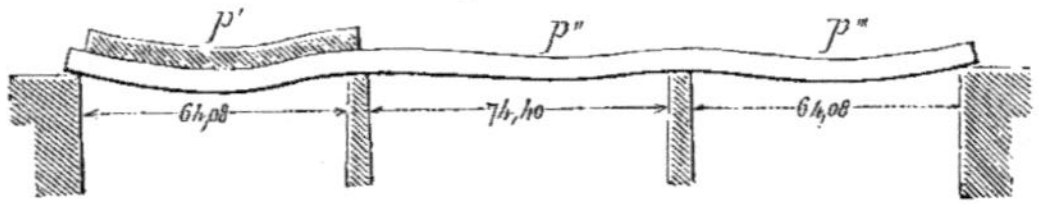

$$p' = 5900 \text{ kilog.}$$
$$p'' = p''' = 1900.$$

TABLEAU RÉSUMÉ DES RÉSULTATS PRINCIPAUX TIRÉS DE L'APPLICATION DES FORMULES A LA PREMIÈRE HYPOTHÈSE ([1]).

Nos D'ORDRE des APPUIS.	des TRAVÉES	ÉQUATIONS DES COURBES DES MOMENTS.	ABSCISSES DES POINTS d'inflexion.	DES POINTS correspond. aux moments *maximum.*	VALEURS DES MOMENTS MAXIMUM.	sur LES APPUIS.	EFFORTS TRANCHANTS *maximum.*	RÉACTIONS TOTALES sur les appuis.
1. Culée.						0	$A = 158817$ kil.	158817 kil.
	1re	$Q = 2950\,x^2 - 158816\,x$	$x' = 0$; $x'' = 53^m,84$	$26^m,92$	2137538			
2. Pile.						1936456	$A'_1 = 219255$; $A'_2 = 88141$	307395
	2me	$Q = 950\,x^2 - 88141\,x + 1936456$	$x' = 35\,,73$; $x'' = 57\,,05$	$46\,,39$	107976			
3. id.						637313	$A''_1 = 53219$; $A''_2 = 70821$	124040
	3me	$Q = 950\,x^2 - 70821,59\,x + 637314$	$x' = 10\,,47$; $x'' = 64\,,07$	$37\,,27$	682609			
4. Culée.						0	$A'''_1 = $ »	»

([1]) On trouvera dans ces tableaux quelques différences de chiffres peu importantes qui tiennent à la négligence de décimales dans les calculs. Cette observation s'applique aussi aux tableaux des exemples suivants : ainsi les réactions A, A'_2, A''_2, ... doivent être identiques au coefficient de x des équations des travées correspondantes.

DEUXIÈME HYPOTHÈSE. — La deuxième travée seule chargée (*fig* 109).

Fig. 109.

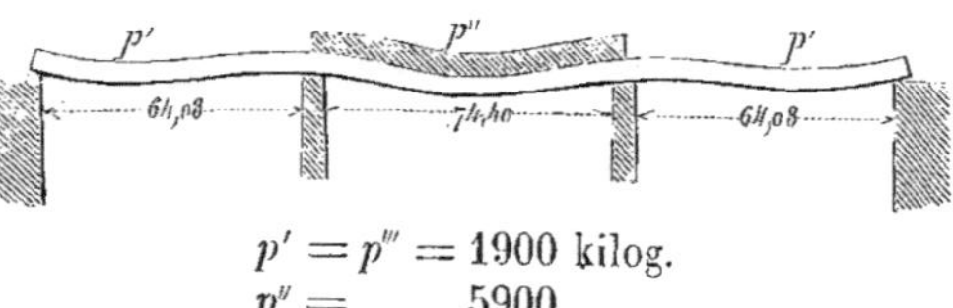

$$p' = p''' = 1900 \text{ kilog.}$$
$$p'' = 5900$$

TABLEAU RÉSUMÉ DES RÉSULTATS PRINCIPAUX TIRÉS DE L'APPLICATION DES FORMULES A LA DEUXIÈME HYPOTHÈSE.

Nᵒˢ D'ORDRE		ÉQUATIONS DES COURBES DES MOMENTS.	ABSCISSES		VALEURS DES MOMENTS		EFFORTS	RÉACTIONS
des APPUIS.	des TRAVÉES.		DES POINTS d'inflexion.	DES POINTS correspond. aux moments maximum.	MAXIMUM.	sur LES APPUIS.	TRANCHANTS maximum.	TOTALES sur les appuis.
1. Culée.						0	kil. A=28344	kil. 28344
	1re	$Q = 950\,x^2 - 28344\,x\ldots\ldots$	$x'=0$	14ᵐ,92	211422			
			$x''=29ᵐ,84$				A'₁=93408	
2. Pile.						2084640		312890
	2me	$Q = 2950\,x^2 - 219481,60\,x + 2084640\ldots$	$x'=11\ ,08$	37 ,20	1997747		A'₂=219482	
			$x''=63\ ,22$				A''₁=219482	
3. id.						2084519		312890
	3me	$Q = 950\,x^2 - 93408\,x + 2080440\ldots$	$x'=34\ ,25$	49 ,16	211452		A''₂=93408	
			$x''=64\ ,07$					
4. Culée.						0	A'''₁= »	»

TROISIÈME HYPOTHÈSE. — La première et la deuxième travée seules chargées (*fig.* 110).

Fig. 110.

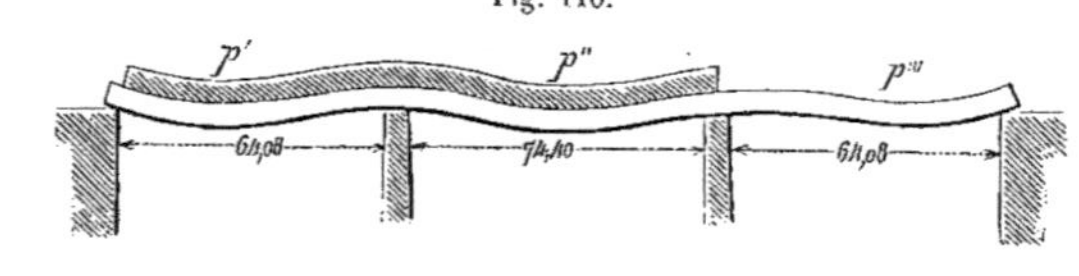

$$p' = p'' = 5900 \text{ kilog.}$$
$$p''' = \quad 1900$$

TABLEAU RÉSUMÉ DES RÉSULTATS PRINCIPAUX TIRÉS DE L'APPLICATION DES FORMULES A LA TROISIÈME HYPOTHÈSE.

Nos D'ORDRE		ÉQUATIONS DES COURBES DES MOMENTS.	ABSCISSES		VALEURS DES MOMENTS		EFFORTS	RÉACTIONS
des APPUIS.	des TRAVÉES.		DES POINTS d'inflexion.	DES POINTS correspond. aux moments *maximum.*	MAXIMUM.	sur LES APPUIS.	TRANCHANTS *maximum.*	TOTALES sur les appuis.
1. Culée.						0	kil. $A = 140525$	kil. 140525
	1re	$Q = 2950\,x^2 - 110524,83\,x$............	$x' = 0$					
			$x' = 47^m,64$	$23^m,82$	1673501			
2. Pile.						3108595	$A'_1 = 237547$	474489
	2me	$Q = 2950\,x^2 - 236941,58\,x + 3108595$........	$x' = 16\ ,52$				$A'_2 = 236942$	
			$x'' = 63\ ,80$	40 ,16	1649159			
3. id.						1809454	$A''_1 = 202016$	291129
	3me	$Q = 950\,x^2 - 89113,44\,x + 1809453$.........	$x' = 29\ ,73$				$A''_2 = 89113$	
			$x'' = 64\ ,07$	46 ,90	280337			
4. Culée.						0	$A'''_1 = $ »	»

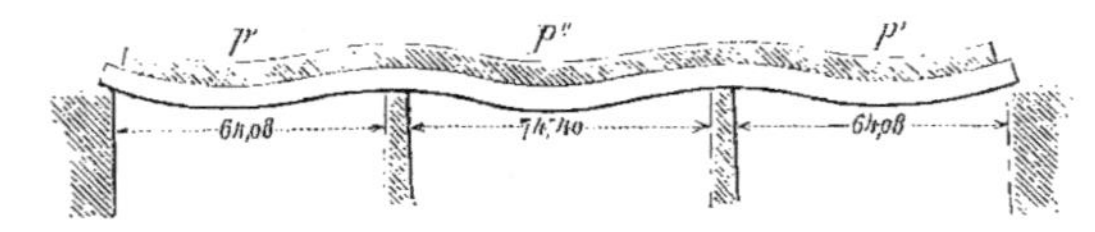

QUATRIÈME HYPOTHÈSE. — Le pont chargé sur toute sa longueur (fig. 111).

$$.p' = p'' = p''' = 5900 \text{ kilog.}$$

TABLEAU RÉSUMÉ DES RÉSULTATS PRINCIPAUX TIRÉS DE L'APPLICATION DES FORMULES A LA QUATRIÈME HYPOTHÈSE.

Nos D'ORDRE des APPUIS.	des TRAVÉES.	ÉQUATIONS DES COURBES DES MOMENTS.	ABSCISSES DES POINTS d'inflexion.	ABSCISSES DES POINTS correspond. aux moments maximum.	VALEURS DES MOMENTS MAXIMUM.	VALEURS DES MOMENTS sur LES APPUIS.	EFFORTS TRANCHANTS maximum.	RÉACTIONS TOTALES sur les appuis.
1 Culée.						0	$A = 144817$	144817
	1re	$Q = 2950\,x^2 - 144817\,x \ldots\ldots\ldots$	$x' = 0$ $x'' = 49^m,09$	$24^m,54$	1777285			
2 Pile.						2833538	$A'_1 = 233255$ $A'_2 = 219482$	452737
	2e	$Q = 2950\,x^2 - 219482\,x + 2833538 \ldots\ldots$	$x' = 16^m,63$ $x'' = 57^m,77$	$37\ ,20$	1248864			
3 idem.						2833329	$A''_1 = $ » $A''_2 = $ »	452737
	3e	$Q = 2950\,x^2 - 233251,50\,x + 2833329 \ldots\ldots$	$x' = 14^m,99$ $x'' = 64^m,07$	$39\ ,53$	1777373			
4 Culée.						0	$A'''_z = $ »	144817

Au moyen du calcul que nous venons d'exposer, on a déterminé tous les éléments nécessaires pour construire les courbes des moments de rupture. Ces courbes, que nous reproduisons planche VIII de l'atlas, ont été construites avec plus de points que n'en contiennent les tableaux précédents, et servent à déterminer le moment de rupture maximum en un point quelconque de la poutre. A cet effet, on a pris sur l'axe à partir de l'origine des points espacés de 5^m en 5^m. La plus grande ordonnée de chacun de ces points a été ensuite reportée sur un autre axe et dans le même sens, puisqu'il ne s'agit que de la valeur absolue des moments, et la courbe formée par la jonction de tous ces points a donné celle que nous admettons être très-peu différente de la courbe réelle des moments maximum. Nous allons maintenant indiquer la marche que l'on a suivie pour passer de ces résultats théoriques à la détermination des diverses dimensions du pont. Nous avons représenté avec un grand soin sur la planche VIII de l'atlas tous les détails de cette étude.

Effort tranchant, détermination des parois verticales. — Cherchons d'abord les dimensions qu'il convenait de donner aux tôles verticales, pour qu'elles pussent résister à l'*effort tranchant.*

Lorsque deux travées successives du pont sont chargées, la pile intermédiaire est soumise à la plus grande réaction qu'elle puisse avoir à supporter.

Dans ce cas, la réaction due à la première travée est de 237547^k et l'effort tranchant va en diminuant depuis ce point jusqu'au maximum qui se trouve à $40^m,25$ de la pile.

En admettant pour la tôle un coefficient de 5^k, on trouve que la paroi verticale près des piles pour une hauteur de $5^m,50$ doit avoir $8^{mm},65$. On a porté cette épaisseur à 12^{mm}; le fer travaille à $3^k,60$.

Pour avoir la loi de variation qu'on peut admettre pour les tôles, l'effort tranchant, ainsi que nous l'avons montré, étant proportionnel aux ordonnées d'une droite, il suffit de porter sur la pile une ordonnée

égale à 12^{mm} et de joindre par une droite l'extrémité de cette ordonnée
au point de l'axe qui correspond au maximum de Q et où par conséquent cet effort tranchant est nul.

Chaque ordonnée de cette droite représentera en vraie grandeur
l'épaisseur qu'il est nécessaire de donner à la tôle pour que le coefficient auquel elle travaille soit : $3^k,60$. Seulement, afin d'éviter les
chances de voilement et par suite des exigences de la construction,
on s'est imposé comme limite inférieure l'épaisseur de 7^{mm}.

La réaction totale de la pile dans le cas de la charge des deux
premières travées est égale à $236942^k + 237547 = 474489^k$. Comme
cette réaction passe tout entière par le point de contact de la poutre
et de la pile, il faut donc s'assurer que la section totale du métal de la
paroi verticale qui est immédiatement au-dessus de la surface d'appui
est suffisante pour n'être pas écrasée par cette réaction. Dans ce cas,
cette surface, en supposant un coefficient de 6^k par millimètre carré,
doit être de 79081^{mm} carrés. Afin de compléter la section des tôles verticales qui ne représente que 36000^{mm} carrés, et pour s'opposer au
voilement, on a placé sur chaque pile trois armatures verticales distantes de $0^m,86$.

Les joints des tôles verticales sont faits au moyen de fers à T ; ces fers
présentent toujours une section totale supérieure à celle de la tôle
continue ; la sécurité de l'assemblage sera donc assurée si la somme
des sections des rivets est suffisante pour qu'ils ne travaillent pas à
un coefficient trop élevé. Au pont de Langon, ce coefficient ne dépasse jamais $4^k,80$.

Distribution des tôles horizontales. — L'épaisseur des parois verticales ainsi arrêtées, on a déterminé le moment de résistance de cette
paroi, des nervures et des cornières qui servent à relier aux tôles
horizontales. Les moments de ces cornières, des nervures et des fers
plats, représentés par des lignes horizontales, ont été retranchés des
moments de rupture totaux ; les restes des ordonnées étaient alors

proportionnels aux moments que les tôles horizontales devaient en chaque point au moins égaler.

Pour faciliter la distribution des tôles, ces restes ont été portés sur un autre axe à une échelle double; un moment de 100000 y est représenté par 4^{mm} de hauteur.

Les parois horizontales ont $0^m,90$ de largeur; la paroi supérieure est égale à l'inférieure, en sorte qu'en supposant un effort de 6 kilog. par millimètre carré, 1^{mm} d'épaisseur de nervure horizontale, tant supérieure qu'inférieure, représente un moment égal à

$$5^m,50. \; 0^m,9. \; 0^m,001 \; 6000000. = 29700.$$

La division des tôles horizontales a donc été faite en partant de ce point, et en adoptant 12^{mm} pour le maximum d'épaisseur des tôles.

Toutes les tôles horizontales ont été exécutées, autant que possible, de la même longueur, égale à la distance de deux pièces de pont. Il en a été de même pour les cornières. On s'est arrangé de manière à faire chevaucher tous les joints de $0^m,86$.

Les couvre-joints et leurs rivets ont été déterminés conformément aux principes exposés au chap. Ier de la deuxième partie. Nous nous contenterons donc de signaler une différence consistant en ce que la surface des couvre-joints a été augmentée de manière qu'ils embrassent un nombre de rivets suffisants pour la solidité, en ne comptant que ceux qui servent à la construction même du pont et sans qu'il soit nécessaire de placer aux joints des rivets supplémentaires. On voit de suite que cette disposition a été adoptée dans le but de simplifier le perçage.

Détermination de la rivure aux cornières de jonction de la paroi verticale avec la nervure horizontale. — Quant à la rivure des tôles verticales avec les tôles horizontales, elle a été déterminée par la condition d'opérer entre ces deux parties de la poutre une liaison suffisante pour que l'effort puisse être transmis de la pa-

roi verticale sur la paroi horizontale, sans soumettre la rivure à un
trop grand travail. Nous avons déjà fait voir que cet effort est facile à
déterminer. En effet, le rôle de la paroi verticale consiste à transmettre d'un point à un autre une compression ou une traction correspondant à la variation des moments. Or, l'équation générale des moments
étant (¹) :

$$Q = \frac{px^2}{2} + Ax - Q_0;$$

la variation de ce moment sera :

$$dQ = -px\,dx + A\,dx;$$

l'accroissement proportionnel est donc :

$$\frac{dQ}{dx} = -px + A.$$

Ce qui permet de déterminer la traction exercée en chaque point sur
la rivure des tables horizontales : cette valeur est justement égale à
l'effort tranchant, comme nous l'avons déjà fait remarquer.

Dans le pont de Langon, pour la partie où cette rivure fatigue le plus,
c'est-à-dire à l'encastrement, dans le cas de la charge de deux travées
consécutives, la variation du moment étant la même pour les deux
nervures supérieure et inférieure, cet effort pour un mètre de longueur est égal à :

$$\frac{\dfrac{dQ}{dx}}{5.50} = 39900^k.$$

En supposant que les rivets travaillent par millimètre carré de section à 5^k, il faut donc qu'il y ait dans un mètre de longueur $\dfrac{39\,900}{5} =$
7980^{mmq}. Les rivets employés étant de 25^{mm} de diamètre, on trouve ainsi
qu'il en faut 16 par mètre courant.

(¹) Voir page 71.

Calcul des pièces de pont. — Les pièces de pont du pont de Langon sont espacées de $2^m,58$; on aurait pu, sans augmenter le poids total, les placer à $3^m,50$ de distance : l'entretoisement du pont est la raison pour laquelle on a préféré le premier écartement.

Le calcul de ces pièces ne présente aucune difficulté ; l'hypothèse la plus défavorable pour les arbalétriers se présente lorsque les roues motrices de deux machines passent sur la pièce de pont ; dans ce cas, la charge totale peut être évaluée à 32 tonnes, et la composante au milieu des arbalétriers est de $10,106^k$. L'effort correspondant pour les arbalétriers est 17685^k, ce qui, à 3^k par mm. q., représente une section de 6200 mm. q, pour les deux pièces. La composante agissant sur le tirant est de 14148^k, ce qui donne pour ce-tirant $2358^{mm.\,q.}$; le fer employé a $2420^{mm.\,q.}$ de section, sans compter les cornières.

Quant à la poutre horizontale, elle est en partie encastrée au milieu, si on suppose que le point supporté par les arbalétriers ne puisse fléchir. La section de cet encastrement incomplet a été renforcée au moyen d'un gousset de 0,40 de longueur ; elle a de plus été calculée comme simplement posée. Il est d'ailleurs convenable de donner à ces pièces un excès de résistance. Par la nature de leur travail, qui se fait pour ainsi dire subitement et par chocs, elles éprouvent des flexions plus considérables proportionnellement que les autres parties du pont.

Les dessins des courbes de résistance que nous donnons dans la planche VIII achèveront d'éclaircir ce que l'exposé des calculs pourrait laisser encore d'obscur. Pour les détails de construction, nous renverrons également aux planches de l'atlas et à la description que nous en donnons plus loin.

Moment de renversement des piles dû à la dilatation des poutres. — La hauteur des piles du pont de Langon, au-dessus de la deuxième retraite, est de $12^m,50$. La charge permanente sur une des piles, lorsque le pont n'est pas chargé, est de 309.600^k.

En admettant 0,15 comme coefficient de frottement des glissières en fonte, l'effort de renversement sera de 46400^k, et le moment 580.500.

L'épaisseur moyenne de la pile est de $4^m,50$, sa largeur de 13^m, et la hauteur de $12^m,50$; son poids est de 4, 5. 13. 12,5. $2000^k.=1462\,500^k$. Le poids du pont est 309 600. Le total est donc 1762 100.

Le moment de stabilité est 1 762 100. 2.25 $=3\,964\,720$, c'est-à-dire d'environ sept fois plus considérable que le moment de renversement.

Si l'on veut supposer que la surcharge séjourne sur le pont pendant l'action de la dilatation, il faut ajouter au poids permanent la charge de 4 tonnes par mètre courant de simple voie, ce qui donnerait sur les piles une résultante horizontale de 1425000. Le moment de renversement serait alors 1.782.500.

Le moment de stabilité serait 4676 625, c'est-à-dire deux fois et demi plus considérable ; au reste, nous avons montré, chap. IV, § 6, 1re partie, pourquoi cette dernière hypothèse ne peut être admise.

LEVAGE ET MONTAGE DU PONT DE LANGON.

L'ouvrage entier a été expédié à Langon du chantier de construction de Paris par fragments dont nous donnons le détail ci-dessous. Le transport s'est effectué par chemin de fer, de Paris à Bordeaux, et par eau, de Bordeaux à Langon.

Poutres du pont. — Ces poutres ont été construites en trois parties séparées, la paroi verticale et les deux tables horizontales.

Les parois verticales étaient expédiées par fragments composés de trois feuilles assemblées entre elles et rivées d'une manière définitive. Ces panneaux présentaient les deux dispositions, *fig.* 112 et *fig.* 113, selon qu'ils se terminaient par une attache de pièce de pont avec goussets ou avec armatures verticales ; les armatures des parois verticales et les goussets servant à relier ces parois aux tables horizontales n'ont pas été fixées aux panneaux, pour éviter des dimensions incommodes et un chargement difficile.

Les petites pièces telles que les goussets reliant les tables horizontales aux parois verticales, les détails de pièces de pont, etc., étaient expédiés par paquets boulonnés. Les armatures des parois verticales étaient expédiées finies, sauf celles qui servent à attacher les pièces de pont à croix de saint André.

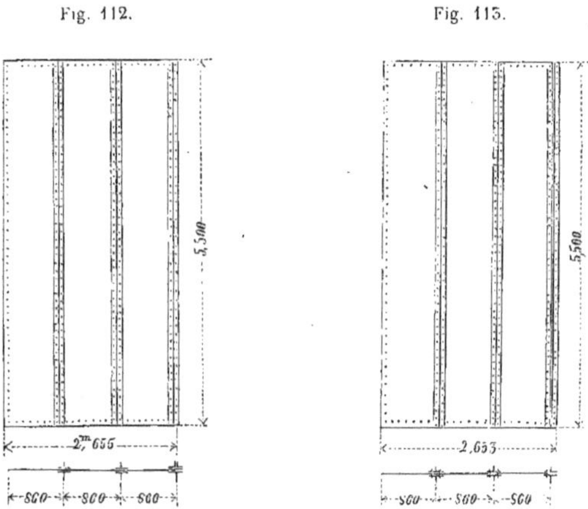

Fig. 112.　　　　　　Fig. 113.

Les tables horizontales étaient rivées, avec les fers plats de renfort et la nervure extérieure; la nervure intérieure n'était pas rivée sur la table pour faciliter l'assemblage de la paroi verticale avec les armatures verticales, goussets, etc., et principalement pour rendre possible la rivure des couvre-joints des cornières d'assemblage des parois verticales avec les nervures horizontales. Cette nervure ainsi que les cornières d'assemblage étaient fixées provisoirement au moyen de boulons.

Les tables horizontales étaient expédiées par fragments de 12^m,90 à 20^m,22 de longueur sur des waggons à plate-forme tournante, couplés deux à deux et permettant les mouvements nécessaires au chargement dans le passage des courbes.

Pièces de pont. — Ces pièces ont été expédiées en quatre parties :
les pièces de pont proprement dites, composées d'une lame et de
quatre cornières rivées;

Les jambes de force complètes;

Les tirants, comprenant une lame en tôle et les cornières rivées ;

Enfin les goussets, formant l'assemblage des jambes de force des
tirants et des armatures des parois verticales, étaient expédiés
isolément.

Les pièces de pont à croix de saint André étaient expédiées en deux
parties distinctes; les diagonales étaient assemblées entre elles avec la
pièce de pont et avec le tirant d'une manière définitive, comme l'indique la *fig.* 114.

Fig. 114.

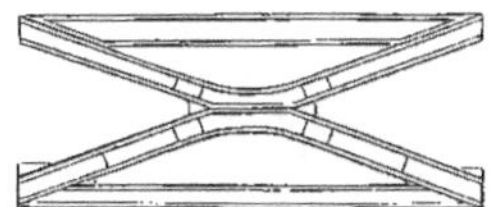

Les deux armatures des parois verticales sur lesquelles s'attache la
croix de saint André n'étaient rivées qu'au levage sur cette pièce;
la croix complète n'aurait pu être mise en place; les fers à T des
parois verticales et les nervures des tables horizontales rendant cette
opération impossible. Les armatures des parois verticales étaient terminées à l'atelier de construction, sauf les cornières extérieures, qui
n'étaient attachées que provisoirement.

Les longerons destinés à recevoir la voie étaient expédiés entièrement achevés, et le contreventement par barres séparées; les trous des
extrémités de ces barres étaient seuls percés; les trous intermédiaires
étaient percés sur place au cliquet. Voici, du reste, le tableau indiquant
la décomposition du pont entier, décomposition nécessitée par les
moyens de transport et de montage.

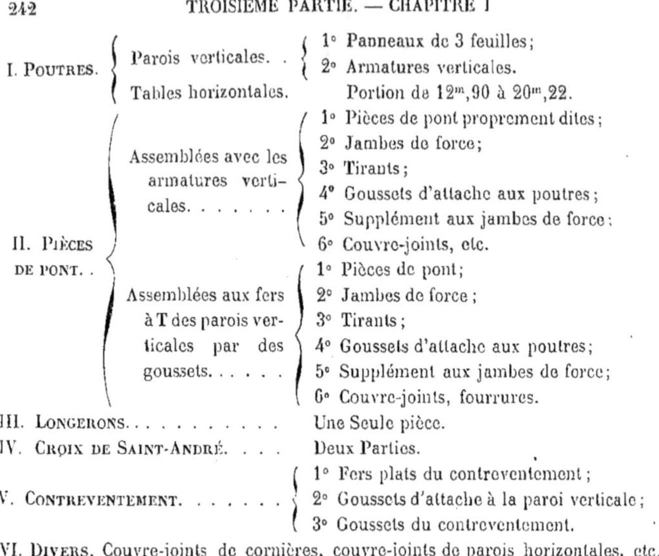

Le chargement, le transport et le déchargement de toutes ces pièces étaient des plus simples, sauf cependant la croix de saint André et les portions de tables horizontales, dont les dimensions embarrassantes et le poids considérable (10000^k) exigèrent l'emploi de grues.

Les waggons chargés arrivant à Bordeaux étaient transportés sur une voie ferrée à une cale d'embarquement, située à 2 kilomètres de la gare, et leur chargement était transbordé sur des gabares, au moyen d'un chariot mobile sur un plan incliné. Quant aux tables horizontales, la forme des gabares obligeait à les placer transversalement ; il en résultait un grand porte-à-faux des extrémités des tables, qui fatiguait beaucoup la rivure. On préféra depuis, pour le transport des ponts du Lot et du Tarn, que l'on devait faire avec les mêmes gabares, expédier les tables par feuilles, et les assembler sur le chantier de levage.

Les gabares remontaient la Garonne jusqu'à Langon, où elles

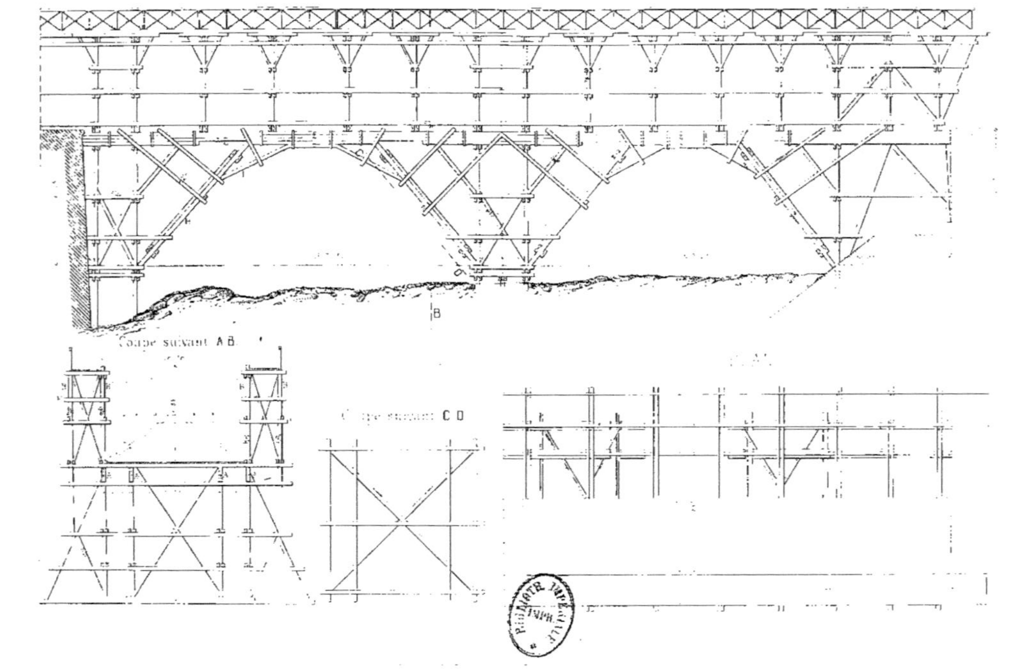

PONT DE SERVICE POUR LE MONTAGE DU PONT DE LANGON
A
B
Coupe suivant A B
Coupe suivant C D

étaient déchargées, soit sur la berge, lorsqu'elles portaient des pièces se manœuvrant avec facilité, telles que les panneaux verticaux, les pièces de pont, etc., soit directement sur le pont de service, ce qui avait lieu pour les tables horizontales. Ce déchargement exigeait une certaine manœuvre que nous décrivons plus loin.

La méthode adoptée pour le levage du pont et son achèvement a exigé la construction d'un pont de service sur une partie de sa longueur, que nous reproduisons dans la planche ci-contre, et de chariots pour le transport des pièces.

Pont de service. — Le pont de service se compose de quatre systèmes de fermes parallèles $AA'A''A'''$, ayant la longueur de deux travées du pont, et reposant sur trois appuis par travée ; elles sont placées chacune à 1^m de l'axe des poutres du pont. Chacune de ces fermes est armée de contre-fiches, moises pendantes, etc., laissant à la navigation des arches de 24^m d'ouverture. Toutes les fermes sont en outre reliées entre elles par un système général de moises et un plancher.

Les poutres et les fiches reposent sur des palées formées de pieux solidement enfoncés dans le sol et rendus solidaires par un chapeau moisé. Les palées sont terminées en aval et en amont par des avant-becs solidement moisés, qui protégent les appuis du pont de service.

Au-dessus des fermes extérieures règne une série de poteaux B distants de $4^m,50$ à 5^m, reliés entre eux par des moises horizontales, et à une autre rangée de poteaux B', par des moises transversales F et des croix de saint André. Les poteaux B' sont embrassés à leur partie inférieure par le prolongement des moises qui relient les fermes entre elles, et qui supportent le plancher. Ces poteaux forment à l'extérieur des fermes de rive des galeries de $6^m,85$ de hauteur ; elles sont recouvertes d'un plancher pour les diverses exigences du service ; les poteaux B supportent de plus une file de rails Brunel sur lesquels manœuvrent les chariots de service. Les moises qui relient les grandes fermes et qui supportent le plancher étant très-écartées, on a en outre placé dans l'intervalle des poutres en bois pour soutenir le plancher.

Le pont de service n'avait pas d'abord été exécuté comme le représente la figure ci-jointe; la grande contre-fiche H, ainsi que les pièces I ont été ajoutées après qu'il s'est produit dans la charpente, pendant la grande crue de 1855, qui a atteint 12^m,50 au-dessus de l'étiage, des mouvements de flexion et de translation, qui ont donné de sérieuses craintes sur la solidité de l'ouvrage. L'addition de ces pièces a été très-efficace.

Fig. 115.

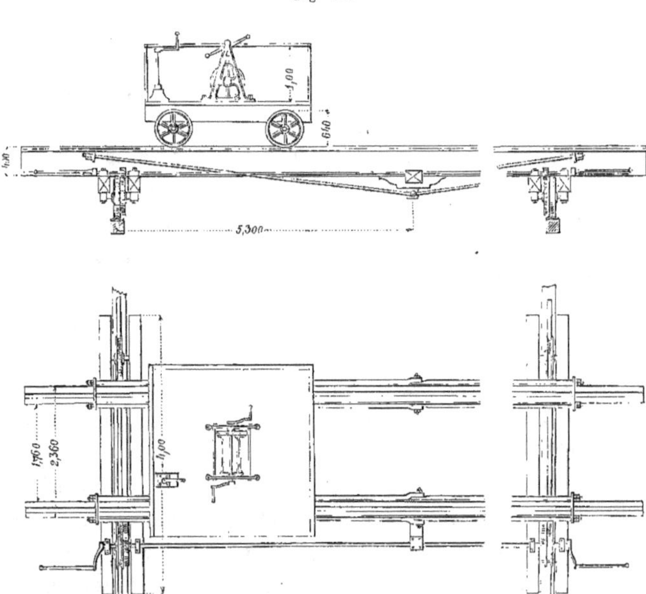

Chariot de service. — Le chariot de service (*fig.* 115), se compose: d'une plate-forme reposant sur les rails des galeries et mobile suivant l'axe du pont; d'un treuil pouvant se déplacer lui-même sur la plate-forme transversalement au pont. La combinaison des deux mouvements permet donc au treuil d'occuper entre les galeries toutes les positions possibles, et d'aborder par conséquent tous les points du tablier du pont de service.

La plate-forme est composée de deux longuerines armées sur lesquelles reposent les rails. Ces longuerines sont reliées par des boulons, et, à leurs extrémités, par deux traverses, entre lesquelles sont placés les galets de roulement. Le système est mis en mouvement au moyen d'une manivelle fixée à l'extrémité d'un arbre parallèle aux longuerines, et qui porte deux pignons; ces pignons commandent des roues dentées accolées aux deux galets qui, par leur adhérence, font avancer le chariot.

Le treuil est établi sur un bâti monté sur roues, et portant un plancher. Il est mis en mouvement sur ses rails par une disposition analogue à celle de la plate-forme.

Deux chariots semblables ont été construits pour le levage du pont. Ce nombre étant trop faible, on a dû en outre installer sur les galeries plusieurs charpentes fixes pour le levage de quelques pièces.

Levage du pont. — Le levage a été précédé de quelques opérations ayant pour objet de déterminer rigoureusement la position définitive du pont. Le pont de Langon présente une pente de 5 millimètres par mètre. Le plan vertical passant par son axe a été déterminé par une ligne de jalons répétée au cordeau sur les piles et sur toute la longueur du pont de service. Deux lignes de jalons parallèles ont été également établies de chaque côté de la première, à une distance de $6^m.15$. Ces dernières lignes permettaient d'apprécier très-facilement les mouvements du pont de service dans le cas de crues et de surcharges.

La position du pont dans le plan vertical a été déterminée par un nivellement; on a placé sur la culée de la rive droite deux mires peintes présentant une ligne horizontale accusée par des couleurs différentes, parallèle à l'arête de la culée et passant à $0^m,30$ au-dessus de la table horizontale inférieure; sur la culée de la rive gauche, on a également placé en face de chaque poutre deux planchettes, dont les arêtes supérieures étaient horizontales et passaient à $1^m,05$ au-dessus de la ligne tracée sur les mires de la culée de droite. Le plan passant par les deux arêtes supérieures des planchettes et les horizontales des mires présentait ainsi une inclinaison de 5^{mm} par mètre, et devait rester parallèle aux tables horizontales du pont. D'autres mires, placées sur les piles, portant une ligne placée dans le plan ainsi déterminé, permettaient de régler la position des poutres plus facilement, et d'obtenir une plus grande exactitude.

Le levage du pont a été commencé par l'extrémité de gauche. Cette méthode a eu l'inconvénient de prendre plus de temps, et d'ajouter toutes les erreurs de longueur, ce qui n'aurait pas eu lieu si on avait commencé par une des piles.

Le transport des différents organes du pont sur le pont de service, à l'exception des tables horizontales, n'a exigé aucune manœuvre spéciale.

Les pièces étaient enlevées du quai sur la culée au moyen d'une chèvre et transportées ensuite à leur place respective avec les chariots de service. Les tables horizontales étaient amenées sur le tablier du pont de la manière suivante :

On enlevait vers le milieu d'une arche du pont de service une partie du plancher entre les deux fermes centrales A' et A", et deux moises transversales successives, de façon à former une ouverture de $4^m,8$ sur $6^m,50$, par laquelle les pièces à enlever étaient prises sur le bateau placé directement au-dessous.

La table horizontale était introduite obliquement par cette ouverture au moyen du treuil amené au-dessus et d'un palan fixé à la charpente; une fois enlevée au-dessus du plancher, la pièce était transportée, au moyen du chariot de service, à la place qu'elle devait occuper définitivement. Lorsqu'elle appartenait à une partie inférieure, elle était reçue sur des chantiers écartés de $2^m,50$ (*fig.* 116) ; chaque chantier se composait de deux fortes pièces de bois placées transversalement à $0^m,40$ l'une de l'autre, et de deux systèmes de coins doubles placés entre les deux pièces, de manière à pouvoir faire varier la hauteur du chantier, et à maintenir l'horizontalité de la table.

Fig. 116.

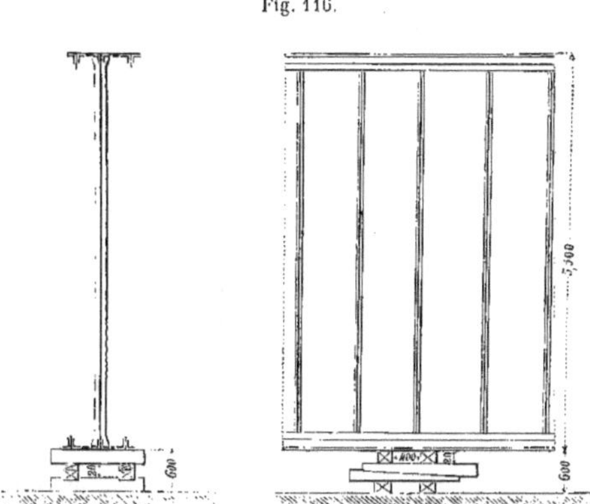

Parois verticales. — La paroi verticale de chaque poutre était mise en place par longueurs de huit panneaux de trois feuilles, soit vingt-quatre feuilles présentant une longueur totale de $20^m,640$. Ces portions de poutres se composaient invariablement du même nombre de feuilles, afin que l'assemblage fait sur place fût toujours un joint simple.

Pour assembler les panneaux entre eux, on disposait un chantier de montage analogue à celui des ateliers, mais tout à fait provisoire, que l'on transportait après la pose de chaque panneau. On plaçait d'abord sur deux longuerines parallèles, écartées de 4^m à $4^m,50$, et maintenues par des cales et des chantiers en bois, les armatures de la paroi verticale, à la place qu'elles devaient occuper ; puis on plaçait les panneaux les uns à côté des autres, et on soutenait le joint entre deux armatures verticales consécutives, au moyen de cales. Par-dessus la paroi ainsi disposée, on plaçait les consoles, armatures, couvre-joints, etc., sauf les goussets, puis on opérait la rivure.

Fig. 117.

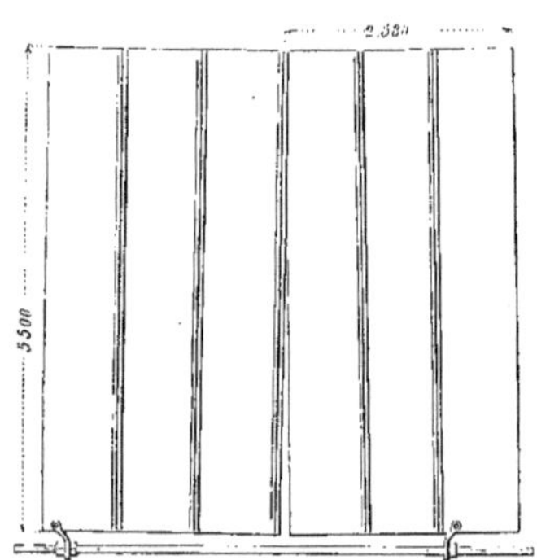

Il s'est présenté dans le cours de ces diverses manœuvres quelques difficultés. En effet, les deux couvre-joints étant rivés sur la portion de la paroi verticale déjà mise en place, la portion de paroi que l'on ajoutait entrait difficilement entre ces deux couvre-joints. On présentait alors cette paroi entre les couvre-joints par un de ses angles (*fig.* 117), et à l'aide d'un serre-joint et de deux crochets que l'on pouvait resserrer au moyen d'un écrou, on rapprochait les panneaux de manière à mettre deux trous en regard pour y passer une broche. Si le serre-joint était insuffisant, on l'enfonçait à coups de masse.

Fig. 118.

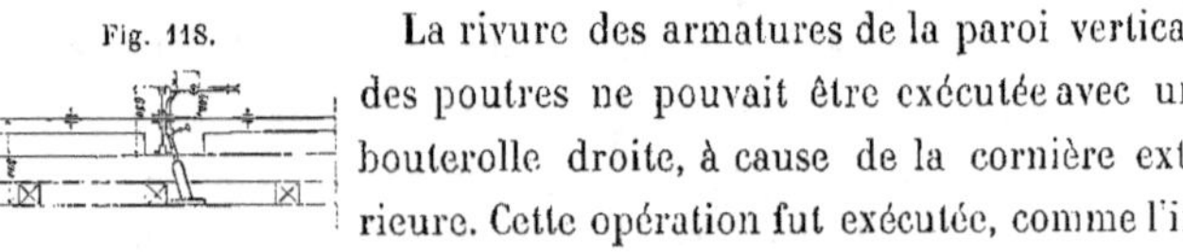

La rivure des armatures de la paroi verticale des poutres ne pouvait être exécutée avec une bouterolle droite, à cause de la cornière extérieure. Cette opération fut exécutée, comme l'indique la *fig.* 118, avec une bouterolle coudée de 0^m,40 de longueur et

en inclinant un peu le turc. On rivait en outre à la paroi verticale les
cornières d'assemblage avec les tables horizontales, de sorte que la
paroi verticale une fois placée sur la table horizontale, les rivets qui
restaient à poser, pour les fixer définitivement, étaient tous verticaux.

Fig. 113.

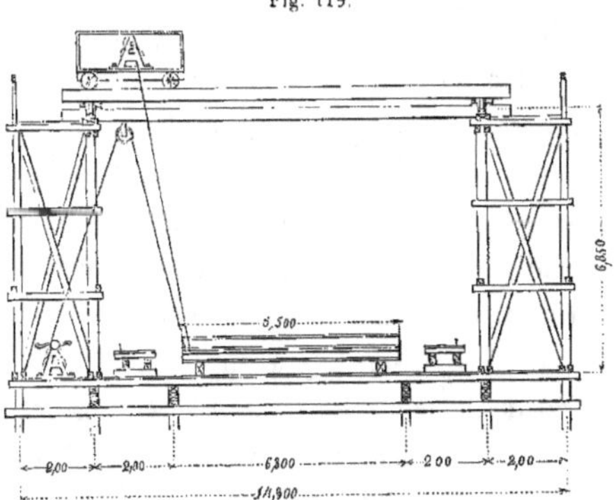

Lorsque l'on avait achevé une partie de $20^m,640$ de paroi verticale,
elle était mise en place de la manière suivante : on soulevait avec des
crics la paroi finie, on enlevait les chantiers qui avaient servi à la
rivure, et on les remplaçait par des longuerines surmontées de rails,
et placées perpendiculairement à la direction des anciens chantiers.
On en disposait trois dans la longueur de la partie à lever, de telle
sorte que le panneau tout entier ne reposait que par les cornières
d'assemblage des parois verticales avec les tables sur les rails. On ob-
tenait par cette substitution un glissement plus facile; on amenait
alors les deux chariots de service au-dessus de la pièce, et on accrochait
des palans à huit brins à la paroi verticale. Cette attache se composait
de deux pièces de fer en étrier, boulonnées à travers les cornières
d'assemblage des parois verticales et horizontales entre lesquelles on
passait une barre de fer servant à accrocher les palans.

Le prix de chaque chariot étant assez élevé, on n'en construisit que deux pour le levage du pont; mais la grande longueur de cette portion de paroi verticale à soulever (20^m,640) exigeait des points de suspension plus nombreux; on en prit quatre. Les deux extrémités furent suspendues à des points fixes établis au moyen de deux poutres reposant sur les galeries et deux points intermédiaires aux chariots de service; un palan était attaché à chacune de ces poutres; le brin conducteur était manœuvré par un treuil placé sur le plancher du pont de service, auquel il était solidement fixé (*fig.* 119).

Les moufles de tous les chariots étant accrochées, quatre hommes munis de crics poussaient le panneau jusqu'au chantier, et les moufles travaillaient simultanément. La paroi glissait doucement sur les rails, et lorsqu'elle était debout et assez élevée pour qu'on pût la mettre en place, on cessait le travail des palans, et on la transportait au moyen des chariots, en lâchant les cordes des palans fixes, ou en les déplaçant eux-mêmes. La durée de cette opération était d'environ 20'. L'emmanchement des deux parois verticales consécutives présentait les mêmes difficultés que pour les panneaux de trois feuilles.

On déplaçait les chariots mobiles de manière à déterminer par l'inclinaison des cordes de suspension un effort qui tendît à pousser le panneau et le forçât à entrer dans le joint. Quand on éprouvait de grandes difficultés, on écartait les cornières du joint avec des pinces, et on poussait la paroi au moyen de crics et de serre-joints, ou on la chassait à coups de masse.

Paroi horizontale supérieure. — Les tables horizontales supérieures se posaient sur la paroi verticale au moyen des deux chariots.

Pièces de pont. — Lorsque les deux poutres étaient construites sur une certaine longueur, on mettait en place toutes les pièces de pont. Les pièces de pont à jambes de force se montaient sans obstacle, et les rivures des assemblages s'achevaient assez facilement. Les pièces de pont à croix de saint André exigeaient une manœuvre particulière. On plaçait sur les galeries deux petites chèvres très-légères, et on soulevait, à l'aide de ces chèvres, les diagonales de la croix de saint André, jusqu'à ce que cette pièce se trouvât plus élevée que les tables horizontales; à ce moment on faisait descendre verticalement la croix, en ayant soin d'introduire les lames des deux armatures verticales entre les goussets d'assemblage du bas des croix et les couvre-joints des diagonales, puis on l'amenait à la place qu'elle devait occuper. On procédait ensuite à la rivure. Cette manœuvre était possible, parce que la lame seule des armatures était fixée à la paroi verticale; les cornières qui en forment la bordure intérieure étaient rivées après la mise en place des diagonales.

Nervures. — Les pièces de pont étant posées, on plaçait les nervures intérieures des tables; la rivure en était très-facile, on pouvait employer le turc. Il était supporté par une grande pièce de bois reposant sur la table horizontale (*fig.* 120).

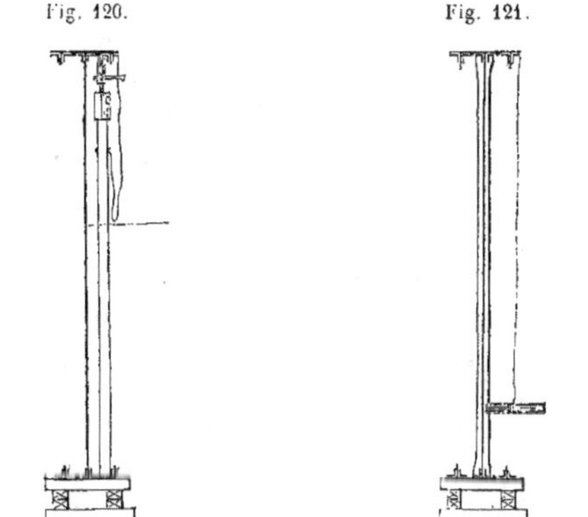

L'assemblage de la table supérieure avec la paroi verticale se faisait de la même manière.

La pose du longeron et du contreventement ne présentèrent rien de particulier.

Tous les joints verticaux ont été rivés en se servant, pour tenir le coup, d'une pièce de fer d'un poids assez considérable (50 à 60 ^{k}), suspendue par un cordage amarré à la partie supérieure de la poutre, et manœuvré par le teneur d'abatage (*fig.* 121).

Cette sorte de turc portait en creux l'empreinte des têtes de rivets.

Pour poser les rivets à diverses hauteurs, les ouvriers haussaient ou baissaient des échafaudages qu'ils se construisaient eux-mêmes.

Le nombre des rivets posés au chantier de construction et au levage dans les différentes parties du pont se décompose comme le montre le tableau ci-dessous :

DÉSIGNATION DES PIÈCES.	RIVETS POSÉS					TOTAL DES RIVETS POSÉS.	OBSERVATIONS.
	A L'ATELIER.	PROPORTION p. 0/0.	AU LEVAGE.				
			SUR CHANTIER A PLAT.	EN PLACE.	PROPORTION p. 0/0.		
Poutres............	135.294	0.515	7.040	39.840	0.178	182.144	
Pièces de pont.......	27.624	0.104	»	25.504	0.100	53.128	
Croix de saint André.	3.264	0.013	»	2.580	0.010	5.844	
Longerons..........	16.560	0.063	»	3.600	0.014	20.160	
Contreventement....	»	»	»	1.720	0.006	1.720	.
	182.742	0.70	7.040	73.214	0.30	262.996	

La quantité de rivets posés au levage est le 1/3 du nombre total.

Pour compléter cet historique, nous renverrons au chapitre de la construction, page 187, où nous avons donné un tableau détaillé du rapport des travaux de main-d'œuvre exigés par les différentes opérations de construction de ce pont.

Le levage et l'achèvement du pont sur place s'est fait en neuf mois ; la durée de cette opération aurait pu être réduite à trois mois, sans des conditions toutes particulières qui ont entravé la marche du travail.

§ 4. — PONTS A QUATRE TRAVÉES.

Formules générales.—Supposons (*fig.* 122) une poutre reposant sur cinq appuis ; en conservant les notations précédentes et en appelant :

l^{iv} la longueur de la quatrième travée ;

p^{iv} le poids par mètre courant ;

θ'''_2 et q'''_2 les quantités proportionnelles aux tangentes et aux moments pour le quatrième appui du côté de la quatrième travée ; soient en outre, pour le cinquième point d'appui :

Q^{iv}_0 le moment de rupture ;

α^{iv}_0 la tangente de l'angle de la pièce avec l'horizontale ;

θ^{iv}_1 et q^{iv}_1 les quantités proportionnelles à la tangente et au moment sur le dernier appui, nous aurons les équations suivantes :

Fig. 122.

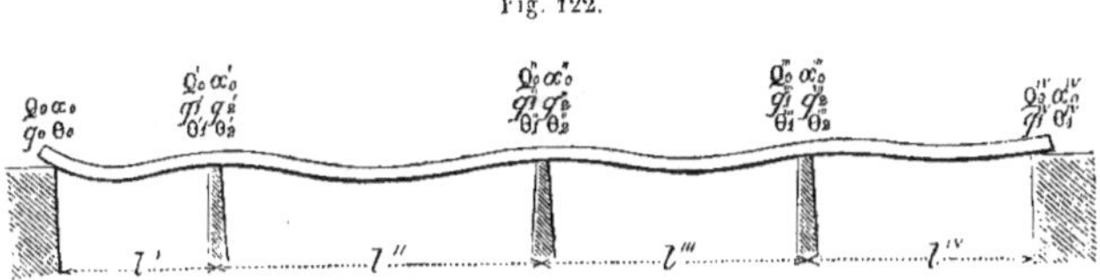

Pour la première travée :

$$(1) \quad Q_0 = \frac{2}{8}\, q l'^2 = o.$$

$$(2) \quad Q'_0 = \frac{2}{8}\, q'_1 l'^2.$$

$$(3) \quad \alpha_0 = \frac{l'^3}{24\varepsilon}\, \theta.$$

$$(4) \quad \alpha'_0 = \frac{l'^3}{24\varepsilon}\, \theta'_1.$$

$$(5) \quad q'_1 = p' - 2q - \theta.$$

$$(6) \quad \theta'_1 = p' - 3q - 2\theta.$$

Pour la deuxième travée :

$$(1') \quad Q'_0 = \frac{2}{8} q'_2 l''^2.$$

$$(2') \quad Q''_0 = \frac{2}{8} q''_1 l''^2.$$

$$(3') \quad \alpha'_0 = \frac{l''^3}{24\varepsilon} \theta'_2.$$

$$(4') \quad \alpha''_0 = \frac{l''^3}{24\varepsilon} \theta''_1.$$

$$(5') \quad q''_1 = p'' - 2q'_2 - \theta'_2.$$

$$(6') \quad \theta''_1 = p'' - 3q'_2 - 2\theta'_2.$$

Pour la troisième travée :

$$(1'') \quad Q''_0 = \frac{2}{8} q''_2 l'''^2.$$

$$(2'') \quad Q'''_0 = \frac{2}{8} q'''_1 l'''^2.$$

$$(3'') \quad \alpha''_0 = \frac{l'''^3}{24\varepsilon} \theta''_2.$$

$$(4'') \quad \alpha'''_0 = \frac{l'''^3}{24\varepsilon} \theta'''_1.$$

$$(5'') \quad q'''_1 = p''' - 2q''_1 - \theta''_2.$$

$$(6'') \quad \theta'''_1 = p''' - 3q''_1 - \theta''_2.$$

Pour la quatrième travée :

$$(1''') \quad Q'''_0 = \frac{2}{8} q'''_2 l^{\mathrm{IV}2}.$$

$$(2''') \quad Q^{\mathrm{IV}}_0 = \frac{2}{8} q^{\mathrm{IV}}_1 l^{\mathrm{IV}2} = 0.$$

$$(3''') \quad \alpha'''_0 = \frac{l^{\mathrm{IV}3}}{24\varepsilon} \theta'''_2.$$

$$(4''') \quad \alpha^{\mathrm{IV}}_0 = \frac{l^{\mathrm{IV}3}}{24\varepsilon} \theta^{\mathrm{IV}}_1.$$

$$(5''') \quad q^{\mathrm{IV}}_1 = p^{\mathrm{IV}} - 2q'''_1 - \theta'''_2.$$

$$(6''') \quad \theta^{\mathrm{IV}}_1 = p^{\mathrm{IV}} - 3q'''_1 - \theta'''_2.$$

Remarquons d'abord que $Q_0 = o$ et $Q''_0 = o$. D'où on conclut $q = o$ et $q'' = o$. Cela posé, en opérant comme nous l'avons fait dans le cas des trois travées, et en appelant m_3 le rapport $\dfrac{l'''}{l^{iv}}$, nous trouvons successivement les équations :

$$\theta'_1 = 2q'_1 - p'_1. \qquad (a)$$
$$q''_1 = p'' - 2m^2_1 q'_1 - m^3_1 \theta'_1. \qquad (b)$$
$$\theta''_1 = p'' - 3m^2_1 q'_1 - 2m^3_1 \theta'_1. \qquad (b_1)$$
$$q'''_1 = p''' - 2m^2_2 q''_1 - m^3_2 \theta''_1. \qquad (c)$$
$$\theta'''_1 = p''' - 3m^2_2 q''_1 - 2m^3_2 \theta''_1. \qquad (c_1)$$
$$q^{IV}_1 = p^{IV} - 2m^2_3 q'''_1 - m^3_3 \theta'''_1. \qquad (d)$$
$$\theta^{IV}_1 = p^{IV} - 3m^2_3 q'''_1 - 2m^3_3 \theta'''_1. \qquad (d_1)$$

Au moyen de ces équations, il est facile de trouver la valeur de q'_1 ; pour cela, portons celle de θ'_1 dans les équations (b) et (b_1), nous aurons q''_1 et θ''_1 en fonction d'une seule inconnue q'_1. Portons ensuite ces valeurs q''_1 et θ''_1 dans les équations (c) et (c_1), nous aurons q'''_1 et θ'''_1 en fonction de q'_1 ; portons enfin ces valeurs de q'''_1 et θ'''_1 dans l'équation (d), nous aurons q^{IV}_1 en fonction de q'_1. Mais nous avons vu que q'' est égal à o, nous pouvons donc déduire de là la valeur de q'_1, et nous trouverons :

$$q'_1 = \frac{p^{IV} - m^2_3(2+m_2)p''' + m_2 m^2_3(1+2m_2+2m_2 m_3+3m_3)p'' + m^2_1 m^2_2 m^2_3(4+4m_2+4m_2 m_3+3m_3)p'}{m^2_1 m^2_2 m^2_3(8+8m_1+8m_1 m_2+8m_1 m_2 m_3+6m_2+6m_3+6m_2 m_3+6m_2 m_3)}.$$

Connaissant q'_1, l'équation (a) nous donnera θ'_1, et en substituant dans les équations (b) et (b_1), nous aurons q''_1 et θ''_1, en substituant dans l'équation (c) nous aurons q'''_1.

Cela posé, les équations (2), $(2')$, $(2'')$ nous donneront les valeurs de Q'_0, Q''_0 et Q'''_0. La substitution de ces valeurs dans l'équation générale d'une travée [1]

$$Q = Q_0^{m-1} + \frac{p^m x^2}{2} - \left(\frac{p^m l^m}{2} + \frac{Q_0^{m-1} - Q_0^m}{l^m}\right)x,$$

[1] Voir page 38.

donnera l'équation de chacune des travées, au moyen desquelles on construira la courbe des moments de rupture.

Application des formules précédentes au calcul du pont de Britannia. — Nous choisirons pour exemple du calcul d'un pont à quatre arches le célèbre pont de Britannia, construit par M. R. Stephenson, sur le détroit de Menai.

La hauteur du pont au-dessus du niveau des eaux et le nombre d'arches de ce travail d'art gigantesque furent déterminés par la condition de ne point aggraver les difficultés de la navigation dans le détroit, qui est tortueux, encombré de rochers, et dans lequel la marée détermine des courants très-rapides.

Le système de poutres tubulaires fut adopté par M. Stephenson, qui le préféra à plusieurs autres alors proposés, comme présentant plus de garantie pour un levage facile et rapide. La rigidité des poutres permit en effet de les construire et de les monter par fragments, ayant la longueur des travées, et l'on put ainsi construire le pont en entier, sans le secours d'un pont de service ou de palées provisoires, et sans entraver la navigation, même temporairement ([1]). Ce pont, dont nous donnons les principaux détails dans l'atlas, se compose de deux tubes continus, portant une voie chacun; ces tubes reposent sur trois piles et deux culées, disposées symétriquement par rapport au milieu du pont. Les deux travées du milieu ont $152^m,04$, et les extrêmes $78^m,33$ entre les axes des piles.

En introduisant dans la valeur générale de q'_1 que nous venons de donner la condition de la symétrie du pont et de l'égalité des arches deux à deux, par rapport à l'axe, c'est-à-dire en posant:

$$m_1 = \frac{l'}{l''}, \; m_2 = 1, \; m_3 = \frac{1}{m_1}, \text{ on aura:}$$

$$q'_1 = \frac{m^3_1 p^{IV} - p''' (1+2m_1) + p'' (6m_1+5) + m^3_1 p' (7+8m_1)}{m^2_1 (12 + 28m_1 + 16m^2_1)};$$

([1]) Voir *the Britania and Convay tubular bridges*, par M. Edwin Clark.

Les valeurs que nous avons adoptées pour le poids des différentes parties du pont sont les suivantes :

Le poids de 1 mètre de longueur d'un tube des grandes travées $= 11300^k$.

— — des petites travées $= 8700$.

Nous avons supposé dans les calculs suivants que chaque travée séparément, ou les deux premières ensemble pouvaient supporter une surchage de 4000^k par mètre courant de voie, mais pour les deux travées du milieu qui présentent une longueur totale d'environ 300^m, nous avons réduit ce chiffre à 3000. Nous n'avons pas admis que ce pont pût être soumis à une surcharge uniformément répartie sur toute sa longueur, ce qui correspondrait en effet à des conditions de résistance dans lesquelles il ne peut se trouver placé.

Les longueurs des travées sont : $l' = l^{\mathrm{iv}} = 74^m$. $l'' = l''' = 144^m$

On aura donc : $\quad m_1 = \dfrac{74}{144}, m_2 = 1, = m_3, \dfrac{144}{74}.$

Les hypothèses à faire pour déterminer approximativement la courbe des moments maximum sont les suivantes :

1° Le pont soumis seulement à son propre poids.

2° La première travée seule chargée de 4000^k par mètre courant ;

3° La deuxième travée seule chargée de 4000^k par mètre courant ;

4° La deuxième et la troisième travée chargées ensemble de 3000^k
    par mètre courant ;

5° La première et la deuxième travée chargées ensemble de 3000^k
    par mètre courant.

Les formules générales dans lesquelles on introduira les hypothèses et les données précédentes seront en résumé :

$$(1) \quad q'_1 = \frac{m_1^3 p^{\mathrm{iv}} - p''' (1 + 2m_1) + p'' (6m_1 + 5) + m_1^3 p' (7 + 8m_1)}{m_1^2 (12 + 28m_1 + 16m_1^2)}.$$

$$q''_1 = p' - 2m^2_1 q'_1 - m^3_1 (2q'' - p').$$

$$Q'_0 = \frac{2}{8} q'_1 l'^2.$$

$$Q''_0 = \frac{2}{8} q''_1 l''^2.$$

$$A = \frac{p'l'}{2} - \frac{Q'_0}{l'}.$$

$$A'_1 = \frac{p'l'}{2} + \frac{Q'_0}{l'}.$$

$$A'_2 = \frac{p''l''}{2} + \frac{Q'_0 - Q''_0}{l''}.$$

$$A''_1 = \frac{p''l''}{2} + \frac{Q''_0 - Q'_0}{l''}.$$

$$A''_2 = \frac{p'''l'''}{2} + \frac{Q''_0 - Q'''_0}{l'''}.$$

Nous avons résumé dans les cinq tableaux suivants les principaux résultats fournis par l'application des formules aux cinq hypothèses que nous avons considérées.

Nous donnons dans l'atlas la disposition générale, les principaux détails, les courbes de résistance et la division des tôles du pont de Menai. Nous n'ajouterons aucun détail sur l'historique du magnifique ouvrage qui a été l'objet d'une publication spéciale et justement appréciée de M. Edwin Clark.

PREMIÈRE HYPOTHÈSE. — La surcharge est nulle (*fig.* 123).

Fig 123.

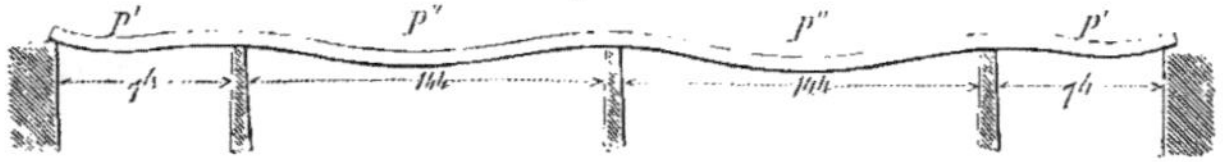

$$p' = p^{\mathrm{IV}} = \ 8700 \text{ kilog.}$$
$$p'' = p''' = 11300$$

TABLEAU RÉSUMÉ DES RÉSULTATS PRINCIPAUX TIRÉS DE L'APPLICATION DES FORMULES A LA PREMIÈRE HYPOTHÈSE.

Nos D'ORDRE des APPUIS.	des TRAVÉES.	ÉQUATIONS DES COURBES DES MOMENTS.	ABSCISSES DES POINTS d'inflexion	DES POINTS correspond. aux moments maximum.	VALEURS DES MOMENTS MAXIMUM.	sur LES APPUIS.	EFFORTS TRANCHANTS maximum.	RÉACTIONS TOTALES sur les appuis.
1re Culée.						0	$A = 132588$ (kilog.)	132588 (kilog.)
	1re	$Q = 4350\,x^2 - 132615{,}03\,x,$	$x' = 0$	$15^m,24$	$-\ 1010725$			
2e Pile.			$x'' = 30^m,49$			14007088	$A'_1 = 511212$	1267295
	2me	$Q = 5650\,x^2 - 756108{,}88\,x + 14007087$	$x' = 22^m,22$	$66\ ,91$	-11289401		$A'_2 = 756083$	
3e idem.			$x'' = 111^m,60$			22755608	$A''_1 = 871117$	1742231
	3me	$Q = 5650\,x^2 - 871090{,}92\,x + 22285808$	$x' = 32^m,39$	$77\ ,09$	-11289386		$A''_3 = 871117$	
4e idem.			$x'' = 121^m,79$			14007116	$A'''_1 =$	
	4me	$Q = 4350\,x^2 - 511185{,}35\,x + 14007116$	$x' = 43^m,53$	$58\ ,75$	$-\ 1010715$		$A'''_2 =$	
5e Culée.			$x'' = 74^m,00$			0	$A^{\mathrm{IV}}_1 =$	

DEUXIÈME HYPOTHÈSE. — La première travée seule chargée (*fig.* 124).

Fig. 124.

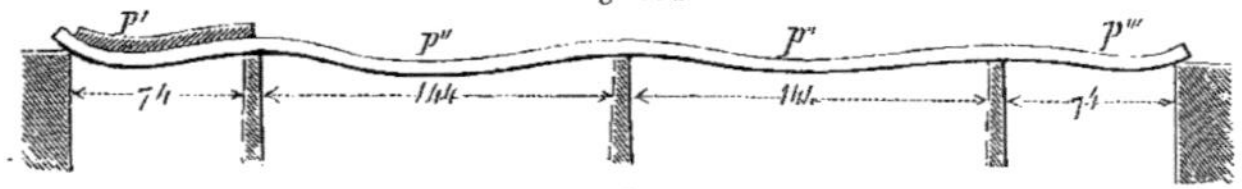

$$p' = 12700 \text{ kil.}$$
$$p'' = p''' = 11500$$
$$p^{iv} = 8600$$

TABLEAU RÉSUMÉ DES RÉSULTATS PRINCIPAUX TIRÉS DE L'APPLICATION DES FORMULES A LA DEUXIÈME HYPOTHÈSE.

N° D'ORDRE des APPUIS.	N° D'ORDRE des TRAVÉES.	ÉQUATIONS DES COURBES DES MOMENTS.	ABSCISSES DES POINTS d'inflexion.	ABSCISSES DES POINTS correspond. aux moments maximum.	VALEURS DES MOMENTS MAXIMUM.	VALEURS DES MOMENTS sur LES APPUIS.	EFFORTS tranchants maximum.	RÉACTIONS TOTALES sur les appuis.
1re Culée.						0	kilog. $A = 266827$	kilog. 266827
	1re	$Q = 6350x^2 - 266815{,}14\,x$	$x' = 0$; $x' = 43^m{,}02$	$21^m{,}01$	$- 2802769$			
2e Pile.						15028279	$A'_1 = 672073$	1451648
	2me	$Q = 5650x^2 - 765132{,}61\,x + 15028279$	$x' = 23^m{,}84$; $x' = 111^m{,}58$	$67\ {,}71$	$- 10875633$		$A'_2 = 778665$	
3e idem.						22007583	$A''_1 =$	
	3me	$Q = 5650x^2 - 868393{,}08\,x + 22007583$	$x' = 32^m{,}02$; $x' = 121^m{,}86$	$76\ {,}85$	$- 11363367$		$A''_2 =$	
4e idem.						14117379	$A'''_1 =$	
	4me	$Q = 4350x^2 - 512675{,}40\,x + 14117379$	$x' = 43^m{,}85$; $x' = 74^m$	$58\ {,}93$	$- 988162$		$A'''_2 =$	
5e Culée.						0	$A^{iv}_1 =$	

TROISIÈME HYPOTHÈSE. — La deuxième travée seule chargée (*fig.* 125).

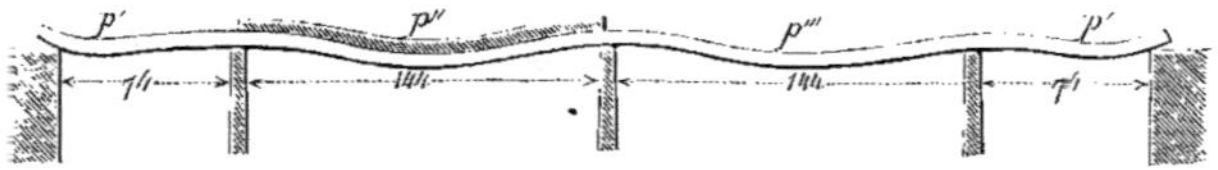

Fig. 125.

$$p' = p^{\text{iv}} = \quad 8700 \text{ kilog.}$$
$$p'' = \quad 15300$$
$$p''' = \quad 11300$$

TABLEAU RÉSUMÉ DES RÉSULTATS PRINCIPAUX TIRÉS DE L'APPLICATION DES FORMULES DE LA TROISIÈME HYPOTHÈSE.

Nᵒˢ D'ORDRE des APPUIS.	des TRAVÉES.	ÉQUATIONS DES COURBES DES MOMENTS.	ABSCISSES DES POINTS d'inflexion.	ABSCISSES DES POINTS correspond. aux moments maximum.	VALEURS DES MOMENTS MAXIMUM.	VALEURS DES MOMENTS sur LES APPUIS.	EFFORTS TRANCHANTS maximum.	RÉACTIONS TOTALES sur les appuis.
1ʳᵉ Culée.						0	$A = 58633$ kilog.	58633 kilog.
	1ʳᵉ	$Q = 4350\,x^2 - 58633,35\,x \ldots$	$x' = 0$; $x'' = 13^{\mathrm{m}},48$	$6^{\mathrm{m}},74$	-197579			
2ᵉ Pile.						19481732	$A'_2 = 585162$; $A'_3 = 1053252$	1638414
	2ᵐᵉ	$Q = 7050\,x^2 - 1053247,33\,x + 19481732 \ldots$	$x' = 22^{\mathrm{m}},02$; $x'' = 115^{\mathrm{m}},66$	$68,84$	-16770877			
3ᵉ idem.						26444517	$A''_1 = 1149948$; $A''_2 = 909537$	2059485
	3ᵐᵉ	$Q = 5650\,x^2 - 909511,56\,x + 26444517 \ldots$	$x' = 38^{\mathrm{m}},09$; $x'' = 122^{\mathrm{m}},89$	$80,49$	-10157752			
4ᵉ idem.						12633252	$A'''_1 =$; $A'''_2 =$	
	4ᵐᵉ	$Q = 4350\,x^2 - 492619,63\,x + 12633252 \ldots$	$x' = 39^{\mathrm{m}},26$; $x'' = 74^{\mathrm{m}}$	$56,62$	-1313554			
5ᵉ Culée.						0	$A^{\text{iv}}_1 =$	

QUATRIÈME HYPOTHÈSE. — La première et la deuxième travée seules chargées (*fig.* 126).

Fig. 126.

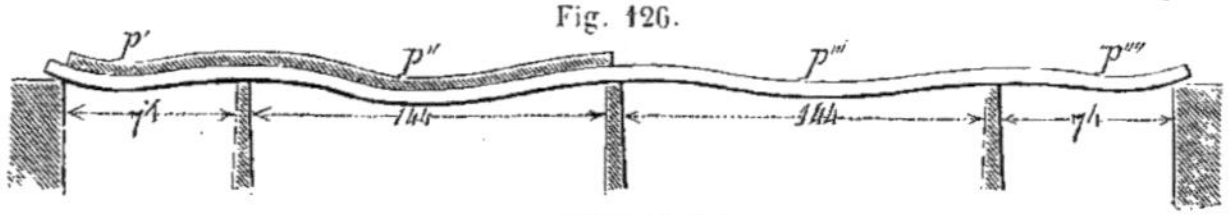

$$p' = 12700 \text{ kilog.}$$
$$p'' = 15300$$
$$p''' = 11300$$
$$p^{\text{IV}} = 8700$$

TABLEAU RÉSUMÉ DES RÉSULTATS PRINCIPAUX TIRÉS DE L'APPLICATION DES FORMULES A LA QUATRIÈME HYPOTHÈSE.

N^os D'ORDRE des appuis.	N^os D'ORDRE des travées.	ÉQUATIONS DES COURBES DES MOMENTS.	ABSCISSES des points d'inflexion.	ABSCISSES des points correspond. aux moments *maximum*.	VALEURS DES MOMENTS maximum.	VALEURS DES MOMENTS sur les appuis.	EFFORTS TRANCHANTS *maximum*.	RÉACTIONS TOTALES sur les appuis.
1re Culée.						0	A = 192833	192833
	1re	$Q = 6350\,x^2 - 192833,45x$	$x' = 0$; $x'' = 30^m,36$	$15^m,18$	— 1463981			
2e Pile.						20502924	$A'_1 = 746967$; $A'_2 = 1062271$	1809238
	2me	$Q = 7650\,x^2 - 1062271,06\,x + 20502924$	$x' = 23^m,17$; $x'' = 115^m,69$	69 ,43	—16373577			
3e *idem*.						26166291	$A''_1 =$; $A''_2 =$	
	3me	$Q = 5650\,x^2 - 906941,88\,x + 26166291$	$x' = 37^m,71$; $x'' = 122^m,81$	80 ,26	—10229428			
4e *idem*.						12728418	$A'''_1 =$; $A'''_2 =$	
	4me	$Q = 4350\,x^2 - 493660,28\,x + 12728418$	$x' = 39^m,54$; $x'' = 74$	56 ,77	— 1251283			
5e Culée.						0	$A^{\text{IV}}_1 =$	

CINQUIÈME HYPOTHÈSE. — La deuxième et la troisième travée seules chargées (*fig.* 127).

Fig. 127.

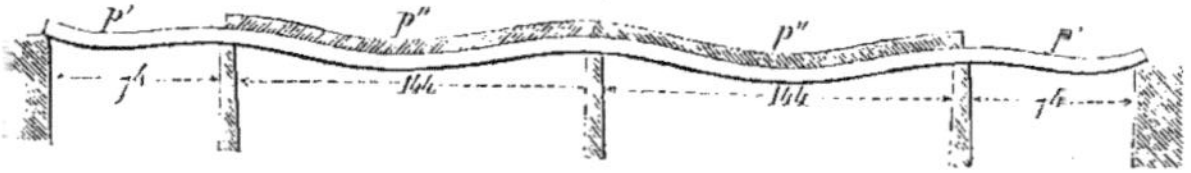

$$p' = p^{iv} = \quad 8700 \text{ kilog.}$$
$$p'' = p''' = 14300$$

TABLEAU RÉSUMÉ DES RÉSULTATS PRINCIPAUX TIRÉS DE L'APPLICATION DES FORMULES A LA CINQUIÈME HYPOTHÈSE.

N⁰ˢ d'ordre des appuis	des travées	ÉQUATIONS DES COURBES DES MOMENTS.	ABSCISSES des points d'inflexion.	ABSCISSES des points correspond. aux moments maximum.	VALEURS DES MOMENTS maximum.	VALEURS DES MOMENTS sur les appuis.	EFFORTS TRANCHANTS maximum.	RÉACTIONS TOTALES sur les appuis.
1re Culée.						0	$A = 91048$	91048
	1re	$Q = 4350\,x^2 - 91048{,}12\,x$	$x' = 0$	$10^m{,}46$	-476429			
2e Pile.			$x' = 20^m{,}93$			17083039	$A'_1 = 551232$	1501324
	2me	$Q = 7150\,x^2 - 950150{,}50\,x + 17083039$	$x' = 21^m{,}44$	$66{,}44$	-14482929		$A'_2 = 950092$	
3e id.			$x'' = 111^m{,}44$			28523767,68	$A''_1 = 1109036$	2218073
	3me	$Q = 7150\,x^2 - 1109048{,}04\,x + 28523767$	$x = 32^m{,}55$	$77{,}55$	-14482807		$A'_2 = 1109036$	
4e id.			$x'' = 122^m{,}55$			17084887	$A'''_1 =$	
	4me	$Q = 4350\,x^2 - 552776{,}86\,x + 17084887$	$x' = 53^m{,}08$	$63{,}54$	-476162		$A'''_2 =$	
5e Culée.			$x'' = 74^m{,}00$			0	$A^{iv} =$	

§ 5. — PONTS A CINQ TRAVÉES.

Formules générales. — Conservons les mêmes notations que précédemment, et appelons (*fig.* 128) :

l^v la longueur de la cinquième travée,

p^v le poids par mètre courant sur cette travée,

θ^{iv}_2 et q^{iv}_2 les quantités proportionnelles à la tangente et au moment sur le cinquième point d'appui du côté de la cinquième travée.

Soient pour le sixième point d'appui :

Q^v_0 le moment de rupture,

α^v_0 la tangente de l'angle,

θ^v_1 et q^v_1 les quantités proportionnelles, nous aurons les équations :

Fig. 128.

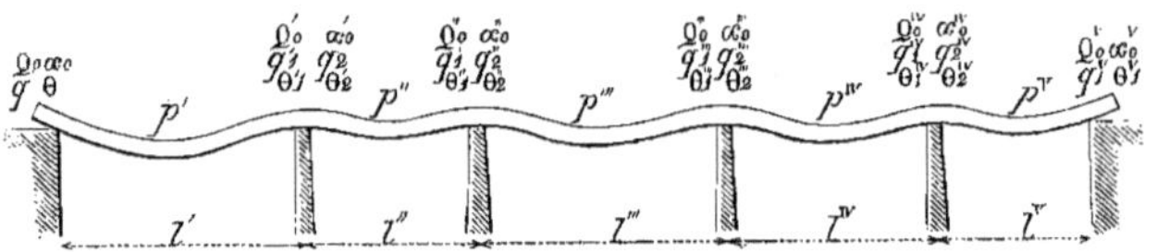

Pour la première travée.

$$(1) \quad Q_0 = \frac{2}{8} q l'^2 = o.$$

$$(2) \quad Q'_0 = \frac{2}{8} q'_1 l'^2.$$

$$(3) \quad \alpha_0 = \frac{l'^3}{24\varepsilon} \theta.$$

$$(4) \quad \alpha'_0 = \frac{l'^3}{24\varepsilon} \theta'_1.$$

$$(5) \quad q'_1 = p' - 2q - \theta.$$

$$(6) \quad \theta'_1 = p' - 3q - 2\theta.$$

Pour la deuxième travée.

$$(1') \quad Q'_0 = \frac{2}{8} q'_2 l''^2.$$

$$(2') \quad Q''_0 = \frac{2}{8} q''_1 l''^2.$$

$$(3') \quad \alpha'_0 = \frac{l''^3}{24\varepsilon} \theta'_2.$$

$$(4') \quad \alpha'_0 = \frac{l''^3}{24\varepsilon} \theta''_1.$$

$$(5') \quad q''_1 = p'' - 2q'_2 - \theta'_2.$$

$$(6') \quad \theta''_1 = p'' - 3q'_2 - 2\theta'_2.$$

Pour la troisième travée.

$$(1'') \quad Q''_0 = \frac{2}{8} q''_2 l'''^2.$$

$$(2'') \quad Q'''_0 = \frac{2}{8} q'''_1 l'''^2.$$

$$(3'') \quad \alpha''_0 = \frac{l'''^3}{24\varepsilon} \theta''_2.$$

$$(4'') \quad \alpha'''_0 = \frac{l'''^3}{24\varepsilon} \theta'''_1.$$

$$(5'') \quad q'''_1 = p''' - 2q''_1 - \theta''_2.$$

$$(6'') \quad \theta'''_1 = p''' - 3q''_1 - \theta'_2.$$

Pour la quatrième travée.

$$(1''') \quad Q'''_0 = \frac{2}{8} q'''_2 l^{iv\,2}.$$

$$(2''') \quad Q^{iv}_0 = \frac{2}{8} q^{iv}_1 l^{iv\,2}.$$

$$(3''') \quad \alpha'''_0 = \frac{l^{iv\,3}}{24\varepsilon} \theta'''_2.$$

$$(4''') \quad \alpha^{iv}_0 = \frac{l^{iv\,3}}{24\varepsilon} \theta^{iv}_1.$$

$$(5''') \quad q^{iv}_1 = p^{iv} - 2q'''_1 - \theta'''_2.$$

$$(6''') \quad \theta^{iv}_1 = p^{iv} - 3q'''_1 - \theta'''_2.$$

Pour la cinquième travée.

$$(1^{\text{IV}}) \quad Q^{\text{IV}}{}_0 = \frac{2}{8}\, q^{\text{IV}}{}_2 l^{\text{V}2}.$$

$$(2^{\text{IV}}) \quad Q^{\text{V}}{}_0 = \frac{2}{8}\, q^{\text{V}}{}_1 l^{\text{V}2} = o.$$

$$(3^{\text{IV}}) \quad \alpha^{\text{IV}}{}_0 = \frac{l^{\text{V}3}}{24\varepsilon}\, \theta^{\text{IV}}{}_2.$$

$$(4^{\text{IV}}) \quad \alpha^{\text{V}}{}_0 = \frac{l^{\text{V}3}}{24\varepsilon}\, \theta^{\text{V}}{}_1.$$

$$(5^{\text{IV}}) \quad q^{\text{V}}{}_1 = p^{\text{V}} - 2q^{\text{IV}}{}_1 - \theta^{\text{IV}}{}_2.$$

$$(6^{\text{IV}}) \quad \theta^{\text{V}}{}_1 = p^{\text{V}} - 3q^{\text{IV}}{}_1 - \theta^{\text{IV}}{}_2.$$

Remarquons d'abord que $Q_0 = o$ et $Q^{\text{V}}{}_0 = o$, d'où on tire $q = o$ et $q^{\text{V}}{}_1 = o$.

Cela posé, en opérant de la même manière que pour les cas précédents, nous trouverons successivement les équations :

$$\theta'{}_1 = 2q'{}_1 - p'. \qquad (a)$$

$$q''{}_1 = p'' - 2m^2{}_1 q'{}_1 - m^3{}_1 \theta'{}_1. \qquad (b)$$

$$\theta''{}_1 = p'' - 3m^2{}_1 q'{}_1 - 2m^3{}_1 \theta'{}_1. \qquad (b_1)$$

$$q'''{}_1 = p''' - 2m^2{}_2 q''{}_1 - m^3{}_2 \theta''{}_1. \qquad (c)$$

$$\theta'''{}_1 = p''' - 3m^2{}_2 q''{}_1 - 2m^3{}_2 \theta''{}_1. \qquad (c_1)$$

$$q^{\text{IV}}{}_1 = p^{\text{IV}} - 2m^2{}_3 q'''{}_1 - m^3{}_3 \theta'''{}_1. \qquad (d)$$

$$\theta^{\text{IV}}{}_1 = p^{\text{IV}} - 3m^2{}_3 q'''{}_1 - 2m^3{}_3 \theta'''{}_1. \qquad (d_1)$$

$$q^{\text{V}}{}_1 = p^{\text{V}} - 2m^2{}_4 q^{\text{IV}}{}_1 - m^3{}_4 \theta^{\text{IV}}{}_1. \qquad (e)$$

$$\theta^{\text{V}}{}_1 = p^{\text{V}} - 3m^2{}_5 q^{\text{IV}}{}_1 - 2m^3{}_4 \theta^{\text{IV}}{}_1. \qquad (e_1)$$

Par des substitutions successives nous arriverons à avoir q^{V}, en fonction de $q'{}_1$ et comme $q^{\text{V}}{}_1 = o$ on pourra tirer $q'{}_1$. On trouve ainsi :

$$q'{}_1 = \frac{-p^{\text{V}} + M_4 p^{\text{IV}} + M_3 p''' + M_2 p'' + M_1 p'}{N}.$$

Dans cette formule les coefficients M_1, M_2, M_3, M_4 et le dénominateur N ont les valeurs suivantes :

$$M_4 = + m^2{}_4 (2 + m_4).$$

$$M_3 = - m^2{}_3 m^2{}_4 [4 + 2m_3 + 2m_2 m_3 + 3m_4].$$

$$M_2 = + m^2{}_2 m^3{}_3 m^2{}_4 [4(2 + m_3 + m_2 m_3 + m_2 m_3 m_4) + 6(m_2 + m_4 + m_2 m_4)$$
$$+ 3m_2 m_4].$$

$$M_1 = m^3{}_1 m^2{}_2 m^2{}_3 m^2{}_4 [8(1 + m_2 + m_2 m_3 + m_2 m_3 m_4) + 6[m_3 + m_4 + m_2 m_4$$
$$+ m_3 m_4)].$$

$$N = m^2{}_1 m^2{}_2 m^2{}_3 m^2{}_4 [16(1 + m_1 + m_1 m_2 + m_1 m_2 m_3 + m_1 m_2 m_3 m_4) + 12$$
$$m_2 + m_3 + m_4 + m_1 m_3 + m_2 m_3 + m_1 m_4 + m_3 m_4 + m_1 m_2 m_4 + m_1 m_3 m_4$$
$$+ m_2 m_3 m_4] + 9m_2 m_4].$$

La valeur de q'_1 étant connue, on calculera facilement les autres inconnues, en substituant cette valeur dans les équations (a), (b), (b_1), etc., (2^{iv}), $(2''')$, etc., comme nous l'avons indiqué dans les deux exemples précédents. Comme exemple de calculs d'un pont à cinq travées, nous appliquerons les formules précédentes au pont d'Asnières, en y joignant l'historique du projet et quelques détails sur la construction et le levage de ce pont.

Historique du projet du pont d'Asnières. — Le chemin de Saint-Germain traverse la Seine à Asnières sur un pont qui fut dans l'origine établi en bois. Ce pont, composé de cinq arches, fut brûlé en 1848. L'incendie ayant détruit la première arche, les piles se trouvèrent trop faibles pour supporter les poussées horizontales qui n'étaient plus équilibrées, elles se renversèrent les unes sur les autres, en sorte que le pont entier s'écroula ; il fallut alors construire à la hâte un pont provisoire pour rétablir la circulation interrompue. Quant au pont définitif, trois systèmes se trouvaient en présence : il pouvait être en pierre, en arches de fonte ou en poutres droites en tôle.

Un pont en pierre eût nécessité la reconstruction de piles plus importantes que les piles détruites, suffisantes pour des arches de bois, mais beaucoup trop faibles pour supporter un pont en pierre ; il eût de plus exigé l'établissement de cintres et d'un pont de service extrêmement coûteux, car ils auraient dû être pour ainsi dire distincts du pont provisoire, qui devait livrer passage aux trains pendant toute la durée des travaux. Ces difficultés ne permettaient donc d'hésiter qu'entre un pont en arches de fonte et un pont à poutres droites en tôle.

L'avantage que présente ce dernier système de ne produire sur les piles que des réactions verticales, la plus grande sécurité qu'il offre pour de grandes portées, l'économie qui résulte de l'emploi des poutres continues, pour des ponts à plusieurs travées, enfin la plus grande facilité du montage qui, dans ces circonstances, présentait de graves difficultés, firent décider l'emploi de ce dernier système.

Le mode de construction du pont en bois, l'ensemble du pont en tôle qui devait lui succéder, dispositions que leur dépendance mutuelle forçait d'arrêter en même temps, furent décidées en huit jours. Il suffit d'énoncer les difficultés de tout genre qui environnaient la solution de ce problème, pour bien faire comprendre les conditions toutes spéciales dans lesquelles cet ouvrage s'est trouvé placé; elles ont influé assez puissamment sur le choix du système, pour qu'on en retrouve la trace, pour ainsi dire, jusque dans les moindres détails de sa construction. Voici, en effet, tous les éléments que comprenait la question.

Il fallait :

1° Construire un pont provisoire en bois, destiné à rétablir la circulation dans le plus bref délai possible; il devait être porté sur des palées provisoires fondées nécessairement entre les anciennes piles du pont, de manière à en permettre la reconstruction. Ce pont devait porter trois voies;

2° Disposer ce pont de manière que le pont définitif en tôle pût être monté sans compromettre sa résistance et même qu'il remplît l'office de pont de service : le pont en tôle devait porter quatre voies.

3° Effectuer toutes les opérations du montage, la substitution du pont en tôle au pont en bois, sans qu'il en résultât pour le service la moindre interruption sur aucune des trois voies existantes. La circulation moyenne de ces trois voies était de sept trains par heure. Voici maintenant comment ces diverses questions ont été résolues.

Le pont provisoire était un pont du système américain, composé de quatre grandes fermes verticales de $5^m,40$ de hauteur, formées par des montants verticaux et des croix de saint André; elles étaient reliées aux parties supérieure et inférieure, et transversalement, par d'autres croix de saint André; ces dernières, distantes de $4^m,04$ d'axe en axe. De grands boulons verticaux reliaient ensemble le système. Les trois voies reposaient dans les intervalles laissés par les quatre fermes et le pont était porté sur neuf palées.

Ce pont, construit avec le plus grand soin, fit le service pendant environ cinq ans.

L'idée générale qui présida à ce choix fut de se servir du pont en bois pendant le montage, en coupant les croix de saint André transversales, d'introduire les poutres du pont en tôle, au nombre de cinq, dans les trois intervalles laissés entre les fermes et sur les deux côtés extérieurs, de construire, pour ainsi dire, le pont en tôle dans le pont en bois, pour le substituer à ce dernier, comme nous l'indiquons plus loin. Voici pour le pont en tôle les conditions qui résultaient de l'adoption de ce mode de travail.

Le pont définitif devait, comme nous l'avons dit, porter quatre voies; l'état du lit de la rivière et l'avantage évident qu'il y avait à profiter des fondations des anciennes piles fixaient la portée et limitaient la longueur des nouvelles piles, qui n'auraient pu être allongées au delà d'une certaine mesure, sans nécessiter la reconstruction complète des caissons; l'entrevoie se trouva ainsi déterminée à la largeur de $1^m,60$. La hauteur des poutres avait d'abord été fixée à $2^m,50$; le calcul prouva dans la suite que la hauteur de $2^m,30$ était suffisante. La forme tubulaire des poutres était une conséquence naturelle des conditions précédentes. En effet, sous peine d'augmenter outre mesure la largeur du pont, les voies durent être placées à la partie supérieure et entre les poutres ; une paroi simple aurait eu le désavantage de laisser aux tôles horizontales un trop grand porte-à-faux, inconvénient auquel la multiplication des consoles n'aurait même pas pu remédier, et aussi en augmentant la portée des pièces de pont d'augmenter notablement leur poids.

Les inconvénients inhérents au système même des ponts tubulaires, avec les voies à la partie supérieure et entre les poutres, furent d'ailleurs bien reconnus dès l'abord, et on s'étudia à les faire disparaître par les dispositions accessoires.

Les poutres sont reliées transversalement par des entretoises répétées de $4^m,08$ en $4^m,08$, et composées de croix de saint André ayant toute la hauteur de la poutre, et dont le but est d'empêcher le déversement qui pourrait se produire dans les poutres par suite du passage de la résultante des charges en dehors de l'axe, et de s'opposer aux oscillations horizontales résultant de la position des voies à la partie supérieure, en intéressant toute la masse du pont à ces mouvements.

Quant à l'inconvénient présenté par les poutres tubulaires de se déformer facilement, on y remédia au moyen de cadres intérieurs répétés de 2 en 2 mètres ; on a mis de plus aux parties supérieure et inférieure du tube des bandes de tôle qui le traversent complétement en constituant un rectangle dont les angles sont absolument indéformables.

Il est remarquable qu'eu égard aux conditions que nous venons de décrire, ce système soit certainement celui qui présentait le plus d'avantage dans les circonstances où on l'a appliqué, bien qu'il porte avec lui quelques vices qui, en général, devraient le faire rejeter. Le seul système qu'on pût mettre en parallèle avec lui était en effet un pont à poutres intermédiaires aux voies, soit avec deux poutres seulement en garde-corps, soit avec un plus grand nombre. Or, la première de ces deux dispositions eût exigé, au minimum, $14^m,60$ entre les axes des deux poutres. On voit de suite que les pièces de pont auraient eu pour portée la moitié environ de l'amplitude de la travée. Il est bien clair que ces pièces de pont auraient pris alors une importance trop considérable, qui aurait accru dans une grande mesure le poids total du pont. Il aurait donc nécessairement fallu employer des fermes intermédiaires, et cette disposition, qui aurait augmenté la largeur du pont de 4 à 5 mètres, était rendue impossible par la limite imposée par les caissons des piles

Il faut d'ailleurs remarquer que pour des portées qui ne dépassent pas 30 à 32 mètres, la disposition des voies à la partie supérieure des poutres n'a que peu d'inconvénients. Au reste, le pont d'Asnières contreventé et relié dans toutes ses parties, comme nous venons de le dire, a présenté un système tellement uni, un ensemble si rigide, que lorsqu'un train passe sur une voie, les diagrammes des oscillations produites n'ont jamais accusé une flexion de 3^{mm}, tandis que la flexion théorique devrait être à peu près de 9^{mm}. Cette circonstance tient à ce que les pressions exercées sur les poutres qui portent les voies, lors du passage d'un train, sont reportées en partie, par le moyen des croix de saint André, sur les poutres voisines, et qu'en réalité, le pont ne travaillera jamais au coefficient pour lequel il a été calculé, que lorsque quatre trains le traverseront à la fois.

Telles sont les conditions principales de ce projet remarquable, conçu et exécuté par M. E. Flachat, ingénieur en chef du chemin de fer de Saint-Germain. C'est le premier pont en tôle d'une grande importance qui ait été exécuté en France, et on peut dire que c'est seulement de cet ouvrage que date l'introduction, dans notre pays, des constructions métalliques, condamnées jusqu'alors par des critiques violentes et souvent peu éclairées. Dans le tableau comparatif des poids des différents ponts en tôle, que nous donnons dans le chapitre suivant, on verra de plus que, toutes choses égales d'ailleurs, ce pont est par rapport aux autres d'un poids par mètre courant qui n'est pas très-considérable ; ce résultat doit être attribué au soin que l'on a apporté dans son étude à le rapprocher autant que possible de la condition d'égalité de travail dans toutes ses parties, en appliquant à la détermination de ses dimensions les méthodes de calcul que nous avons exposées dans cet ouvrage. C'est à notre connaissance le premier pont métallique à plusieurs travées construit d'après des méthodes rationnelles et générales.

Nous allons indiquer maintenant le détail des calculs qui ont servi à fixer les dimensions des poutres. Pour déterminer approximativement la courbe des moments maximum, on a considéré quatre hypothèses.

Les cinq travées du pont d'Asnières sont de même dimension. Pour trouver les formules applicables à ce cas, il faut dans la valeur générale de q'_1, que nous avons indiquée plus haut, introduire les données suivantes :

$$l' = l'' = l''' = l^{iv} = l^v, \quad m_1 = m_2 = m_3 = m_4 = 1.$$

Par suite de ces hypothèses, la valeur de q'_1 devient :

$$q'_1 = \frac{-p^v + 3p^{iv} - 11p''' + 41p'' + 56p'}{209}.$$

Les formules générales seront donc, outre la précédente :

$$q''_1 = p'' - 4q'_1 + p'.$$

$$Q'_0 = \frac{2}{8} q'_1 l'^2.$$

$$Q''_0 = \frac{2}{8} q''_1 l'^2.$$

$$A = \frac{p'l'}{2} - \frac{Q'_0}{l'}.$$

$$A'_1 = \frac{p'l'}{2} + \frac{Q'_0}{l'}.$$

$$A'_2 = \frac{p''l'}{2} + \frac{Q'_0 - Q''_0}{l'}.$$

$$A''_1 = \frac{p''l'}{2} + \frac{Q''_0 - Q'_0}{l'}.$$

$$A''_2 = \frac{p'''l'}{2} + \frac{Q''_0 - Q'''_0}{l'}.$$

Les hypothèses à faire pour déterminer la courbe approximative des moments maximum sont au nombre de quatre :

1° Charge uniformément répartie sur tout le pont.

2° Première travée seule chargée.

3° Deuxième travée seule chargée.

4° Troisième travée seule chargée.

Nous n'avons pas considéré le cas de deux travées consécutives seules chargées. Ces deux hypothèses donnent, pour les moments sur les piles, des résultats peu différents de ceux qui sont fournis par les hypothèses précédentes. En effet, les formules pour le cas de la charge uniformément répartie sur tout le pont donnent, pour le moment de la première pile :

$$q'_1 = \frac{88p'}{209}.$$

Pour les deux premières travées seules chargées on aurait :

$$q'_1 = \frac{97p' - 9p''}{209}.$$

Le rapport entre ces deux valeurs est $\dfrac{88}{97 - 9\frac{p''}{p'}}$. Il est en effet peu différent de l'unité.

Les données à introduire dans les formules précédentes sont :

$$l' = 31,40.$$

Le poids d'un mètre courant d'une poutre est égale à 1200^k.

La surcharge par mètre courant de voie est égale à 4000^k.

Chaque poutre intermédiaire doit être calculée comme portant une voie. C'est une hypothèse qui ne sera réalisée que lorsque deux trains passeront à la fois sur deux voies voisines du pont. Les poutres de rive ne portent que la moitié d'une voie.

Nous avons consigné, dans les tableaux qui suivent, les résultats principaux de l'application des formules générales aux quatre hypothèses que nous venons d'énumérer.

PREMIÈRE HYPOTHÈSE. — Le pont chargé sur toute sa longueur (*fig.* 129).

Fig. 129.

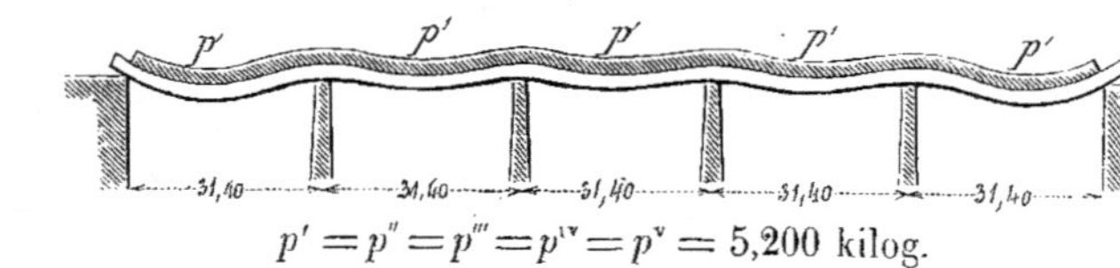

$$p' = p'' = p''' = p^{\mathrm{iv}} = p^{\mathrm{v}} = 5{,}200 \text{ kilog.}$$

TABLEAU RÉSUMÉ DES RÉSULTATS PRINCIPAUX TIRÉS DE L'APPLICATION DES FORMULES A LA PREMIÈRE HYPOTHÈSE.

Nᵒˢ D'ORDRE des APPUIS.	des TRAVÉES.	ÉQUATIONS DES COURBES DES MOMENTS.	ABSCISSES DES POINTS d'inflexion.	DES POINTS correspond. aux moments maximum.	VALEURS DES MOMENTS MAXIMUM.	sur LES APPUIS.	EFFORTS TRANCHANTS maximum.	RÉACTIONS TOTALES sur les appuis
1ʳᵉ Culée.						0	$A = 64468$	64468
	1ʳᵉ	$Q = 2600\,x^2 - 64478{,}10\,x$	$x' = 0$	$12^{\mathrm{m}},39$	399126			
2ᵉ Pile.			$x'' = 24^{\mathrm{m}},79$			539682	$A'_1 = 98812$	184716
	2ᵐᵉ	$Q = 2600\,x^2 - 85930{,}33\,x + 539682$	$x' = 8^{\mathrm{m}},44$	$16\ ,52$	169884		$A'_2 = 83904$	
3ᵉ idem.			$x'' = 24^{\mathrm{m}},60$			404766	$A''_1 = 77376$	159016
	3ᵐᵉ	$Q = 2600\,x^2 - 81645{,}45\,x + 404766$	$x' = 6^{\mathrm{m}},17$	$15\ ,70$	235664		$A'_2 = 81640$	
4ᵉ idem.			$x'' = 25^{\mathrm{m}},23$			404766		159016
	4ᵐᵉ	Symétrique de la deuxième						
5ᵉ idem.								
	5ᵐᵉ	*Idem* de la première						
6ᵉ Culée.								

DEUXIÈME HYPOTHÈSE. — La première travée seule chargée (*fig.* 130).

Fig. 150.

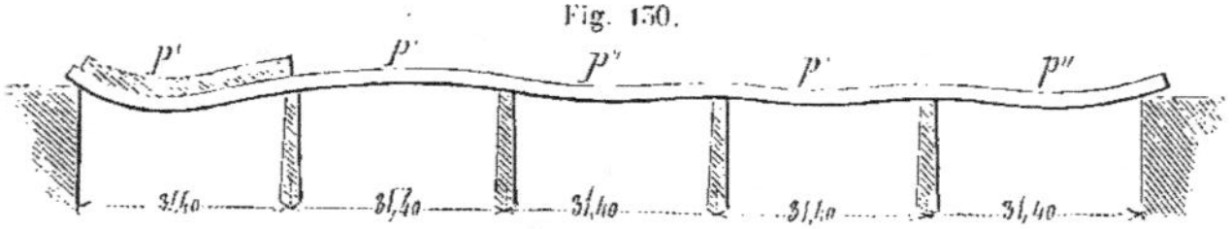

$$p' = 5,200 \text{ kilog.}$$
$$p'' = p''' = p^{\text{iv}} = p^{\text{v}} = 1,200$$

TABLEAU RÉSUMÉ DES RÉSULTATS PRINCIPAUX TIRÉS DE L'APPLICATION DES FORMULES A LA DEUXIÈME HYPOTHÈSE.

Nᵉˢ D'ORDRE des APPUIS.	des TRAVÉES.	ÉQUATIONS DES COURBES DES MOMENTS.	ABSCISSES DES POINTS d'inflexion.	ABSCISSES DES POINTS correspond. aux moments *maximum*.	VALEURS DES MOMENTS MAXIMUM.	VALEURS DES MOMENTS sur LES APPUIS.	EFFORTS TRANCHANTS *maximum*.	RÉACTIONS TOTALES sur les appuis
1ʳᵉCulée.						0	$A = 69264$	69264
	1ʳᵉ	$Q = 2600\,x^2 - 69260,24\,x$	$x' = 0$	$13^m,32$	461249			
2e Pile.			$x'' = 26^m,64$			388723	$A'_1 = 91016$	124514
	2ᵐᵉ	$Q = 600\,x^2 - 30498,56\,x + 388723$	x' imagin.	»	»		$A'_2 = 30498$	
3e idem.			x'' idem.			22644	$A''_1 = 7182$	23166
	3ᵐᵉ	$Q = 600\,x^2 - 15985,46\,x + 22644$	$x' = 1^m,50$	$13^m,32$	83830		$A''_2 = 15984$	
4e idem.			$x''' = 25^m,14$			112277	$A'''_1 = 21696$	40296
	4ᵐᵉ	$Q = 600\,x^2 - 18599,61\,x + 112277$	$x' = 8^m,20$	$15\ ,50$	31851		$A'''_2 = 18600$	
5e idem.			$x'' = 22^m,80$			119873	$A^{\text{iv}}_1 = $ »	
	5ᵐᵉ	$Q = 600\,x^2 - 22656,07\,x + 119825$	$x' = 6^m,38$	$18\ ,88$	94052		$A^{\text{iv}}_2 = $ »	
6e Culée.			$x'' = 31^m,40$			0	$A^{\text{v}}_1 = $ »	

TROISIÈME HYPOTHÈSE. — La deuxième travée seule chargée (*fig.* 131).

Fig. 131.

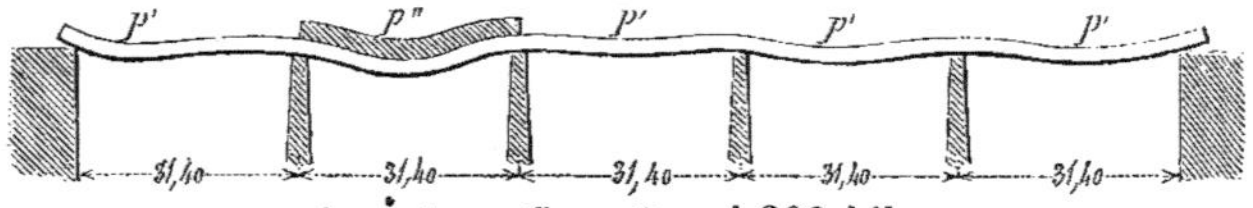

$$p' = p''' = p^{iv} = p^v = 1{,}200 \text{ kilog.}$$
$$p'' = \qquad\qquad 5{,}200$$

TABLEAU RÉSUMÉ DES RÉSULTATS PRINCIPAUX TIRÉS DE L'APPLICATION DES FORMULES A LA TROISIÈME HYPOTHÈSE.

Nᵒˢ d'ordre des APPUIS	Nᵒˢ d'ordre des TRAVÉES	ÉQUATIONS DES COURBES DES MOMENTS.	ABSCISSES DES POINTS d'inflexion.	ABSCISSES DES POINTS correspond. aux moments *maximum.*	VALEURS DES MOMENTS MAXIMUM.	VALEURS DES MOMENTS sur LES APPUIS.	EFFORTS TRANCHANTS *maximum.*	RÉACTIONS TOTALES sur les appuis.
1ʳᵉ Culée.						0	$A = 8712$	8712
	1ʳᵉ	$Q = 600\,x^2 - 8714{,}11\,x$	$x = 0$ $x'' = 14^m{,}52$	$7^m{,}26$	31640			
2ᵉ Pile.						317962	$A'_1 = 28968$ $A'_2 = 82004$	110972
	2ᵐᵉ	$Q = 2600\,x^2 - 82030{,}62\,x + 317962$	$x''\ \ 4^m{,}53$ $x'' = 27^m{,}01$	15 ,77	329041			
3ᵉ idem.						305695	$A''_1 = 81276$ $A''_2 = 27120$	108696
	3ᵐᵉ	$Q = 600\,x^2 - 27403\,x + 305695$	$x' = 19^m{,}35$ $x'' = 26^m{,}35$	22 ,85	7503			
4ᵉ idem.						36796	$A'''_1 =$ » $A'''_2 =$ »	»
	4ᵐᵉ	$Q = 600\,x^2 - 15594{,}81\,x + 36796$	$x' = 2^m{,}63$ $x'' = 23^m{,}35$	12 ,09	64536			
5ᵉ idem.						138694	$A^{iv}_1 =$ » $A^{iv}_2 =$ »	»
	5ᵐᵉ	$Q = 600\,x^2 - 23256{,}91\,x + 138695$	$x' = 7^m{,}36$ $x'' = 31^m{,}40$	19 ,38	86676			
6ᵉ Culée.						0	$A^v_1 =$ »	»

QUATRIÈME HYPOTHÈSE. — La troisième travée seule chargée (fig. 132).

Fig. 152.

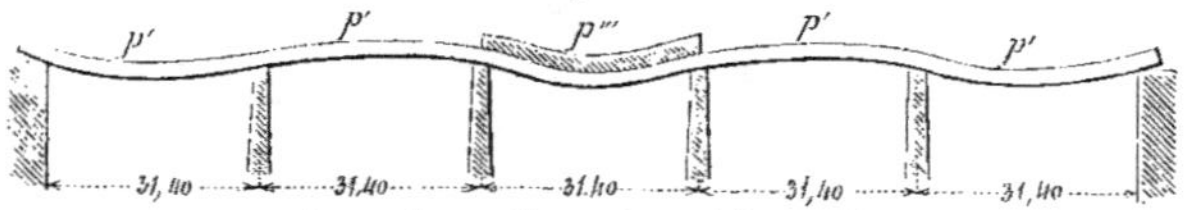

$$p' = p'' = p^{\mathrm{iv}} = p^{\mathrm{v}} = 1200 \text{ kilog.}$$
$$p''' = 5200$$

TABLEAU RÉSUMÉ DES RÉSULTATS PRINCIPAUX TIRÉS DE L'APPLICATION DES FORMULES A LA QUATRIÈME HYPOTHÈSE.

Nos D'ORDRE des APPUIS.	Nos D'ORDRE des TRAVÉES.	ÉQUATIONS DES COURBES DES MOMENTS.	ABSCISSES DES POINTS d'inflexion.	ABSCISSES DES POINTS correspond. aux moments maximum.	VALEURS DES MOMENTS MAXIMUM.	VALEURS DES MOMENTS sur LES APPUIS.	EFFORTS TRANCHANTS maximum.	RÉACTIONS TOTALES sur les appuis.
1re Culée.						0	$A = 16524$	16524
	1re	$Q = 600\,x^2 - 16526,32\,x$	$x' = 0$; $x'' = 27^{\mathrm{m}},54$	$13^{\mathrm{m}},77$	113802			
2e Pile.						72648	$A'_1 = 21156$; $A'_2 = 11568$	32724
	2me	$Q = 600\,x^2 - 11568,36\,x + 72650$	x' imagin. ; x'' idem.	»	»			
3e idem.						300979	$A'_1 = 26112$; $A''_2 = 81640$	107752
	3me	$Q = 2600\,x^2 - 81640\,x + 300979$	$x' = 4^{\mathrm{m}},27$; $x'' = 27^{\mathrm{m}},13$	$15^{\mathrm{m}},70$	339898			
4e idem.	4mo	Symétrique de la deuxième						
5e idem.	5mo	*Idem* de la première						
6e Culée.								

Au moyen des équations des moments qui sont données dans les tableaux précédents, on a construit exactement les courbes, puis on en a déduit la courbe approximative des moments maximum de rupture, en suivant une marche identique à celle que nous avons indiquée pour le pont de Langon.

Pour passer de ces courbes à la détermination des diverses dimensions des poutres, la première opération à faire a été de vérifier si la hauteur de $2^m,30$ pour les poutres était convenable. Il fallait voir pour cela si le plus grand moment de résistance ne conduisait pas à des épaisseurs trop considérables. Ce moment maximum a lieu sur la première pile, et correspond au cas de la charge uniforme, il a pour valeur 539682 et conduit à des épaisseurs de tôles horizontales de 33^{mm} en supposant des parois verticales de 7^{mm} d'épaisseur. Tout le reste de cette étude a été faite par une méthode identique à celle qui a été suivie pour le pont de Langon, que nous avons décrite plus haut, et sur laquelle nous ne reviendrons pas. On trouvera dans l'atlas, planches XVII et XVIII, le tracé des courbes et la division des tôles.

Nous renverrons également à l'exemple du pont de Langon pour le calcul de l'effort tranchant, la détermination des couvre-joints, du nombre de leurs rivets, etc., la marche suivie a été absolument la même ; seulement ici l'épaisseur des tôles verticales est constante sur toute la longueur du pont, parce que les 14^{mm} d'épaisseur des deux parois verticales sont plus que suffisants pour résister à la plus grande valeur de l'effort tranchant. C'est afin de faire équilibre à la réaction immédiate de la pile que les cadres ont été multipliés au-dessus de tous les points d'appui, et que leur distance a été réduite à $0^m,50$.

Le pont d'Asnières a été construit dans les ateliers de MM. Gouin et C°, et à peu près avec les moyens d'exécution que nous avons décrits au chap. III de la deuxième partie. C'est le premier travail de cette importance qui ait été entrepris dans ces ateliers, et même en France.

Levage et montage du pont d'Asnières. —Nous avons représenté les différentes phases de cette opération dans les deux gravures ci-contre. Les poutres construites par parties de 40 à 50 mètres de longueur pour les poutres de rive, et de 30 à 40 mètres pour les poutres intermédiaires, furent fixées sur deux chariots à plateau tournant, placés sur une voie en rampe de $0^m,025$, reliant les ateliers de MM. Gouin et Ce au chemin de fer de ceinture ; une machine locomotive puissante, attelée directement à l'un des chariots, gravissait cette rampe et conduisait la poutre jusqu'au pont du chemin de fer de Saint-Germain sur la route de Clichy ; à partir de ce point, la poutre suivait une voie établie sur le talus du chemin de fer, et arrivait au bord de la Seine sur une estacade en charpente (*fig.* 133); un bateau ponté, portant une portion de voie

Fig. 133.

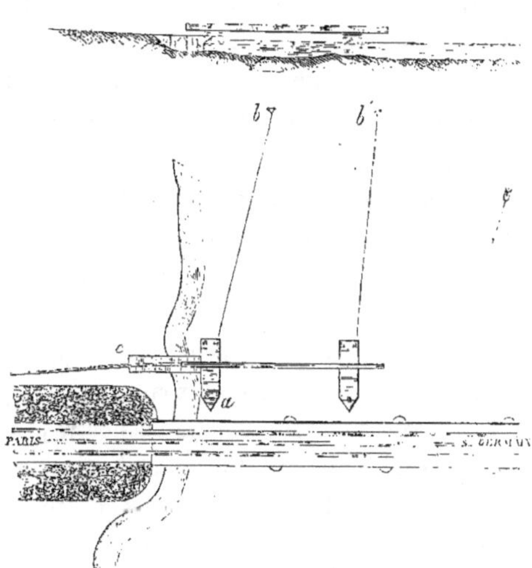

destinée à recevoir l'un des chariots, était amarré, d'une part à l'estacade, et d'autre part aux pattes d'oie *b'* placées à 100 mètres en avant des piles du pont. Le premier chariot était ensuite facilement amené sur le ponton, la voie présentant une pente suffisante pour que la poutre pût marcher d'elle-même ; on était même obligé de la retenir par un câble enroulé sur un pieu c solidement fixé en terre.

Une fois ce premier bateau chargé, on défaisait les crochets qui le retenaient à l'estacade, et la poutre, encore engagée sur la pente, le poussait au large, faisant ainsi place au ponton qui devait recevoir le second chariot. La poutre était alors conduite entre les palées, en laissant dérouler les cordes fixées aux pattes d'oie et aux treuils placés sur les bateaux.

Levage. — Les premières poutres posées furent les poutres de rive ; elles exigèrent des échafauds particuliers. Pour les construire, on coupa les contre-fiches $a\,a$ (*fig.* 1), et la partie supérieure du brise-glace b ; on monta sur les chapeaux $m\,m$ des chantiers d sur lesquels s'élevèrent les pièces de bois $e\,e$, reliées entre elles par les moises ff et le chapeau g ; sur le tréteau ainsi formé on fixa les longuerines $h\,h$ qui furent soutenues par les contre-fiches $i\,j$, et solidement reliées aux longerons k par des harpons en fer l.

Ce fut sur ces longuerines qu'on établit les chaises BB, après lesquelles s'attachèrent les palans destinés au levage de la poutre. Il y avait dix paires de palans par poutre, cinq paires à chaque extrémité (*fig.* 2).

Avant de placer les chevalets formés des pièces $e\,e\,g$, on amenait les pontons entre les palées, et comme la poutre était plus élevée que les chapeaux $m\,m$, on la faisait reposer sur ceux-ci au moyen de cales ; on montait alors les chevalets $e\,e\,g$; on soulevait la poutre jusqu'en P″, et on la faisait reposer sur les pièces $n\,n$, qu'on glissait sur les moises ff.

Pour conduire la poutre dans sa position définitive, on ripait la chaise B, et on déplaçait successivement les contre-fiches $i\,j$; lorsqu'elle était arrivée en P″, on la laissait descendre sur des rouleaux placés sur une voie en rails Brunel, et on la conduisait ainsi à sa position définitive.

Le levage de toutes les parties des poutres de tête s'est opéré dans la

COUPE TRANSVERSALE DU PONT PROVISOIRE
Montrant la Pile et de ses modifications successives pendant le levage

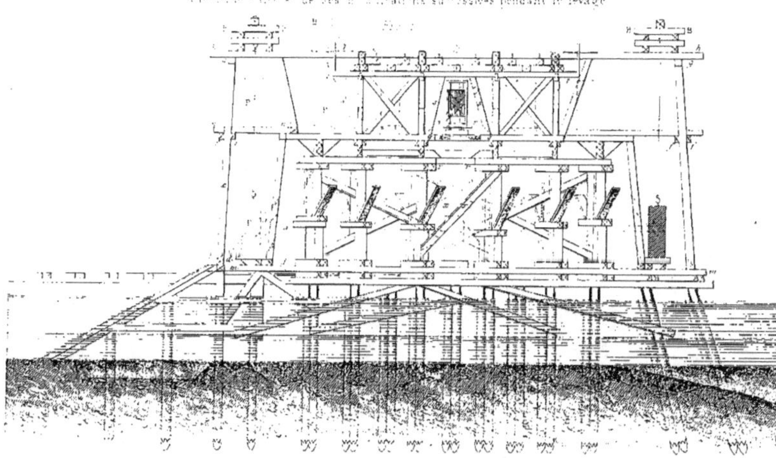

COUPE TRANSVERSALE
Substitution de Vannes nouvelles aux Vannes du Pont provisoire

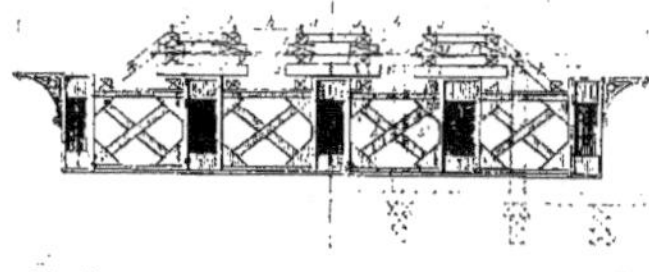

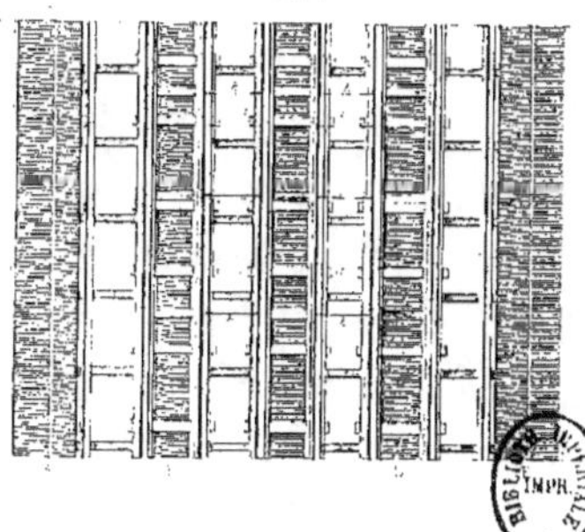

Vue du Chariot à Vannes enlevant
... des poutres

Échelle de ... pour 1 Mètre

MOLINOS et PRONNIER — Paris

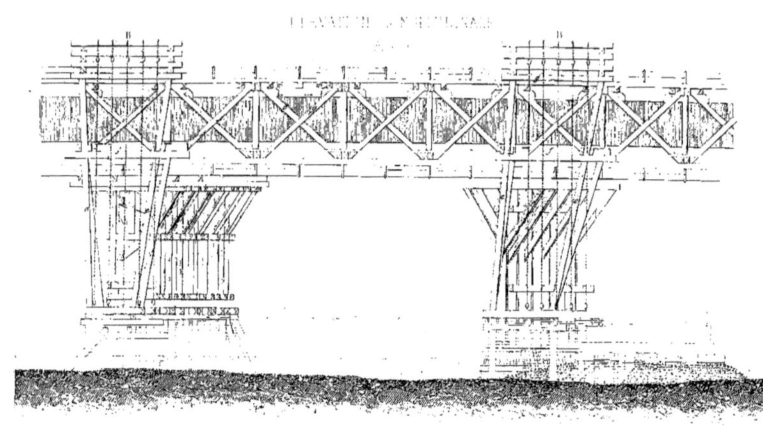

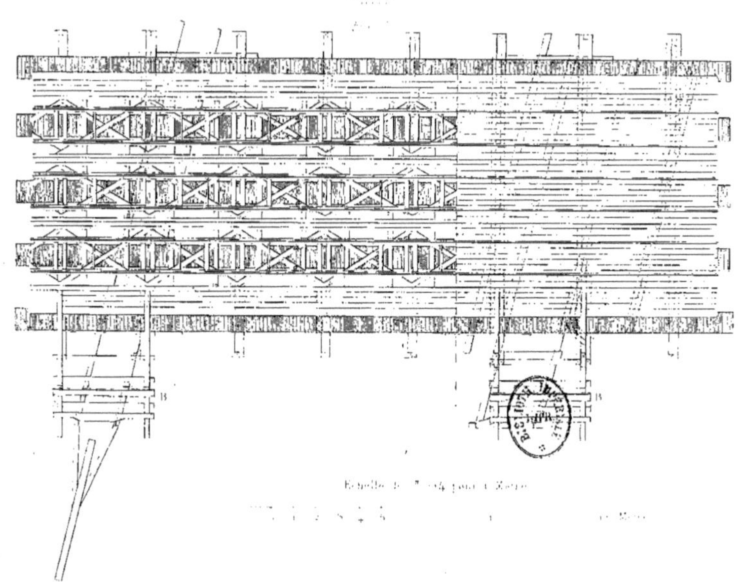

deuxième et la quatrième arche ; les échafauds construits pour cette opération étaient les mêmes à l'amont et à l'aval du pont, et tels que les représente la *fig.* 1.

Levage des poutres intermédiaires. — La première poutre intermédiaire mise en place fut la poutre du milieu ; avant d'en faire le levage, on dut couper le contreventement oo, les pièces pp, qq, et les croix de saint André rr ; celles-ci furent remplacées par deux contre-fiches boulonnées aux poteaux ss, et reliées entre elles au moyen d'un chapeau fixé entre les moises tt.

Ce travail préparatoire terminé, on amenait la poutre entre les piles du pont, et on la plaçait sur les chapeaux mm ; deux palans étaient alors fixés à sa partie inférieure par l'intermédiaire d'élingues entourant les pièces de bois $a\,b$ (*fig.* 134) ; deux autres palans étaient attachés à des pièces de fer boulonnées à la partie supérieure de la poutre, et quatre palans correspondants étaient liés, soit au chantier yy (*fig.* 1), fixé en travers de la voie, soit à des pièces de bois ww (*fig.* 2), soutenues par des tasseaux posés sur les croix de saint André gg.

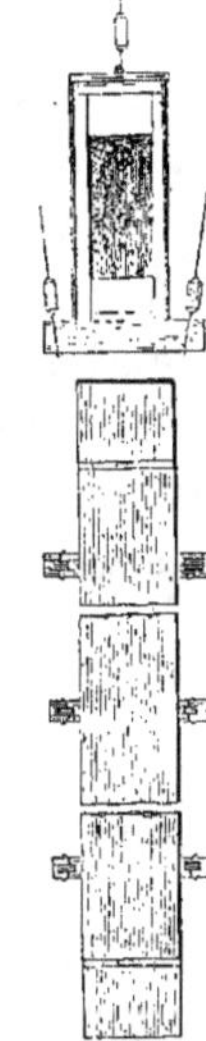

Fig. 134.

Lorsque la poutre était amenée au niveau de la partie supérieure des piles, on boulonnait la pièce de bois zz entre les moises qq, pour y établir un plancher sur lequel on pût faire marcher la poutre, et l'on reformait un contreventement entre les poteaux des palées par des croix de saint André x.

Afin de faciliter le transport de la poutre sur le plancher, on y avait établi une voie en rails Brunel, sur laquelle la poutre venait reposer par l'intermédiaire de rouleaux en fer.

La poutre du milieu montée, on la relia aux moises du pont par des brides en fer, destinées à s'opposer au déversement du pont de bois,

et l'on coupa les croix de saint André placées dans l'espace destiné à
la quatrième poutre. Celle-ci étant posée, on riva les croix de saint
André et les entretoisements qui la reliaient à la poutre du milieu et
à la poutre de rive, puis on leva la dernière poutre et l'on continua
l'entretoisement. Cette opération n'apporta aucune modification dans
la charpente du vieux pont, les distances des contreventements ayant
été choisies de manière que toutes leurs parties pussent passer entre
les croix de saint André des fermes en bois, ainsi qu'on peut le voir
sur la planche XIX de l'atlas.

Le travail étant arrivé à ce point, il ne restait plus qu'à supprimer
le tablier du pont provisoire et à substituer les voies nouvelles aux
anciennes, opération rendue difficile et délicate par le nombre des
trains (sept par heure) passant chaque jour sur le pont. Il n'y avait
qu'un moyen de résoudre cette difficulté : le pont en tôle se trouvait
construit dans l'intérieur du pont en bois ; il offrait un appui solide et
sûr, car l'entretoisement était achevé par la rivure des pièces de pont,
et c'était là l'avantage de la méthode adoptée pour ce montage ; il de-
venait possible de faire reposer complétement les voies du vieux pont
sur le nouveau, de se débarrasser alors de toute la charpente devenue
inutile, et en une nuit de ramener successivement chacune des anciennes voies au niveau, et dans le prolongement des nouvelles. A cet effet,
on coupa par le milieu les croix de saint André *a a* (*fig.* 3), formant le contreventement horizontal des fermes en bois ; les quatre
pièces ainsi obtenues servirent à former deux chantiers *a, a,..* (*fig.* 4),
posés sur les rails placés de chaque côté des poutres A, B, C, D, E ; les
deux autres *b, b* furent mises perpendiculairement aux premières, et
reçurent les madriers *e* ; enfin, on plaça les longuerines *g* de la voie sur
les cales *f*. Toutes les fermes en charpente furent alors supprimées ;
des plates-bandes en fer *h* vinrent relier les voies entre elles, et celles-
ci furent assujetties au nouveau pont par des contre-fiches *k k*.

L'abaissement du tablier se fit en trois fois et la nuit ; le jour qui précédait cette opération était employé à faire les déblais des entre-voies aux abords du pont, pour établir une pente convenable, et à préparer le travail de nuit. Chacune de ces opérations exigea, pour une voie, environ deux heures ; quarante charpentiers et le même nombre de coltineurs y étaient employés.

Dans le premier abaissement, on supprima les cales f; dans le second, on enleva le madrier e et les pièces b, b; enfin, dans le troisième, on enleva toute la charpente provenant du vieux pont, pour livrer la voie nouvelle à la circulation.

Telles sont les principales phases de cette opération, remarquable à bien des égards par les difficultés qu'elle présentait, par le succès qui l'a couronnée, et plus encore par la méthode qui présida à tout l'ensemble de ces travaux, et qui fut si judicieusement choisie, qu'aucune de ces éventualités, qu'on dût pourtant s'attendre à rencontrer au milieu de conditions si complexes, n'en vint entraver l'exécution.

Nous ne pousserons pas plus loin ces applications : il sera d'abord rare qu'on ait à construire des ponts de plus de cinq travées, et nous pensons d'ailleurs que la marche à suivre pour déterminer les formules se trouve maintenant assez clairement exposée par les exemples précédents, pour qu'on puisse sans aucune difficulté l'appliquer à des ponts qui en auraient un plus grand nombre. Nous ajouterons à ce propos une seule observation. Si on avait à construire un viaduc considérable, de dix travées par exemple, il ne serait pas nécessaire, pour déterminer les dimensions des poutres, d'établir les formules pour le cas d'un pont à dix travées. On conçoit, en effet, que plus leur nombre augmente, et moins l'influence des dernières se fait sentir sur les efforts qui agissent sur les premières. Ainsi, pour fixer les idées, supposons un pont à cinq travées égales uniformément chargé sur toute sa longueur, le moment de rupture sur la première pile aura dans ce cas une certaine valeur. Si l'on suppose maintenant un pont à six travées égales aux premières, et portant sur toute sa longueur la même surcharge, le moment sur la première pile aura une valeur peu différente de la première. Cette différence étant également faible pour tous les moments et toutes les hypothèses, la courbe approximative des moments de rupture maxima ne différera pas beaucoup pour les deux ponts ; cette différence sera encore moins sensible si on passe d'un pont à six travées à un pont à sept, etc. ; il s'ensuit qu'on pourra dans ce cas éviter des calculs trop longs, en appliquant, dans le cas d'un long viaduc, les formules qui conviennent à un pont à cinq ou six travées. On donnerait aux trois premières et aux trois dernières les dimensions déduites de ce calcul, et on ferait toutes les travées intermédiaires semblables à la troisième. Le résultat ainsi obtenu ne différerait pas très-sensiblement de la vérité, dans l'hypothèse où ces travées intermédiaires seraient égales, ou ne différeraient que très-peu.

Calcul du pont de Newark-Dyke.—Nous avons donné dans la première partie quelques détails malheureusement peu complets sur la théorie des poutres latices. Afin de montrer qu'ils suffisent pourtant au calcul d'une poutre de ce genre, nous appliquerons la méthode dont nous avons indiqué la marche à la détermination des principales dimensions du pont de Newark-Dyke.

On trouvera dans l'atlas les dessins de ce pont, d'un modèle nouveau et intéressant. C'est un pont à deux voies de 78^m,94 de portée, mais chaque voie est portée par deux fermes tout à fait indépendantes des autres. Chaque ferme se compose d'un tube en fonte placé à la partie supérieure, d'une chaîne résistant à la traction, placée à la partie inférieure. Le tube et les chaînes sont reliés entre eux au moyen de tiges formant avec ces parties des triangles équilatéraux ; celles de ces tiges qui sont inclinées de gauche à droite résistent à la compression, les autres à la traction. La surcharge variable est transmise aux poutres par l'intermédiaire du plancher à chaque sommet inférieur des triangles, distants de 5^m,64.

Le poids des tubes est transmis aux bielles et aux tiges de traction à leur point d'attache ; les bielles sont supportées par les chaînes inférieures, et les tiges de traction par le tube supérieur.

La résultante du poids mort et de la surcharge agissant au sommet de chaque triangle (*fig.* 135) se décompose de la manière suivante :

La surcharge maxima, évaluée à 3332^k par mètre courant, produit pour 5^{m}64 un poids de 18792^k,48.

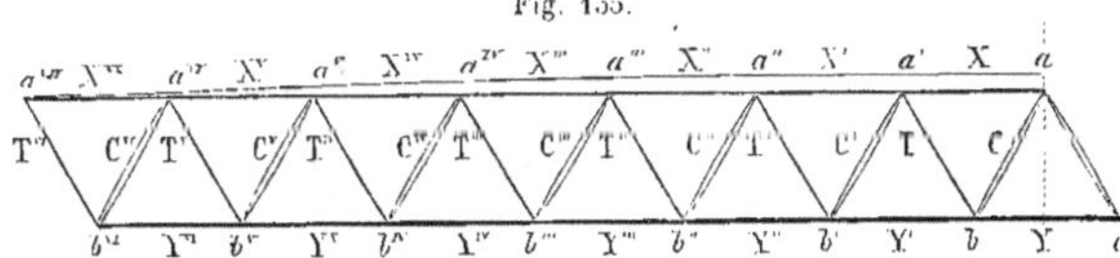

Fig. 135.

Le poids du plancher, des voies et du contreventement sur 5^m,64 de longueur est égal à 7007^k environ.

Le total est de 25800^k, ce qui, pour un point d'attache d'une seule ferme, donne un poids de 12900^k.

Nous pouvons donc déterminer facilement les points qui agissent aux points a, a', a'', etc., et b, b', etc. Ces poids sont tous égaux et se composent des éléments suivants :

Pour les points b, b', etc.,

1° La moitié de la surcharge, du poids propre du tablier, des voies et du contreventement sur 5^m,64 de longueur, évaluée plus haut à . . . . 12900^k

2° Le poids des chaînes inférieures pour 5^m,64 de longueur en moyenne. 3350

3° *Id.* d'une bielle. 1525

Le total est donc. . . . . $p = 17775^k$

Pour les points a, a', etc. :

Poids de 5^m,64 de longueur du tube en moyenne. 3000^k

Poids d'une tige de traction. 800

Le total est donc. . . . . $p' = 3800^k$

Soit maintenant (*fig.* 135) la moitié du pont; X, X′, X″,...X^{vi} les diverses compressions du tube constantes d'un point d'attache à l'autre; Y, Y′,...Y^{vi} les tractions des chaînes inférieures; C, C′,...C^{vi} les compressions des bielles; T, T′,...T^{vi} les tractions des tiges.

Les triangles étant tous équilatéraux, on a :

$$\frac{p'}{2} : C :: \sqrt{1 - \frac{1}{4}} : 1 . \text{ d'où } C = \frac{p'}{\sqrt{3}};$$

La tige de traction T est soumise au même effort, plus à la composante du poids p, qui est $\dfrac{2p}{\sqrt{3}}$; de même, la traction d'une tige quelconque T‴ sera égale à la compression de la bielle précédente C‴, plus la composante du poids p, toujours prise suivant sa direction; on pourra donc former successivement les valeurs de ces différentes forces comme il suit :

$$C = \frac{p'}{\sqrt{3}} = 2196 \qquad\qquad T = \frac{2p + p'}{\sqrt{3}} = 22745.$$

$$C' = \frac{2p + 3p'}{\sqrt{3}} = 27138. \qquad\qquad T' = \frac{4p + 3p'}{\sqrt{3}} = 47687.$$

$$C'' = \frac{4p + 5p'}{\sqrt{3}} = 52080. \qquad\qquad T'' = \frac{6p + 5p'}{\sqrt{3}} = 72630.$$

$$C''' = \frac{6p + 7p'}{\sqrt{3}} = 77026. \qquad\qquad T''' = \frac{8p + 7p'}{\sqrt{3}} = 97572.$$

$$C^{\text{iv}} = \frac{8p + 9p'}{\sqrt{3}} = 101965. \qquad\qquad T^{\text{iv}} = \frac{10p + 9p'}{\sqrt{3}} = 122514.$$

$$C^{\text{v}} = \frac{10p + 11p'}{\sqrt{3}} = 126901. \qquad\qquad T^{\text{v}} = \frac{12p + 11p'}{\sqrt{3}} = 147456.$$

$$C^{\text{vi}} = \frac{12p + 13p'}{\sqrt{3}} = 151849. \qquad\qquad T^{\text{vi}} = \frac{14p + 13p'}{\sqrt{3}} = 172398.$$

La compression X^{vi} est égale à la composante de T^{vi}, c'est-à-dire à

$\dfrac{T^{vi}}{2}$. La traction Y^{vi} est de même égale à la somme des projections de T^{vi} et de C^{vi}; on pourra donc former le tableau suivant :

$$X^{vi} = \frac{T^{vi}}{2} = 86199^{k}.$$

$$Y^{vi} = \frac{C^{vi} + T^{vi}}{2} = 162123^{k}.$$

$$X^{v} = X^{vi} + \frac{C^{vi} + T^{v}}{2} = 235851.$$

$$Y^{v} = Y^{vi} + \frac{C^{v} + T^{v}}{2} = 299302.$$

$$X^{iv} = X^{v} + \frac{C^{v} + T^{iv}}{2} = 359899.$$

$$Y^{iv} = Y^{v} + \frac{C^{iv} + T^{iv}}{2} = 411541.$$

$$X''' = X^{iv} + \frac{C^{iv} + T'''}{2} = 459661.$$

$$Y''' = Y^{iv} + \frac{C''' + T'''}{2} = 498840.$$

$$X'' = X''' + \frac{C''' + T''}{2} = 534489.$$

$$Y'' = Y''' + \frac{C'' + T''}{2} = 561195.$$

$$X' = X'' + \frac{C'' + T'}{2} = 584372.$$

$$Y' = Y'' + \frac{C' + T'}{2} = 598608.$$

$$X = X' + \frac{C' + T}{2} = 609313.$$

$$Y = Y' + \frac{C + T}{2} = 611078.$$

Au moyen de ces formules, nous avons donc déterminé les efforts supportés par chaque tige de traction, chaque bielle de compression, et les différentes parties du tube supérieur et des chaînes inférieures. Pour déterminer les dimensions de tous ces organes, il ne reste donc plus qu'à adopter un certain coefficient représentant l'effort par $1^{\text{mm q}}$.

Si nous appliquons ce résultat au pont sur la Dyke, nous verrons que la section de la chaîne correspondant à la traction Y étant de $71048^{\text{mm q}}$, le coefficient auquel elle travaille est de $8^{k},50$ par $1^{\text{mm q}}$.

La section du tube correspondant à l'axe du pont est de $79480^{\text{mm q}}$.

Le coefficient de résistance adopté pour la fonte a donc été de $7^{k},60$.

Ce dernier coefficient est en réalité moins fort, car il y a dans le tube en fonte quelques nervures qui ne sont pas comptées dans le chiffre de 79480, et qui augmentent un peu la section.

CHAPITRE II.

DISCUSSION GÉNÉRALE DES DIFFÉRENTS SYSTÈMES DE PONTS ET COMPARAISON DE LEURS AVANTAGES RESPECTIFS.

En présence du nombre considérable de dispositions proposées pour la construction des ponts métalliques, une grande difficulté s'offre à l'esprit, lorsqu'il s'agit de se déterminer sur l'emploi de tel ou tel système, dans un cas particulier. Nous avons indiqué les méthodes qui peuvent servir à calculer ces différents systèmes; il nous reste maintenant à les comparer entre eux, à faire ressortir les inconvénients et les avantages qui leur sont propres; car cet examen peut seul nous permettre d'assigner les circonstances les plus favorables à leur application. L'étude des conditions particulières du problème spécial qu'on doit résoudre, en donnant la faculté de choisir entre des avantages et des inconvénients bien déterminés et classés à leur juste valeur, achèvera de détruire toute incertitude.

Afin de rendre cette étude plus complète, nous examinerons le problème au point de vue le plus général, et pour cela nous partagerons les systèmes de ponts en trois classes, par rapport à leur forme : les ponts droits, les ponts en arc et les ponts suspendus.

Des caractères spéciaux à chacun de ces systèmes, nous allons déduire les circonstances dans lesquelles leur emploi sera le plus avantageux.

Ponts droits. — Matériaux qu'on peut employer à leur construction. — Ponts en bois. — Les matériaux qu'on peut employer dans la construction des ponts composés de poutres droites sont au nombre de trois : le bois, le fer et la fonte.

Les ponts en bois ne peuvent être établis que dans des circonstances toutes spéciales; la durée restreinte des bois ne permet pas de ranger ces ponts au nombre des constructions durables; l'expérience est, à ce sujet, trop complète pour qu'il soit permis de conserver aucun doute à cet égard; si le bois employé comme charpente, à l'abri des influences atmosphériques, dans des circonstances de portée et de surcharges qui n'exigent pas des dimensions trop considérables, peut présenter des avantages, l'action alternative du soleil et de la pluie, les vibrations puissantes auxquelles il se trouve nécessairement soumis dans un pont, amènent rapidement sa destruction. La plupart des lignes de chemins de fer, établies dans l'origine, ont construit des ponts de cette nature, dans le but d'une économie première, quelques-unes même, comme la ligne de Rouen, avaient adoptée système sur une grande échelle. Tous depuis longtemps n'offraient plus de sécurité et ont dû être définitivement remplacés. Au chemin de fer de Saint-Germain, le pont de Clichy a dû être remplacé par un pont en métal, après une existence d'environ vingt ans, et les fermes de ce pont étaient dans un tel état de pourriture que la texture des bois était absolument semblable à une éponge. On ne peut donc songer à employer le bois pour des travaux destinés à une longue durée, à moins qu'on n'arrive à lui faire subir une préparation qui, sans altérer sa résistance, augmente notablement sa durée. Cette double condition est sans doute bien difficile à réaliser, et si en Angleterre on a fait un grand usage de la créosote pour la préparation des traverses, avec un plein succès, on n'est pas fondé à en conclure que cette préparation, tout efficace qu'elle soit, puisse également réussir si on l'appliquait à des bois destinés à un travail d'une autre nature, où il est de la plus grande importance que l'élasticité ne se trouve pas altérée à la longue par des réactions chimiques intérieures, qui même avec la créosote doivent se produire au contact de l'oxygène de l'air. Au reste, nous n'avons connaissance d'aucune expérience concluante à cet égard ; il faut en conséquence, reléguer quant à présent le bois au rôle des constructions provisoires : il ne nous reste donc plus que la fonte et le fer.

Emploi du fer et de la fonte. — La valeur relative de ces deux métaux dépend beaucoup de l'importance de l'ouvrage auquel on les destine. Pour des ponts à petite portée la fonte peut être d'un excellent emploi : elle est un peu plus économique que le fer, mais son application se trouve rapidement bornée par les exigences de la fabrication.

Conditions imposées par la fabrication des poutres en fonte. — La forme de ces poutres, en influant sur les conditions du moulage, a aussi une grande action sur leur solidité, et c'est un des inconvénients les plus graves de la fonte que d'exiger, sous ce point de vue, la plus scrupuleuse attention. Il faut que la forme des poutres soit telle que le retrait se fasse avec facilité ; il faut éviter toute nervure tendant à fixer plusieurs points de la pièce dans le sable, et, par conséquent, à développer dans son intérieur des tensions initiales qui modifient profondément les conditions supposées de sa résistance. Les évidements, en empêchant la chaleur de se répartir uniformément, produisent également un effet nuisible ; il faut enfin que la pièce présente une section aussi uniforme que possible, car toute variation d'épaisseur, en déterminant une différence de rapidité dans le refroidissement, amène une tendance à une espèce de décollement entre les parties qui subissent ce retrait inégal. C'est ce qui arrive, par exemple, dans une poutre à double T, sur la ligne de jonction de la paroi verticale, avec la nervure horizontale, lorsque elles sont d'épaisseurs différentes. De plus, lorsqu'on a pris toutes ces précautions, qui sont trop souvent négligées, on ne peut guère arriver à une forme de poutre qui n'ait pas subi une certaine altération, et lorsqu'on essaye des poutres faites dans les meilleures conditions, on trouve toujours que l'effort de rupture de la fibre la plus fatiguée est notablement moindre que celui sous lequel rompent les barreaux d'essai qui, fabriqués dans de plus petites dimensions, ont mieux conservé les qualités primitives du métal.

On voit donc que la forme de la section d'une poutre en fonte est loin d'être à peu près arbitraire, comme on serait porté à le croire, et qu'elle trouve ainsi des limites, sous le rapport de la résistance, dans la facilité de la fonderie, et par suite, dans la qualité du produit obtenu. Malheureusement les conditions d'un retrait facile impliquent des formes de section en opposition avec celles qu'indique la résistance; ce qui, surtout dans des poutres d'une certaine hauteur, conduit, relativement au poids total de métal, à un emploi très-défavorable de la matière.

La longueur des pièces, la surface qu'elles présentent, ont aussi sur leur résistance une influence notable. Une observation bien simple peut le démontrer : le retrait mesuré avec soin sur des poutres de 2 à 3 mètres étant de 10 millimètres par mètre, celui de poutres de 7 à 10 mètres, coulées dans les mêmes conditions et avec les mêmes fontes, n'est plus que de 8 millimètres. Il est donc évident que les fibres de la pièce, et quelquefois seulement sur une partie de leur longueur, se trouvent dans un état de tension initiale et qu'il faut diminuer leur coefficient de rupture de celui qui correspond à un allongement de 2 millimètres; de plus, lorsqu'on coule de grandes surfaces de fonte sur une épaisseur relativement faible, le métal arrivant dans le moule et se refroidissant subitement reçoit une trempe qui le rend très-cassant. Nous pensons que 10 à 12 mètres est une longueur de poutre qu'il faut regarder comme un maximum, qu'il importe de ne pas atteindre sans nécessité. M. Fairbairn indique un chiffre un peu plus élevé : 14 à 16 mètres; mais outre qu'il est peut-être un peu trop fort, il faut remarquer que les fontes anglaises sur lesquelles il devait nécessairement expérimenter, ont généralement un retrait inférieur à celui des nôtres.

Au delà de ces dimensions, il faut faire des poutres en plusieurs pièces; l'inconvénient qu'offre toujours un assemblage nous paraît alors devoir généralement faire abandonner les poutres de fonte pour celles de tôles ou de fer laminé.

Ponts en fonte du chemin de fer d'Auteuil. — M. E. Flachat, ingénieur en chef du chemin de fer de Saint-Germain, a fait, sur le chemin de fer d'Auteuil, une heureuse application de ponts en fonte et en maçonnerie. Ces ponts ont, entre les culées, 7 mètres de largeur; ils se composent de poutres de $8^m,50$ de longueur sur 0,60 à 0,80 de hauteur, placées à environ $2^m,20$ de distance, reliées par deux sommiers qui partagent en trois parties égales l'intervalle de 7 mètres qui sépare les culées, et portent des voûtes composées de deux anneaux de briques. Ces ponts sont très-rigides et vibrent très-peu, à cause de la masse de maçonnerie qui relie les poutres et du poids considérable du pont, par rapport à la surcharge. Si on réfléchit aux conditions auxquelles devaient nécessairement satisfaire les ponts du chemin de fer d'Auteuil, on trouvera dans l'étude de ces ouvrages un exemple frappant des services que peuvent, dans certains cas, rendre les ponts métalliques. Le débouché du chemin d'Auteuil, qui traverse tout Paris en déblais, est constamment limité, inférieurement par le niveau des crues de la Seine, supérieurement par le niveau des rues qu'on ne pouvait changer ou qu'on ne pouvait faire varier que très-peu. Il fallait donc trouver un système de pont qui prît entre le sol de la chaussée et la surface de douelle la moindre épaisseur possible; or, les ponts du chemin de fer d'Auteuil présentent, entre les deux surfaces, une épaisseur de $0^m,70$; ils offrent, de plus, un débouché rectangulaire, condition indispensable pour avoir partout la hauteur minima et qui excluait toute forme d'arcs.

Ces ponts ont été calculés en admettant, pour les poutres, le coefficient de 3 kilog., et pour les surcharges 400 kilog. par mètre carré de surface. Nous donnons un spécimen de ces ponts dans la planche ci-après.

Une réaction prononcée s'est manifestée depuis longtemps contre l'emploi de la fonte, sous forme de poutres, et soumise par conséquent

POIGNES. PRONNIER

Coupe parallèle au milieu des berges

Elevation

Coupe parallèle aux poutres.

Plan des poutres avant la pose
des voûtes en briques

POUTRE DE RIVE

Elevation extérieure

Elevation intérieure

Coupe suivant cd

Plan

Coupe ab

Coupe gh

POUTRE DE CHAUSSÉE
Elevation latérale

Plan

Coupe ef

Axe du Chemin de Fer

Coupe ik

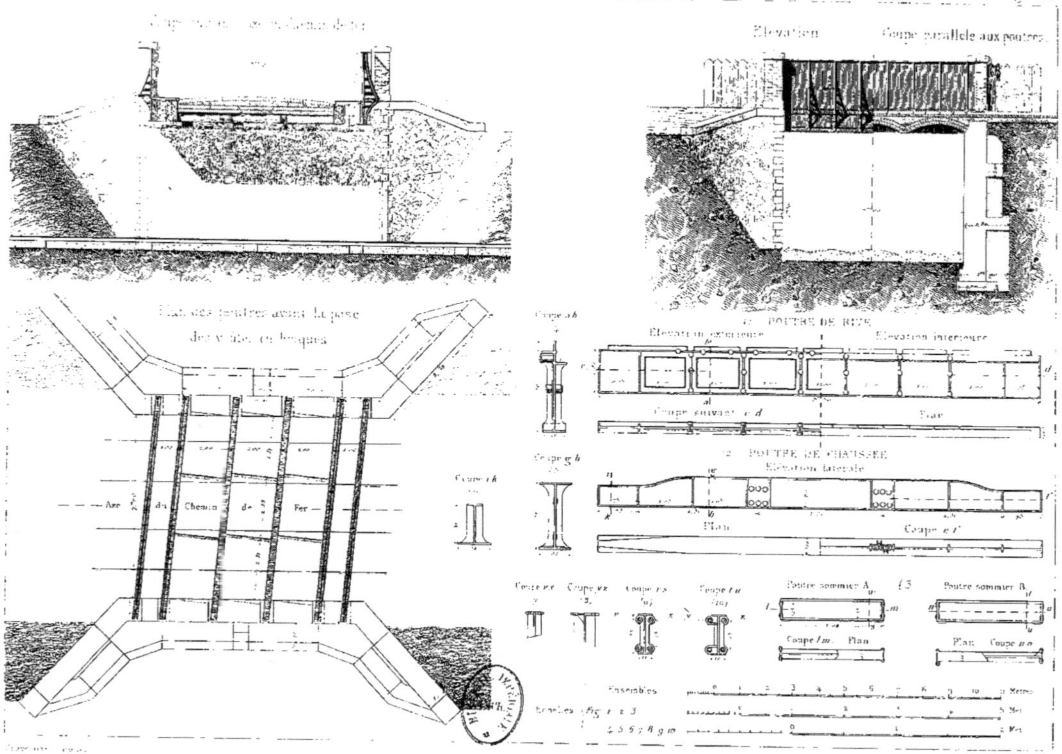

Coupe vx   Coupe vz   Coupe rs   Coupe tu

Poutre sommier A

Poutre sommier B

Coupe lm   Plan

Plan   Coupe nn

Ensembles

Détails fig. 1 et 3

Mètres

Tru de F. Chardon ainé, à Paris

à des efforts d'extension. On tend maintenant, en général, à réduire la fonte au rôle de support et à lui enlever toute autre application dans les constructions. Les difficultés que nous avons signalées plus haut dans la fabrication des pièces de fonte suffisent à montrer les raisons qui ont causé cette proscription, sans doute trop absolue. Pour des ouvrages de petites dimensions, la fonte peut être employée avec avantage, et nous venons d'indiquer les précautions générales qui permettent de l'employer avec sécurité. Mais on est généralement porté à croire que l'emploi de la fonte, dans ces circonstances, est plus économique que celui du fer : cette opinion est au moins contestable.

Comparaison approximative des prix d'ouvrages en fonte et en fer. — Lorsque la fonte d'un projet de pont bien étudié, c'est-à-dire ne présentant que des assemblages simples, revient à 30 ou 32 fr. les 100 kilog., une poutre en tôle, dans les mêmes conditions, revient environ à 65 ou 70 fr. au plus. Le rapport des prix est donc de 1 : 2. C'est précisément celui des coefficients d'élasticité et, par suite, celui des sections qu'il convient d'employer pour une même résistance. Il faut remarquer seulement que cette proportionnalité ne peut être rigoureusement observée en pratique, car tandis que la lame verticale de la poutre en fer peut avoir 6 ou 7 millimètres d'épaisseur, il est impossible de donner, sans inconvénients, à la fonte moins de 20 millimètres. Il en résulte que lorsqu'on étudie avec le même soin deux poutres, l'une en fonte, l'autre en fer, destinées au même objet, on trouve toujours que le poids de la fonte est notablement supérieur au double du poids de la poutre en tôle. Cette circonstance rétablit l'équilibre du prix et même fait un peu pencher la balance en faveur de la tôle.

Lorsque les ponts du chemin de fer d'Auteuil ont été étudiés, on se rendit bien compte de cette circonstance, mais une autre considération décida M. Flachat à l'emploi de la fonte.

Il est important, dans des constructions de la nature de celles que nous avons décrites plus haut, que les maçonneries ne soient pas soumises à des vibrations sensibles, qui auraient pour résultat de détruire la cohésion des mortiers; le rapport des coefficients d'élasticité de la fonte et du fer est 1/2, mais la section de la fonte se trouvant nécessairement supérieure au double de celle du fer employé, il en résultait que les flexions devaient être moindres, et, par suite, que les maçonneries se trouvaient placées dans des conditions plus favorables. De plus, la section de la poutre en fonte est rendue moins déformable, et la masse introduite dans le pont intervient en outre pour atténuer les vibrations.

Du rapport à adopter entre les sections supérieure et inférieure d'une poutre en fonte. — Nous avons dit, dans le chapitre premier de cet ouvrage, que la fonte se comportait d'une manière différente, suivant qu'elle travaillait à l'extension ou à la compression, à mesure que la valeur des efforts auxquels elle était soumise augmentait. Nous avons dit que l'égalité des allongements et des compressions ne se maintient que jusqu'à un certain coefficient correspondant environ à 4 kilogrammes par millimètre carré, et qu'au delà de ce chiffre les allongements s'accroissent beaucoup plus vite que les compressions, jusqu'au moment de la rupture, qui arrive beaucoup plus tôt à l'extension qu'à la compression. Nous avons dit aussi que le fer et la fonte ne se conduisaient pas de la même manière à la compression et à l'extension, et que les efforts qui déterminaient la rupture, dans ces deux cas, étaient inversement égaux à peu près et représentés par le rapport de 1 à 2.

Ce fait a conduit, en Angleterre, à des conséquences que nous croyons trop radicales. Les expérimentateurs célèbres qui ont mis les premiers nettement en relief ces propriétés, en opérant sur une échelle considérable, MM. Hodgkinson, Fairbairn, etc., en ont déduit qu'il fallait, dans une poutre en fonte, donner aux parties qui supportent un effort de traction des dimensions plus fortes qu'à celles qui sont sou-

mises à un effort de compression, justement dans le rapport des deux
coefficients, qui détermine la *rupture* dans les deux cas. Les mêmes
expériences, ou, pour mieux dire, la même conclusion, a aussi conduit à la construction des poutres composées, dans lesquelles la
fonte et le fer sont employés simultanément, l'une à la compression,
l'autre à l'extension. Nous reviendrons tout à l'heure sur ce dernier
système ; mais, pour achever la comparaison des avantages et des
inconvénients respectifs présentés par l'emploi des deux métaux, il
est indispensable d'entrer, sur le premier point, dans quelques détails.

Nous avons dit, chapitre Ier, que lorsqu'on dépasse, pour la
fonte, la limite *d'élasticité*, c'est-à-dire le point au delà duquel il commence à se manifester des *allongements permanents*, les qualités du
métal se trouvent altérées, et par conséquent la rupture peut être
produite au bout d'un temps plus ou moins long. Il ne faut donc pas
admettre que les surcharges introduites dans le calcul puissent être
dépassées de manière à élever le coefficient de résistance au delà de la
limite d'élasticité. Il est par conséquent logique de prendre, pour
déterminer le rapport des sections, la loi qui s'applique au cas dans
lequel la pièce est destinée à se trouver constamment et dont elle ne
peut sortir sans perdre ses qualités : l'autre hypothèse serait tout à
fait contraire à la construction d'un ouvrage durable.

Nous ne sommes donc pas d'avis d'adopter les rapports de sections
indiqués par les ingénieurs anglais ; si on veut établir une différence
entre les deux sections, il serait préférable au moins de prendre pour
leur coefficient le rapport des deux limites d'élasticité à la compression et à l'extension, c'est-à-dire environ 3 à 4. Mais insistons sur ce
point que pour calculer un ouvrage de manière à ne pas faire un
travail oiseux, la première précaution à prendre est de déterminer
avec soin les surcharges et les efforts de toute nature qu'il doit supporter ; que si on admet encore que ces surcharges peuvent être quelquefois dépassées, il faut que jamais elles ne puissent élever le coeffi-

cient adopté au delà de la limite d'élasticité. C'est la marge qu'on laisse
entre ces deux nombres, qui doit parer à toute éventualité. On doit
voir maintenant quelles sont les idées qui ont conduit à ces deux résultats différents : il nous semble qu'il est facile de juger.

En résumé, la fonte peut être employée pour des ponts droits,
lorsque la portée est faible ; si elle doit porter des maçonneries, elle
peut être préférable au fer, d'autant plus que dans ces circonstances
elle aura sans doute une durée plus considérable, car elle est moins
sujette à l'oxydation. Il ne faut pas regarder la différence du prix de
revient entre les deux matériaux comme étant en faveur de la fonte,
l'avantage étant, au contraire, plutôt en faveur du fer. Enfin, les
poutres en fonte, lorsqu'elles doivent être fabriquées en grand nombre
sur un même modèle, présentent aussi un certain avantage : c'est une
plus grande rapidité d'exécution.

Ponts droits en tôle. — Les poutres en tôle sont éminemment
propres aux grandes portées ; elles présentent, dans tous les cas, sur
les poutres en fonte des avantages notables. C'est une plus grande sécurité tenant à l'homogénéité du métal et à la plus facile appréciation de
sa valeur ; elles se plient sans inconvénient à toute espèce de formes
et, par conséquent, permettent le choix de la plus avantageuse sous
le rapport de la résistance ; les portées qu'elles peuvent franchir sont à
peu près indéfinies ; en un mot, elles sont plus propres aux ouvrages
d'une certaine importance, où il faut réunir à la fois une grande résistance, les avantages d'une forme rationnelle et une légèreté relative.

Avantages présentés par les ponts à poutres droites. — Voici
maintenant quels sont les avantages présentés, en général, par les
ponts droits, indépendants pour la plupart de l'emploi de la fonte ou
du fer et qui, à proprement parler, caractérisent ce système.

1° La résultante des actions du pont à poutres droites, sur les piles,
est toujours verticale, si on fait abstraction de la composante horizontale, due au frottement produit par la dilatation des poutres ; on peut,

du reste, avec certaines précautions rendre cette dernière force toujours négligeable.

Dans les ponts en arc, au contraire, les voûtes exercent des efforts
obliques, dont l'intensité peut souvent varier notablement, sous l'influence de surcharges un peu considérables. Il en résulte que les piles
sont moins importantes dans un système de poutres droites que dans
les autres.

La verticalité des actions exercées sur les piles, par un pont à
poutres droites, est d'ailleurs d'un grand avantage, lorsque les piles
sont hautes; il est clair, en effet, que dans ce cas une action horizontale peut prendre de suite une grande influence sur leur moment de
stabilité.

2° Ces ponts permettent de réserver un débouché très-grand et
complétement indépendant de la portée des travées, avantage qui appartient aux seuls ponts métalliques. Nous indiquerons, en effet, plus
loin les dispositions au moyen desquelles on peut le réaliser.

3° Ces ponts, donnant le moyen de franchir des portées considérables, permettent de diminuer le nombre des piles, avantages qui,
dans certains cas, peuvent être d'une grande valeur, soit que les fondations présentent des difficultés, soit qu'il importe de conserver le
plus grand débouché possible.

4° Si une pile, supportant un pont à poutres droites en tôle, vient à
subir un tassement ou un déversement, il est facile de remédier au
mal en relevant les points d'appui des poutres. La solidité de la construction entière peut n'être que faiblement affectée par un semblable
accident, tandis que dans un pont en arc les déformations, se propa-
geant à toutes les arches, occasionnent des changements dans la valeur
et le point de passage des résultantes des forces, qui ont pour effet
d'exposer les matériaux à des efforts supérieurs à ceux qu'ils peuvent
supporter et d'amener, dans l'ensemble d'un ouvrage considérable,
les avaries les plus graves pour le seul mouvement d'une seule pile.

5° Enfin, ils présentent l'avantage, souvent inappréciable, de pouvoir être établis sous des voies existantes avec une plus grande facilité que tout autre système, sans qu'il soit nécessaire d'interrompre la circulation. Nous rappellerons comme l'exemple le plus remarquable de la solution de ce problème, la reconstruction des ponts de Clichy et d'Asnières, que nous avons décrite plus haut en détail.

Avantages et inconvénients des ponts en arc. — Les ponts en arc métallique, surtout en fonte, ont reçu en Angleterre et en France de nombreuses applications, dont quelques-unes sont déjà anciennes.

Pour des ponts à une seule arche, ce système est le plus avantageux comme emploi du métal, c'est-à-dire que, dans les mêmes conditions de portée et de débouché, un arc est plus avantageux que la poutre qui a pour hauteur la flèche de cet arc. C'est ce qui ressort bien clairement de la théorie de ces ponts, que nous avons exposée, chap. V. Mais les ponts en arc, dans lesquels la compression est équilibrée par la résistance des culées, entraînent rapidement à des maçonneries dispendieuses, surtout si la portée est grande par rapport à la flèche. La composante horizontale de l'effort exercé par l'arc sur la culée croît, en effet, en rapport inverse de la flèche et en rapport direct du carré de la portée. Lorsque les conditions de débouché, ou autres, imposées pour la construction du pont ne permettent qu'une faible flèche, on arrive donc à des efforts considérables qui nécessitent des maçonneries d'un cube énorme et dont l'exécution, de la plus grande importance pour la résistance du pont, présente souvent de sérieuses difficultés. Pour donner une idée de la valeur de ces forces, nous citerons l'exemple d'un pont en arc pour chemin de fer, à deux voies de 75 mètres de portée, dont la flèche est de 1/15, dont le poids, par mètre courant, est à peu près 12,000 kilogrammes, y compris les surcharges, et qui produirait sur les culées un effort d'environ 2,000,000 kilogrammes. Pour qu'un arc semblable ne puisse glisser sur le plan des naissances, il faut que la maçonnerie, qui pèse sur ces naissances, soit d'environ 1,500 mètres. On conçoit sans peine que ces ponts ne seront avantageux que dans des circonstances spéciales, tant sous le rapport de la qualité des terrains, que des ressources pour la construction des maçonneries.

Il existe pourtant des cas où non-seulement ces inconvénients doivent perdre de leur importance, mais encore où ces ponts sont seuls possibles; ce sont ceux où on se trouve gêné pour les débouchés, le niveau du plan supérieur se trouvant invariablement fixé. Les ponts en arc permettent, en effet, d'employer à la clef des épaisseurs excessivement faibles, relativement à leur portée; nous avons même fait voir (chap. V.) que, pour les arcs métalliques, il y avait avantage, à cause de la dilatation, à donner à la clef des dimensions aussi faibles que le permet l'effort de compression.

Il est également facile de donner au pont tout entier une courbure générale, surtout s'il s'agit de ponts établis sous une route, ce qui permet de gagner de la hauteur et peut offrir une grande ressource; en un mot, si l'on suppose un pont qui, par des circonstances spéciales, telles qu'une trop grande largeur, ne puisse être construit au moyen de poutres en garde-corps, que le plan des naissances soit déterminé au-dessus de l'étiage, ainsi que le débouché sous la clef, on pourra se trouver placé dans une circonstance où un pont en arc sera seul possible.

Un exemple frappant de ce cas s'est présenté à Paris, à propos de la reconstruction du pont d'Arcole. La hauteur des quais de ce pont, après tous les relèvements possibles, est de $9^m,20$ au-dessus de l'étiage; la hauteur à la clef également de $9^m,20$; la portée entre les culées, de 75 mètres. Les auteurs proposèrent un projet dans lequel le tablier du pont avait la pente nécessaire pour donner à la clef une épaisseur de $1^m,20$. Le pont se serait composé de cinq fermes en fer, les naissances ayant 7 mètres d'épaisseur; la pente par mètre aurait correspondu à $0^m,03$. Le pont, ayant 20 mètres de largeur, ne pouvait être construit au moyen de poutres en garde-corps ; car les pièces de pont eussent alors été trop importantes ; ces poutres, dont la hauteur eût dû être d'environ 6 ou 7 mètres, auraient d'ailleurs produit un effet fâcheux en masquant la vue des quais. On voit donc que, dans ces circonstances, un pont en arc était seul possible.

Ainsi, en résumé, pour des ponts à une seule arche, l'arc devra être préféré aux poutres droites toutes les fois qu'on n'aura pas de raisons pour éviter la construction des culées, ou qu'on devra répondre à un problème analogue à celui que nous venons de décrire.

Ponts en arc à plusieurs arches. — Comme ponts à plusieurs arches, les ponts en arc présentent un inconvénient qu'ils partagent avec les ponts en pierre, c'est-à-dire que les piles devraient faire culées. Dans les ponts en pierre, cette condition est impossible à remplir ; dans certaines circonstances, telles que pour des viaducs élevés, elle peut conduire à des constructions onéreuses. On ne peut pourtant pas négliger cette précaution, si l'on ne veut pas qu'un accident éprouvé par une arche compromette la solidité de l'ouvrage entier. Nous pourrions citer à l'appui de cette observation quelques exemples récents d'accidents considérablement aggravés par suite de cette négligence ; nous nous contenterons de rappeler que la chute de l'ancien pont d'Asnières, en arches de bois, fut provoquée par l'incendie d'une arche ; les poussées n'étant plus détruites sur les piles, ces dernières se renversèrent successivement, et ce pont entier s'écroula.

Action de la variation des surcharges sur les piles. — Action de la dilatation. — Les efforts inégaux qui proviennent de l'action de surcharges non uniformément réparties, surtout lors du passage des trains sur des ponts de chemin de fer, les dilatations inégales qui peuvent se produire d'une arche à l'autre par l'action de la chaleur, peuvent causer aussi sur ces ponts des effets fâcheux, en donnant naissance à des composantes horizontales dont la valeur peut être considérable, et qui, agissant tantôt dans un sens, tantôt dans l'autre, déterminent dans la maçonnerie des piles des mouvements qui modifient l'équilibre du pont. A la vérité, on a construit en Angleterre des ponts en fonte et en arc, dont les piles, à partir des naissances, sont en fonte et font partie de l'arc; mais, à moins que le pont n'ait une masse considérable, ce système présente le grave inconvénient de permettre aux vibrations de se propager d'une arche à l'autre, ce qui est très-dangereux ; l'exemple du pont des Arts suffit à faire sentir parfaitement l'inconvénient que nous signalons. On peut donc dire que généralement les ponts droits à poutres continues sont préférables, dans le cas de plusieurs travées. Ajoutons que la continuité des poutres diminue très-notablement le désavantage de la poutre droite sur l'arc, et même, lorsqu'on arrive à certaines dimensions des travées, peut l'annuler presque complétement.

Quelques ingénieurs font à ce genre de constructions un reproche qui n'est pas dénué de fondement. Il y a certainement toujours une difficulté à faire travailler ensemble des matériaux de nature très-différente, comme la maçonnerie et le métal. Nous avons déjà parlé de cette difficulté à propos des ponts suspendus : ce système n'échappe pas non plus à cet inconvénient. Lorsqu'en effet on se trouve en présence de constructions de grande dimension, les efforts qui se transmettent de l'arc sur la culée sont énormes, et on trouve toujours une certaine difficulté à les répartir d'une surface relativement petite sur une autre infiniment plus grande, sans qu'aucun mouvement se produise. C'est certainement, en grande partie, dans le but d'éviter ces inconvénients que les systèmes de ponts où le métal équilibre lui-même toutes les forces auxquelles il est soumis, sont arrivés à prévaloir en Angleterre : les poutres droites adoptées par M. Stephenson, les bow-strings par M. Brunel. Nous pensons toutefois que, tout en prenant cette objection en considération sérieuse, on ne peut toujours la regarder comme un motif d'exclusion.

Bow-Strings. — Emploi de ces ponts pour une ou plusieurs tra-

vées. — Nous avons fait voir plus haut que les bow-strings, sous le rapport de l'emploi du métal, sont désavantageux, si on les compare à la poutre de même portée, qui a pour hauteur la flèche du bow-string; nous avons montré aussi que cette infériorité pouvait disparaître, si on ne considérait pas le bow-string comme assujetti à la même condition de hauteur que la poutre ; la comparaison entre ce système et les précédents, pour des ponts à une seule arche, est donc assez difficile, puisque ces deux systèmes n'auront jamais de dimensions comparables. On peut pourtant formuler les conclusions suivantes :

Toutes les fois qu'on sera gêné pour le débouché et que, par suite, la hauteur des fermes du pont sera limitée, le bow-string sera moins avantageux que la poutre droite de même hauteur, et à plus forte raison que l'arc de même flèche.

Si l'on peut employer des fermes en garde-corps d'une hauteur arbitraire, on peut arriver à construire un bow-string plus avantageux, comme emploi de métal, que la poutre, mais jamais aussi avantageux que l'arc simple, dont les fermes peuvent également être placées en garde-corps. Ce qui doit alors décider entre ces deux derniers systèmes est seulement la considération des culées.

Ajoutons pourtant que, dans ce cas, l'arc du bow-string se trouvant dans des conditions d'équilibre plus défavorables, ces ponts présentent l'inconvénient de vibrer facilement sous l'action des surcharges inégalement réparties, à moins que la masse du pont ne soit considérable par rapport à ces surcharges. C'est pour cette raison que M. Brunel charge ses ponts de balast. Dans tous les cas, ce système devient désavantageux pour des ponts à plusieurs travées.

Ponts suspendus. — Comparaison de ce système avec les bow-strings. — Nous avons décrit plus haut un système de construction de ces ponts, au moyen duquel on pouvait les rendre rigides et, par conséquent, les introduire définitivement parmi les ouvrages destinés soit à des routes d'un grand trafic, soit à des chemins de fer.

Si l'on applique ce système à une seule arche, quoique l'emploi du métal y soit plus rationnel que dans le bow-string, et qu'il paraisse présenter l'économie du tirant, l'avantage qu'il offre sur ce dernier est pourtant contestable. Il faut, en effet, observer, d'une part, que les chaînes d'attache offrent une longueur à peu près égale à celle du tirant du bow-string, si l'on ne veut pas déterminer sur la maçonnerie de moment de renversement. De plus, la surface du tympan y est environ double de celle du bow-string ; l'économie de métal n'est donc pas aussi considérable qu'elle le paraît au premier abord, et se réduirait sans doute à celle qui résulte de la différence des coefficients de traction et de compression, qu'on peut employer à sécurité égale. Ce système partage d'ailleurs avec les ponts en arc libre l'inconvénient d'intéresser la maçonnerie à sa résistance.

Emploi des ponts suspendus pour une ou plusieurs arches. — Mais, pour un pont à deux ou plusieurs arches, ce système peut avoir, au point de vue de l'économie, l'avantage sur tous les précédents. Dans ce cas, en effet, les chaînes d'amarrage se trouvent en partie supprimées, et il ne reste plus à ce système qu'une seule objection dont la valeur est très-variable, suivant les cas : c'est l'inconvénient de la traction horizontale équilibrée par la maçonnerie. On sait, du reste, qu'il n'a encore été tenté aucune construction de ce genre, et cette lacune est vraiment regrettable.

Ponts en pierre. — Nous n'avons à parler ici des ponts en pierre que sous le rapport des circonstances dans lesquelles leur emploi doit être préféré à celui des ponts métalliques ; il nous semble que ces circonstances doivent, d'après ce qui précède, être nettement définies. On peut dire, en effet, que toutes les fois qu'on n'aura pas à résoudre un problème de construction présentant une des difficultés que nous avons énoncées plus haut, telles que les conditions de portée, de débouché, etc., et dont la solution facile caractérise les différents systèmes de ponts métalliques, le pont en pierre devra être préféré ; il a d'ailleurs sur les ponts métalliques un avantage incontestable, quoique l'expérience ne permette pas encore d'en apprécier exactement la valeur, celui de n'exiger presque aucun entretien.

Résumé. — En résumé, nous pensons qu'en se fondant sur les considérations que nous venons d'exposer, on peut formuler de la manière suivante les avantages caractéristiques des différents systèmes de ponts.

Les ponts métalliques devront être préférés aux ponts en pierre, toutes les fois qu'on aura à franchir de grandes portées, que l'on voudra obtenir le plus grand débouché possible, qu'on aura des raisons pour chercher à diminuer les points d'appui et l'importance de ces points d'appui, qu'il faudra construire un pont sous des voies existantes sans interrompre la circulation.

Parmi les ponts métalliques, la forme en arc devra être préférée aux poutres droites pour les ponts à une seule arche, toutes les fois qu'on pourra faire des culées dans de bonnes conditions. Sous le rapport du débouché, le pont droit a l'avantage de prendre, entre la voie et la douelle, la hauteur minima, pour de grandes portées, et de donner une ouverture constante dans toute la section ; mais l'arc peut encore être préférable sous ce rapport, s'il s'agit d'obtenir le débouché exigé sur une certaine largeur seulement ; le bow-string pourra être adopté si la hauteur n'est pas limitée ; il ne devra être préféré à l'arc que si l'on veut absolument éviter les culées.

Enfin, pour les ponts à plusieurs travées, on peut dire que, presque toujours, les ponts droits à poutres continues seront préférables. Dans le cas pourtant où on ne redouterait pas la construction de culées importantes, nous n'hésitons pas à conseiller la construction de ponts suspendus rigides : il ne leur manque que la consécration de l'expérience.

Nous venons d'indiquer d'une manière générale les considérations qui doivent guider dans le choix d'un système. Voyons maintenant celles qui doivent influer sur la détermination des dispositions particulières.

Détermination des dispositions particulières du pont. — Ponts en arc. — Nous avons montré dans le chapitre V que la théorie indiquait les meilleures dispositions à adopter pour les ponts en arc, tant sous le rapport de la forme des arcs en eux-mêmes que pour la construction des tympans : nous n'avons donc rien à ajouter sur ce point.

Bow-strings et ponts suspendus. — Les bow-strings, les ponts suspendus, sont également des systèmes pour ainsi dire uniques et qui ne peuvent subir que des modifications partielles, peu intéressantes, au point de vue où nous nous plaçons maintenant.

Ponts droits. — Il nous reste donc à parler des ponts droits : ces ponts présentent une grande variété de dispositions. Nous avons donné les indications que fournit la théorie au sujet des conditions mécaniques qu'elles doivent remplir; nous allons comparer leurs avantages et leurs inconvénients respectifs.

Les ponts pour chemins de fer résumant les plus grandes difficultés, nous nous occuperons spécialement de ce cas, et nous supposerons, dans ce qui va suivre, que le pont doit porter deux voies.

Position des poutres par rapport aux voies. — Les poutres, dans ces ponts, peuvent occuper, par rapport aux deux voies, deux positions : on peut les placer sous les voies, ou en garde-corps.

Ponts à poutres sous les voies. — La première disposition est employée pour les ponts à petites portées; jusqu'à une portée de huit mètres environ, on trouve une économie de métal à placer une poutre sous chaque rail, mais au delà de cette portée les poutres en garde-corps deviennent préférables.

Ponts à deux poutres en garde-corps. — Ce système applicable aux grandes travées permet, en effet, de choisir, pour les poutres, la hauteur la plus favorable correspondante à la portée; il donne le plus grand débouché, car en plaçant les pièces de pont à la partie inférieure, il n'exige comme épaisseur totale, depuis le dessous du pont jusqu'à la voie, que la hauteur du rail, d'une semelle en bois de $0^m,15$ à $0^m,25$, et celle de la pièce de pont. Or, la largeur d'un pont à deux voies étant de 8^m à $8^m,50$, cette hauteur sera d'environ $0^m,70$, et même, s'il le faut, pourra être réduite à $0^m,60$ ou $0^m,50$. Par conséquent, le pont peut ne prendre, comme épaisseur totale, qu'environ $0^m,70$, quelle que soit la portée : c'est donc la disposition la plus favorable au point de vue du débouché.

Nous avons démontré, de plus, que c'est la plus favorable au point de vue de la stabilité.

Le pont de Langon est construit dans le système des ponts à deux poutres en garde-corps. On a fait à ce système une objection à laquelle on a donné beaucoup trop d'importance : on a prétendu que dans ces ponts, lorsqu'une voie seule est chargée, la résultante, passant notablement plus près d'une poutre que de l'autre, détermine des flexions inégales dans les deux poutres, qui tendent à produire un déversement et à fatiguer beaucoup les assemblages des pièces de pont. Mais il faut considérer que le pont étant calculé pour porter deux voies chargées à la fois, en travaillant par exemple à un coefficient de 6^k, lorsqu'une seule voie est chargée, l'effort de rupture moyen diminue; il est alors facile d'établir les assemblages des pièces de ponts et des entretoises avec une résistance suffisante pour garantir leur durée. Ce n'est que lorsque les deux voies sont chargées que, la résultante passant par le milieu du pont, les deux poutres travaillent également à un coefficient de 6^k. Alors le pont se trouve dans les mêmes conditions que tous les systèmes où les voies sont placées entre les poutres, et où, par suite, la résultante passant en dehors de l'axe des poutres tend à produire une déformation du système. C'est là la véritable objection qu'il faudrait faire et qui est commune à tous les systèmes de poutres placées entre les voies ; il ne serait du reste possible d'y remédier d'une manière radicale qu'en plaçant les poutres sous les voies, et entre autres inconvénients sérieux nous avons montré que cette combinaison était très-défavorable à la stabilité. C'est la raison principale qui nécessite un entretoisement. Il faut donc accepter la difficulté telle qu'elle est. Quant à l'objection des flexions inégales, nous pensons qu'elle ne mérite aucune considération, et nous répétons qu'on peut y obvier par des assemblages suffisamment rigides. On a du reste aujourd'hui, sur ce point, des expériences positives, celle du pont de Langon par exemple. Au passage d'un train sur une seule voie, il ne se produit qu'une déformation transversale insignifiante.

Ponts à trois poutres en garde-corps. — On peut aussi employer trois poutres, en en plaçant une dans l'entre-voie ; cette disposition, qui paraît au premier abord être avantageuse, à cause de la symétrie de la disposition de la charge par rapport aux poutres, ne devra pourtant pas être employée pour des poutres à grande portée ; elle entraîne en effet à une plus grande largeur de pont, en sorte que si d'un côté elle donne quelque avantage sous le rapport des pièces de pont, puisqu'elle diminue leur portée, de l'autre, elle augmente leur longueur totale ainsi que celle des piles. Lorsque les portées deviennent un peu grandes, elle est désavantageuse, parce qu'elle ne permet pas d'employer pour les poutres de rive beaucoup de hauteur ; ce qui conduirait, si on voulait faire varier la section des nervures horizontales, comme l'indique la loi de variation des moments de résistance, à des épaisseurs trop minces, qu'on doit rejeter en pratique. Quelles que soient d'ailleurs les hauteurs que l'on adopte pour rendre le poids total le plus faible possible, il résulte de l'emploi de trois poutres que la proportion de métal employée en parois verticales, c'est-à-dire dans des conditions désavantageuses, devient plus considérable par rapport au poids total que dans la disposition précédente.

Position des voies dans les ponts à poutres en garde-corps. — Nous avons peu de mots à dire sur ce sujet, que nous avons déjà traité spécialement.

Pour les ponts à grande portée, nous regardons comme la meilleure disposition de placer les voies à la partie inférieure, et, lorsque la hauteur des poutres le permet, de les relier à la partie supérieure au moyen d'entretoises et d'un contreventement solides. La hauteur nécessaire pour le passage d'un train étant de $4^m,50$, cette disposition pourra être adoptée au delà de cette limite.

Au pont de Langon, les voies ont été placées au milieu des poutres ; on a pu ainsi employer des pièces de pont assez économiques en profitant de la demi-hauteur des poutres pour les relier et leur donner une très-grande solidarité.

Ponts-tubes. — Nous avons peu parlé de ces ponts, rendus célèbres par l'admirable application que M. Stephenson en a faite en Angleterre. Ces magnifiques travaux ont été décrits dans l'ouvrage de M. E. Clark, où sont exposées avec le plus grand soin les difficultés qu'il fallait surmonter, et les conditions toutes spéciales qu'il fallait remplir. Nous croyons devoir renvoyer à cette monographie, qu'il est impossible de reproduire partiellement sans diminuer l'intérêt qu'elle excite. Si nous nous arrêtons seulement au système des ponts tubulaires, en nous efforçant d'oublier pour un instant que ce sont ces ponts qui, exécutés tout d'abord sur une échelle gigantesque, ont été les premiers exemples, les premiers modèles des ponts en tôle, il est permis de douter qu'ils trouvent dans la suite beaucoup d'imitateurs. On sait, en effet, que le pont de Menai se compose, à proprement parler, de deux ponts séparés, supportant chacun une voie. Il paraît certainement plus logique, en général, d'intéresser l'ouvrage entier au travail à développer durant le passage d'un train, et cette condition peut se trouver remplie par un pont à poutres en garde-corps. Un pont de ce système, dans lequel les voies se trouveraient à la partie inférieure, dont les poutres seraient contreventées à la partie supérieure, n'est d'ailleurs autre chose que le pont-tube de Stephenson, embrassant les deux voies à la fois et économisant deux parois verticales.

Nous avons émis dans le cours de cet ouvrage un certain nombre d'opinions que le résumé qui précède a dû mieux encore mettre en relief. Il serait bien intéressant de faire voir, par les exemples de ponts déjà construits, que ces déductions théoriques reposent sur des bases certaines, et qu'elles sont vérifiées par le poids des ponts des différents systèmes. C'est dans ce but que nous avons réuni dans un tableau les éléments aussi détaillés que possible des différentes parties des types principaux dont nous nous sommes occupés, avec tous les renseignements qui peuvent en rendre la comparaison plus claire et plus précise. Quoique cette comparaison soit assez difficile, par suite de la diversité des conditions qui ont servi de base à ces projets, telles que les portées, le coefficient de résistance adopté, etc., nous croyons pourtant qu'on peut en tirer des conclusions incontestables.

Nous avons séparé dans le tableau des poids tous les éléments constitutifs des grandes fermes, ou poutres, des accessoires tels que les pièces de pont, le contreventement, enfin le détail d'une poutre elle-même, afin de pouvoir comparer les formes entre elles; enfin, nous donnons le poids rapporté au mètre courant de voie, qui est la donnée décisive, l'avantage devant rester, pour les mêmes conditions à remplir, au poids le plus faible, à *sécurité égale.*

TABLEAU ANALYTIQUE ET COMPARATIF DE[...]

DÉSIGNATION des PONTS.	Nombre des travées.	Distances entre les appuis des poutres.	Longueur des poutres ou du pont.	Hauteur maxima des poutres, arcs ou fermes.	des voies.	Des poutres, arcs, etc.	POIDS DES ÉLÉMENTS DU PONT. TOTAL.				PAR MÈTRE COURANT.		
							Poutres.	Pièces de pont et longerons.	Contreventements et divers.	Total.	Poutres.	Pièces de pont et longerons.	
		m	m	m			k.	k.	k.		k.	k.	
Clichy........	1	20,65	23,40	2,000	4	2	18210	31473	1100	51083	778	1345	
Ciron........	1	30,00	32,93	1,40 et 2,00	2	3	50900	21100	»	76000	1667	641	
Langon......	8	63,40|73,90	211,71	5,500	2	2	721579	187882	49295	958756	3108,3	187,4	
Aiguillon....	3	45,30|63,40	170,55	5,500	2	4	802442	110389	98001	1010832	4705	647,2	
Moissac......	5	45,50|67,40	314,40	5,500	2	4	1528209	291345	234470	2054026	4860	936	
Asnières. ...	5	30,80	168,00	2,280	4	5	858534	185542	10147	1054223	5110	1104	
Conway......	1	121.918	129,23	7,747	2	2	2323648	»	»	2323648	19078	»	
Britannia ...	4	140,20|70,10	460,54	9,143	2	2	10537200	»	»	10537200	22880	»	
Windsor. ...	1	58,80	65,00	7,620	2	3	366800	26300	6900	400000	5643	405	1
Chepstow ...	1	92.95	92,00	15,306	2	2	921000	33000	»	954000	9910	353	
Newark......	1	78.94	76,12	4,883	2	4	402860	»	91140	494000	5099		11

Nota. Les ponts d'Aiguillon et de Moissac, qui ne sont pas reproduits dans l'album, sont composés de quatre poutres en garde[...] par un contreventement. Le pont de Conway, qui n'est pas non plus reproduit dans l'album, est construit dans le même systèm[e]

FFÉRENTS TYPES DE PONTS EN TOLE.

DÉTAIL DU POIDS PAR MÈTRE COURANT DE VOIE SIMPLE.									CHARGES par mètre courant de voie.		COEFFICIENT DE RÉSISTANCE par millimètre carré de section.	OBSERVATIONS.
...VERTICALES DES POUTRES.			PAROIS HORIZONTALES DES POUTRES.				Pièces de pont, contreventements et divers.	Total général.	permanentes.	mobiles.		
Couvre-joints.	Têtes de Rivets.	Total.	Tôles et cornières.	Couvre-joints.	Têtes de Rivets.	Total.						
»	»	»	»	»	»	u	»	546	»	4000	5	
»	»	»	»	»	»	»	»	1154	1600	4000	6	
179,3	30	776,6	829	78	32	939	542,2	2257,7	1900	4000	6	
120	70,5	1572	618	53,7	38,5	710,2	682	2964,2	2250	3500	6	
30	70,5	1525,8	908,6	94	63,4	1066	675	3266,8	2250	3500	6	
58	25	654	533	67	24	624	291	1569	1236	»	5	
159	182	2984	4988	708	304	6512	»	8986	»	3500	9	Les accessoires en fonte ne sont pas compris dans les poids.
150	248	3809	5509	748.	255	6512	1119	11440	»	4000[1]	6	[1] Voir l'Atlas.
»	»	133	»	»	»	»	255	3077	4000	4000	3,3	
»	»	»	»	».	»	»	»	5131	5500	4000	3,4|4,1	Le coefficient de 3k,4 est pour la compression, celui de 4k,1 pour la traction. Le poids de la culée n'est pas compris.
»	»	944	»	»	»	1609	577	3130	4300	3332	7,6|8,5	

rés; les deux poutres constituant un pont sont reliées à leur partie inférieure par les pièces de pont, et à la partie supérieure

Pour les ponts à poutres droites, nous avons appelé l'attention sur l'importance des parois verticales, et l'avantage qu'il y a à les diminuer autant que possible; nous avons dit que la hauteur des poutres à paroi pleine était limitée par cette condition; si on jette les yeux sur le pont de Langon, on verra que le poids des parois verticales et de leurs armatures est à peu près égal à la moitié du poids de la poutre. C'est donc un élément de la plus grande importance dans le poids d'un pont; de là l'intérêt évident de réduire le nombre de ces parois, et par suite aussi le nombre des poutres. Si, en effet, on considère les ponts de Moissac et d'Aiguillon, composés de quatre poutres, on voit que dans ces ponts la quantité du métal employé pour les quatre parois verticales, c'est-à-dire d'une manière défavorable, est double de celle affectée aux nervures horizontales. Si cette infériorité est bien réelle, elle doit se traduire par un accroissement du poids par mètre courant; c'est en effet ce qui a lieu. Le pont d'Aiguillon pèse environ 700^k de plus par mètre courant que le pont de Langon. Pour le pont de Moissac la différence est d'une tonne; et pourtant ces deux derniers ponts sont sous le rapport de la portée dans des conditions plus avantageuses; le coefficient de résistance est le même. Cette différence tient donc uniquement à l'emploi de doubles poutres par voie. Par conséquent, cet exemple vient confirmer d'une manière irrécusable l'opinion que nous avons émise sur ce système.

Les ponts anglais à poutre séparée pour chaque voie et à double paroi fournissent également une preuve du désavantage de cette disposition. Le pont de Britannia pèse environ 11^t,4 par mètre courant de simple voie. Ce poids est beaucoup trop considérable, proportionnellement à celui du pont de Langon par exemple, eu égard à la différence des travées. Le tableau met en évidence une des raisons de cet excès de matière : c'est le poids de 3^t,8 employé en paroi verticale par mètre courant de voie. Il faut ajouter que la poutre n'a pas la hauteur la plus favorable pour l'économie. Elle devrait être plus haute de 1/5 environ; les parois horizontales seraient ainsi notablement diminuées, mais les parois verticales prendraient une importance qui rendrait encore bien plus sensible l'inconvénient du système.

Ce rapport du poids de la paroi verticale à celui de la poutre, même dans l'hypothèse d'une poutre à simple paroi, fait encore voir l'intérêt qu'il y a à employer des poutres latices, surtout pour de grandes travées. Nous avons dit pourtant dans la première partie, qu'à part les objections qu'on fait généralement à ce mode de construction, l'étude détaillée d'un projet dans ce système ne produirait pas toute l'économie qu'on pourrait en attendre. Si, en effet, on considère le détail des poids du pont de Newark, on verra d'abord qu'il pèse environ 800^k de plus par mètre courant de voie que le pont de Langon, dont la portée est à peu près la même, et que chaque paroi verticale ne pèse que 300^k de moins, quoiqu'il y en ait quatre, ce qui n'est pas une différence très-considérable. Le coefficient de résistance adopté pour le pont de Newark est plus fort de 1^k,5 que celui du pont de Langon; cette différence de poids en faveur du pont de Langon est due à plusieurs causes. En premier lieu, le pont de Newark, étant à une seule travée, est placé dans des conditions de résistance plus défavorables que le pont de Langon; ensuite la hauteur de la poutre adoptée est faible, ce qui n'est pas logique pour un pont latice, où l'on n'a pas à craindre d'augmenter très-sensiblement le poids de la paroi verticale. Cette circonstance a eu beaucoup d'influence sur le poids du tube et des chaînes de ce pont, comme on peut le voir en le comparant à celui des nervures horizontales du pont de Langon. En outre, l'avantage des parois latices est encore diminué par deux autres causes; la première est la séparation complète des deux voies et l'emploi de quatre poutres, la deuxième est la disposition même du latice formé de tiges tout à fait isolées, qui ne permet pas de faire varier autant les sections que l'emploi de tiges un peu plus nombreuses et rivées entre elles. Nous ne regardons donc pas cet exemple comme concluant, et nous pensons

40

au contraire que pour des ponts à plus grande portée, dans des conditions de hauteur de poutres, et autres dispositions plus favorables, l'économie due à l'emploi du latice serait bien plus considérable. Ce fait est rendu évident par la simple comparaison du poids des parois verticales du pont de Newark et du pont de Britannia. La première pèse 944^k, la seconde 3,809^k; en tenant compte de la différence considérable des portées, ce dernier chiffre est évidemment hors de proportion avec le premier.

Le pont d'Asnières, bien que composé de poutres à double paroi, présente pourtant un poids assez satisfaisant. Cela tient à ce que ce pont est à quatre voies, ce qui est toujours une cause de meilleur emploi du métal dans les accessoires. Nous avons d'ailleurs exposé les raisons toutes spéciales à cet ouvrage, qui ne permettaient pas même de discuter une autre solution.

Arrivons maintenant aux bows-strings. Nous donnons le détail des poids de deux de ces ponts; dans ces deux exemples, le rapport de la hauteur des fermes à la portée est très-considérable. On voit donc qu'ils sont placés dans les conditions que nous avons dit être indispensables et inhérentes à ce système : une grande hauteur de poutre, puisque la paroi verticale ne coûte rien. Le poids assimilable à une paroi verticale pour le pont de Chepstow, de 93^m de portée, n'est en effet que de 600^k environ par mètre courant; une poutre à paroi pleine, analogue à celle du pont de Britannia, eût conduit à un poids d'environ 2 à 3 tonnes par mètre courant.

Maintenant cette disposition, qui diminue le poids du métal employé en nervures horizontales, mais en interdisant la faculté de réduire les sections du milieu aux extrémités de la poutre, a-t-elle conduit à une économie de métal? Le poids d'un mètre courant de voie du pont de Chepstow est d'environ 5^t,1 pour une portée de 93^m. Il est certain qu'un pont à poutres droites eût pu conduire à un poids notablement moindre; c'est ce qui ressort évidemment des résultats fournis par les ponts de Langon et de Newark. On peut objecter que le pont de Chepstow ne travaille qu'à un faible coefficient de $3^k,4$; mais il faut examiner si cette valeur n'a pas été imposée par le système du pont. Le diamètre du tube du pont de Chepstow est de $2^m,8$, sa longueur est de 93^m. Le rapport de ces deux dimensions est d'environ 1/30. Les expériences faites sur la compression des colonnes creuses ne paraissent pas devoir permettre un coefficient beaucoup plus considérable que celui de 3^k, pour conserver dans cette condition une sécurité comparable à celle d'un pont à poutres droites calculées avec un coefficent de 6^k. Nous croyons donc pouvoir conclure que le système des bows-strings n'est pas appelé à fournir d'économie sur celui des poutres droites bien étudiées. Les deux ouvrages dont nous avons donné la description n'en restent pas moins des modèles d'un grand intérêt; chacune des parties de ces constructions porte le cachet le plus frappant du rôle qu'elle joue dans la résistance de l'ensemble. Le pont de Chepstow est une ingénieuse disposition, la plus propre sans contredit à remédier autant que possible à l'inconvénient inhérent à ce système, la faiblesse du coefficient qu'on est forcé d'y appliquer.

Nous appelons l'attention sur ce tableau comparatif et sur cette courte discussion qui nous paraît confirmer pleinement la classification des systèmes que nous avons essayé d'indiquer dans ce dernier chapitre.

FIN.

EXPLICATION DES PLANCHES

§ I. — PONT DE CLICHY.

(PL. I ET II.)

Le pont de Clichy a été construit en 1851, sous le chemin de fer de l'Ouest, sur la route de Paris à Argenteuil ; il est biais et coupe la route, suivant un angle de 25°. Il est composé de deux poutres de rive en garde-corps, et d'une série de pièces de pont normales aux culées, et reposant, soit entièrement sur les culées, soit sur une d'elles et sur une poutre de rive. Les pièces de pont sont reliées entre elles par une série d'entretoises et sont recouvertes d'un tablier supportant quatre voies.

Les dimensions principales du pont sont les suivantes :

Débouché	5^m, »
Portée parallèle aux voies..	$21^m,65$
Id. normalement aux culées.	8^m, »
Distance d'axe en axe des poutres de rive.	14^m, »
Hauteur *Id.*	2^m, »
Id. des pièces de pont.	$0^m,626$
Id. des entretoises.	$0^m,540$

PLANCHE 1. — Cette planche montre l'élévation du pont, le plan avec les dispositions des voies, et une coupe suivant l'axe de la route, qui fait par conséquent avec les voies un angle de 25°. Les entretoises sont vues de face dans cette planche.

PLANCHE II. — Elle contient tous les détails de construction du pont. Elle montre :

1° A l'échelle de 1/100 un plan général du pont, qui est un parallélogramme formé par les deux poutres de rive réunies par deux longerons. Ces quatre poutres renferment les pièces de pont avec lesquelles elles sont rivées ; les longerons reposent dans toute leur longueur sur les culées ;

2° Les détails d'une poutre de rive au 1/25, comprenant une élévation extérieure et une coupe longitudinale intérieure (coupe suivant **AB**), où se trouvent indiqués les assemblages des pièces de pont. La coupe transversale **MN** à l'échelle du 1/10 complète ces détails ;

3° La section de tous les spécimens de pièces de pont (coupe suivant **EF**), dont la hauteur varie avec la portée ; les assemblages avec les longerons et les entretoises ;

4° Enfin le détail des appuis du pont ; les glissières à rouleaux sont placées sous les angles aigus.

§ II. — PONT DU CIRON.

(PL. III ET IV.)

Le pont du Ciron, construit en 1855 sous le chemin du Midi, sur la petite rivière du Ciron, qui coupe le chemin de fer normalement, se compose de trois poutres en garde-corps, entre lesquelles sont placées les deux voies ; ces poutres sont encastrées au moyen d'un retour d'équerre ; elles supportent un plancher formé de madriers en chêne, recouvert de ballast. La voie est du système Brunel.

Les dimensions principales du pont sont les suivantes :

Débouché.	8^m, »
Ouverture du pont	30^m, »
Distance entre les deux poutres de rive (d'axe en axe). . .	8^m,80
Hauteur des poutres { de rive.	1^m,40
{ intermédiaire.	2^m, »
Id. des pièces de pont, ...	0^m,49
Id. des longerons.	0^m,35

PLANCHE III. — Cette planche montre l'élévation du pont, le plan et les culées : une partie du plan est au-dessus des voies ; l'autre, celle de droite, suppose le tablier enlevé, et laisse voir les pièces de pont et les longerons. Le talus de droite est coupé à deux hauteurs différentes, et montre l'intérieur de la culée. Les culées sont reproduites à l'échelle de 1/100 avec la disposition spéciale pour recevoir le retour d'équerre des poutres, et exercer sur cette partie la poussée nécessaire à leur encastrement.

PLANCHE IV. — Cette planche contient :

1° A l'échelle de 1/50, la distribution complète des tôles, cornières, couvre-joints, etc., des trois poutres, avec toutes leurs dimensions ;

2° A l'échelle de 1/25, une coupe transversale du pont (coupe suivant **AB**) qui donne les dimensions transversales du pont, et les assemblages des pièces de pont ; ces détails sont complétés par la coupe suivant **CD** ;

3° Les détails des poutres de rive et intermédiaire avec la disposition particulière de leurs extrémités et les pièces accessoires qui servent à les maintenir d'une manière rigide dans les maçonneries et à les encastrer. Les coupes **GH**, **FF**, **IJ**, **KL** montrent tous les détails de ces dispositions. Le pont du Ciron est le premier exemple de poutres encastrées par un moyen spécial ; la construction en est assez simple, et il présente une économie de métal sur les poutres droites.

§ III. — PONT DE LANGON.

(PL. V, VI, VII ET VIII.)

Le pont de Langon, construit en 1855 sur la Garonne, à Langon, sous le chemin de fer du Midi, est à trois arches symétriques, et porte deux voies ; il est composé seulement de deux poutres en garde-corps, reliées sur la moitié de leur hauteur par des pièces de pont armées et formant entretoises. Le pont de Langon est un bon spécimen de pont à deux poutres en garde-corps.

Les données principales du pont sont les suivantes :

$$
\begin{aligned}
&\text{Débouché à l'étiage} \dots\dots\dots\dots\dots 14^m,14\\
&\text{Longueur des travées}
\begin{cases}
\text{extrêmes} \dots\dots 64^m,08\\
\text{du milieu} \dots\dots 74^m,40
\end{cases}\\
&\text{Longueur totale des poutres} \dots\dots\dots 211^m,71\\
&\text{Hauteur des poutres} \dots\dots\dots\dots\dots 5^m,50\\
&\quad\textit{Id.}\quad \text{des pièces de pont} \dots\dots\dots 0^m,60\\
&\quad\textit{Id.}\quad \text{des longerons} \dots\dots\dots\dots 0^m,35\\
&\text{Distance d'axe en axe des poutres} \dots\dots 8^m,30
\end{aligned}
$$

PLANCHE V. — Cette planche montre la vue générale du pont, le plan et deux coupes transversales. On peut remarquer dans l'élévation le système d'armatures verticales. Le plan est divisé en trois parties, et montre la voie complète (système Brunel), le tablier qui passe sous les voies, et le contreventement sous le tablier ; les coupes transversales montrent la disposition générale des pièces de pont et des croix de Saint-André.

Ces dernières pièces, qui constituent un système d'entretoises plus rigides que les pièces de pont armées, sont au nombre de six ; deux sur chaque pile, et une sur chaque culée.

PLANCHE VI. — Cette planche renferme, à l'échelle de 1/25, les détails généraux du pont. Ils comprennent :

1° Deux coupes transversales de la moitié du pont, d'une travée extrême montrant les deux modes d'assemblage des pièces de pont sur les poutres, selon que ces pièces, qui sont écartées entre elles de $2^m,55$, se trouvent en face d'une armature verticale de la poutre, ou d'un couvre-joint simple, qui est généralement dans ce cas un fer à T unique ;

2° Une coupe transversale du pont près des culées, avec les détails d'assemblage des pièces de pont à croix de Saint-André sur les poutres, et, ainsi que la figure précédente, la position des longerons et des fers à T qui reçoivent les extrémités des madriers du plancher ;

3° Une élévation et une coupe longitudinale de deux parties du pont sur l'une des piles et près des culées ; dans la partie placée sur la pile on remarquera l'addition d'une fourrure sous les armatures verticales et les couvre-joints verticaux ; elle est rivée séparément sur la paroi verticale des poutres. Ces fourrures ont été employées sur les piles et les culées pour augmenter la section du métal, résistant à l'écrasement sur les points d'appui ; des fourrures plus étroites ont été également placées entre les poutres et les armatures verticales ; elles forment couvre-joints indépendamment des cornières d'assemblage des armatures ;

4° Enfin, une coupe horizontale d'une extrémité du pont, montrant les armatures verticales extrêmes, la position relative des divers couvre-joints des tôles horizontales et des parois verticales, l'assemblage du contreventement sur les pièces de pont et les longerons, ainsi que l'assemblage de ces dernières pièces entre elles.

La planche VI montre encore la disposition des glissières établies de façon à permettre de relever la poutre en cas d'un léger tassement des piles ou des culées.

PLANCHE VII. — Cette planche donne à l'échelle du 1/10 les détails d'exécution des poutres, des assemblages des pièces de pont sur les fers à T couvre-joints, et sur les armatures verticales. Les deux faces de ces assemblages sont reproduites.

Les coupes **AB**, **CD**, **EF**, **GH**, **IJ**, **KL**, montrent très-explicitement la position relative des fers et tôles qui constituent les pièces de pont, leur assemblage et toutes leurs dimensions.

La planche VII contient encore la série complète des couvre-joints des tables horizontales, au nombre de cinq spécimens :

1° Couvre-joints intérieurs et extérieurs des tôles horizontales ;

2° Couvre-joints intérieurs et extérieurs des fers plats horizontaux ;

3° Couvre-joints du fer plat vertical et de sa cornière d'assemblage intérieure ;

4° Couvre-joints de la cornière extérieure d'assemblage du fer vertical. Ce dernier, dont une extrémité seule est reproduite à droite de la planche, se compose de deux cornières semblables à celles du couvre-joint précédent. Une projection verticale de tous ces couvre-joints complète ces détails de construction ;

5° Les couvre-joints verticaux, qui sont de trois espèces ; ils sont formés de deux fers à T, renforcés par deux bandes de tôle sur les piles et les culées, d'un fer à T et de deux cornières en face des pièces de pont (l'emploi des deux cornières comme couvre-joints a nécessité l'addition d'une fourrure pour assurer la rigidité de l'assemblage) ; enfin, de deux fers à T simples dans les autres cas.

PLANCHE VIII. — Cette planche contient tous les éléments fournis par le calcul pour déterminer les différentes parties d'une poutre et l'application méthodique de ces éléments à la déduction rigoureuse des dimensions de tous les matériaux qui entrent dans sa construction. Les courbes des moments de rupture y sont reproduites pour les quatre hypothèses, que l'on peut faire sur la position de la surcharge. Ces courbes se distinguent par des lignes ponctuées différentes.

La première moitié de la seconde figure est la courbe des moments maximum obtenue en portant, dans le même sens de l'axe, les plus grandes ordonnées des différentes courbes. On a conservé à chaque portion de courbe sa ponctuation. La courbe correspondante aux trois travées chargées est reproduite également dans cette figure, et montre l'influence des différentes hypothèses sur la courbe des moments maximum.

La partie hachée de cette figure représente, à la même échelle que les courbes, les moments de résistance, pour un coefficient de 6 kilogrammes, de la paroi verticale et des éléments des tables horizontales, dont la section ne varie pas. Ces éléments se composent de quatre fers plats verticaux, de quatre fers plats horizontaux et de douze cornières de mêmes dimensions, servant à l'assemblage de la paroi verticale, des fers plats verticaux. Les moments de résistance de la paroi verticale varient seuls. L'épaisseur des tôles a dû être augmentée sur les piles et les culées, pour résister à l'effort tranchant et à l'écrasement. Ces différentes épaisseurs sont indiquées dans la partie de droite de la figure, ainsi que la variation de l'effort tranchant maximum.

La disposition que nous donnons, et qui est celle de l'exécution, diffère du premier projet. On avait d'abord prévu l'emploi de douze cornières de $\dfrac{200 \times 150}{15}$. Des difficultés de fabrication y ont fait renoncer, et on a dû y substituer le système actuel.

La troisième figure est relative à la distribution des tôles horizontales. Les différences entre les moments de résistance et de rupture de la figure précédente ont été doublées et portées sur un axe. La ponctuation des courbes a été conservée, et plusieurs cotes enlèvent toute incertitude sur la marche suivie. La partie hachée représente les moments de résistance des deux parois horizontales, ou plutôt d'une seule avec l'échelle doublée, ce que permet la symétrie de leur disposition. On peut remarquer que la courbe correspondant à la troisième hypothèse dépasse notablement le moment de résistance des tôles ; on a préféré cette épaisseur de métal, déjà considérable, à une plus forte qui eût donné des craintes sur la qualité de la rivure.

La quatrième figure contient tous les matériaux d'une poutre, sauf les couvre-joints ; les tôles et les fers des tables horizontales étant placés symétriquement par rapport aux axes de la poutre, on a pu reproduire seulement les tôles à la partie supérieure, et les fers à la partie inférieure.

Une coupe, suivant l'axe horizontal de la poutre, à une échelle double, montrant la disposition des armatures verticales, la place des croix de Saint-André, des pièces de pont, des couvre-joints verticaux simples et renforcés, etc., complète tous les détails que l'on peut donner sur l'exécution de ce pont.

§ IV. — PONT DE BRITANNIA.

(PL. IX, X ET XI.)

Le pont de Britannia, commencé en 1847 pour le chemin de Chester à Holyhead, se compose de deux tubes à section rectangulaire, dont la hauteur augmente des extrémités vers le milieu. Le pont est à quatre arches symétriques. Voici ses principales dimensions :

Débouché. . . . . {	hautes eaux.	30^m,40
	basses eaux.	31^m,62
Longueur des travées. . {	extrêmes.	70^m,10
	du milieu..	140^m,20
Longueur totale des tubes.		460^m,50

<table>
<tr><td rowspan="4">Hauteur totale des tubes</td><td>Extrémité. . . . .</td><td>7^m,010</td></tr>
<tr><td>sur la première pile. . . . . . .</td><td>8^m,293</td></tr>
<tr><td>milieu de la deuxième travée. .</td><td>8^m,928</td></tr>
<tr><td>sur la pile du milieu. . . . . .</td><td>9^m,144</td></tr>
</table>

Largeur totale des tubes. . . . . 4^m,495

Distance entre les deux tubes . . . . 2^m,718

PLANCHE IX. — Cette planche donne l'ensemble du pont en élévation et en plan. Le plan est divisé en deux parties ; celle de droite montre le dessus du pont et la position relative des deux tubes ; celle de gauche est une coupe horizontale des piles et des culées au niveau des eaux. Les rainures qui ont donné passage aux extrémités des grands tubes, pendant le levage, et qui ont été remplies ensuite avec de la maçonnerie, sont indiquées libres.

PLANCHE X. — Cette planche contient tous les détails généraux d'un tube à l'échelle de 0^m,02 pour 1 mètre ; l'élévation longitudinale sur la pile de Britannia donne les dimensions maximum du tube et les dispositions des tôles et de leurs couvre-joints. Les couvre-joints verticaux des tôles se composent, sur les trois piles et sur une longueur de 12 à 15 mètres, de deux cornières de $\dfrac{101 \times 101}{16}$, embrassant un fer plat de $\dfrac{101,6}{12}$ à l'extérieur du tube, et de $\dfrac{228,6}{12,7}$ à l'intérieur. Ces couvre-joints sont deux simples fers à T, de 140×81, sauf pourtant dans les grands tubes, où la première disposition est répétée tous les 3^m,657.

Les couvre-joints verticaux intérieurs sont recourbés et rivés sur les parois horizontales supérieures et inférieures, comme l'indique la coupe **FF**. L'angle est renforcé par un gousset, dont la hauteur varie de 0^m,61 à 0^m,524. On en trouve la répartition sur la planche XI.

Les couvre-joints horizontaux des tôles verticales sont également doubles ; l'épaisseur totale est celle des tôles.

Les coupes **CD**, **GH** et **KL** montrent encore la disposition des armatures et les fontes employées sur les piles et les culées, pour que les tubes puissent résister à la réaction des appuis ; l'effort qui tend à produire l'écrasement est diminué au moyen d'une suspension partielle du tube, reproduite dans les élévations et les coupes **CD** et **MN**. Ces mêmes figures, avec les coupes **OP**, **QR**, montrent aussi les appuis des tubes. On remarquera que le tube est fixé sur la pile de Britannia, au milieu du pont, et qu'il peut se déplacer sur les deux autres piles et les culées ; les appuis et les suspensions en ces points sont établis pour faciliter les effets de la dilatation.

Les diverses parties du plan et les coupes **CD**, **EF**, **KL**, **MN**, contiennent tous les détails relatifs aux parois horizontales du tube ; elles donnent les dimensions des tôles horizontales, de leurs couvre-joints et la disposition de la rivure.

La coupe **GH** montre la disposition des varangues, armatures transversales du plancher, composées de deux cornières embrassant un fer plat de $\frac{254}{12,7}$. Ces pièces se reproduisent tous les 1^m,8288 ; leur écartement est double à la partie supérieure du tube ; dans la coupe **KL** on voit les varangues en élévation ; elles sont rivées, ainsi que les armatures verticales, sur des goussets qui s'opposent à la déformation du tube.

Les varangues reçoivent les longuerines de la voie, qui y sont fixées au moyen de deux cornières ayant 0^m,406 de longueur.

PLANCHE XI. — Cette planche contient tous les éléments fournis par le calcul pour déterminer les différentes parties d'un tube, l'application de ces éléments aux dimensions adoptées par M. Stephenson, et enfin la reproduction très-explicite de tous les matériaux entrant dans la construction d'un tube.

Les courbes des moments de rupture sont reproduites dans cinq hypothèses différentes :

  1° Le pont soumis à son propre poids.
  2° Première travée chargée de. . . . . 4000 kilogr.
  3° Deuxième travée chargée de. 4000
  4° Première et deuxième travées chargées de. . 4000
  5° Deuxième et troisième travées chargées de. . 3000

Il est à remarquer que ces courbes diffèrent peu.

Dans les moments de résistance du tube, indiqués en hachures, et qui correspondent à un coefficient de 6 kilogrammes, on a distingué le moment de résistance des parois verticales de celui des autres parties du tube ; le premier est une petite fraction du second, ce qui indique une hauteur de tube relativement faible.

La distribution des tôles est rendue avec grands détails et nécessite peu de développements .

Cellules supérieures. — Table horizontale supérieure. Elle est formée d'une seule épaisseur de tôle ; toutes les feuilles ont même largeur et même longueur ; les épaisseurs sont indiquées, ainsi que celles des couvre-joints ; les variations d'épaisseurs sont indiquées par un trait de force. Il n'est pas question sur la planche des couvre-joints longitudinaux, qui ont une largeur constante et la même épaisseur que la tôle.

La table inférieure présente la même disposition.

Les tôles des divisions verticales des cellules ont aussi toutes la même longueur et la même largeur ; le changement d'épaisseur est indiqué par des lignes ponctuées ; les dimensions des couvre-joints sont données aussi. Les cornières d'assemblage employées dans toute la partie supérieure des tubes ont une section constante de 0^m,0029 dans toute la longueur du tube.

Côtés des tubes. — Toutes les tôles ont la même largeur; la hauteur et les épaisseurs varient : ces variations sont indiquées par des traits noirs. La position des deux différentes espèces de couvre-joints est également indiquée dans la cinquième figure.

Cellules inférieures. — Le tablier est formé d'une seule épaisseur de tôle dans les travées extrêmes et de deux épaisseurs dans les grands tubes. La variation des épaisseurs est indiquée en traits noirs pour la rangée supérieure et en gros traits ponctués pour la rangée inférieure.

La position, le nombre et les dimensions des goussets placés dans les angles des tubes pour s'opposer à leur déformation, sont donnés en détail sur le plan du tablier.

Les tôles des divisions verticales sont indiquées comme pour la partie supérieure du tube; on remarquera, sur les piles et les culées, la disposition des armatures horizontales en fonte, placées dans l'intérieur des cellules. Les cornières d'assemblage ont 0^m,00174 de section dans toute la longueur du tube; les variations des tôles sont indiquées comme dans les figures précédentes. Les détails relatifs aux couvre-joints y sont également figurés.

§ V. — PONT D'ASNIÈRES.

(PL. XII, XIII, XIV, XV, XVI, XVII, XVIII ET XIX.)

Le pont d'Asnières, construit, en 1852, sous le chemin de fer de Saint-Germain, par M. Flachat, a cinq arches égales, et porte quatre voies; il est formé de cinq poutres tubulaires reliées sur toute leur hauteur par des pièces de pont et des croix de Saint-André, qui donnent aux cinq poutres une très-grande solidarité.

Ce pont étant le premier grand ouvrage d'art en tôle qui ait été exécuté en France, nous avons cru devoir en reproduire tous les détails.

Voici les données principales de ce pont :

Débouché au-dessus de l'étiage. :	9^m,76
Ouverture des travées.	31^m,40
Longueur des poutres.	168^m, »
Hauteur des poutres.	2^m,28

Distance d'axe en axe des poutres :
- intermédiaires. . . . . 3^m,10
- — et de rive. . . 3^m, »
- de rive. . . . . 12^m,20

PLANCHE XII. — Cette planche représente l'élévation du pont, deux coupes transversales et le plan : 1° au dessus du tablier formé de tôles minces; 2° au dessous de ce tablier, montrant les voies et les longuerines qui servent à fixer les tôles; 3° les voies enlevées, laissant voir les grandes poutres et les pièces de pont.

La première coupe transversale représente l'ensemble du pont avec celui des deux systèmes de pièces de pont qui ne joue que le rôle de support par rapport aux voies.

La deuxième coupe montre l'autre système qui remplit en même temps l'office d'un entretoisement; ces deux espèces de pièces de pont alternent de 4^m,08 en 4^m,08.

PLANCHE XIII. — Cette planche reproduit à l'échelle de $\dfrac{1}{25}$ les détails généraux du pont.

La première figure est une coupe transversale de deux moitiés du pont, l'une sur les piles extrêmes et l'autre sur les piles du milieu; elle montre les deux systèmes de poutres intermédiaires et de rive, qui ne diffèrent que par la largeur; leur armature extérieure formée d'un cadre en fer à T, sur lequel sont rivées deux plaques de tôle, l'une à la partie supérieure et l'autre à la partie inférieure. Ces armatures sont placées en regard des pièces de pont dans l'intervalle des travées; elles sont répétées tous les 0^m,51 sur les piles et les culées sur une longueur de 6^m,12 à 7^m,14. Ces armatures s'opposent à la déformation des tubes sur les appuis; elles s'opposent également à l'écrasement du tube en ces points. Les deux systèmes de pièces de pont y sont également reproduites. Cette figure montre encore que les poutres reposent sur des glissières, sur les piles extrêmes, et qu'il n'y en a pas sur les piles du milieu.

La deuxième figure représente l'élévation et la coupe longitudinale d'une poutre de rive avec la disposition spéciale des cadres sur les culées; les couvre-joints des parois horizontales et verticales, ainsi que la disposition de la rivure, y sont également reproduits.

La troisième figure donne les mêmes détails pour deux fractions d'une poutre intermédiaire sur une pile extrême et sur une pile du milieu sans glissières.

PLANCHE XIV. — Elle donne l'élévation et le plan, à l'échelle de 1/10, de tous les détails d'exécution des deux systèmes de pièces de pont, des armatures intérieures des poutres, des couvre-joints, des longerons destinés à recevoir les longuerines de la voie et la disposition de la rivure. Tous ces détails sont cotés d'une manière très-complète.

Les glissières des poutres de rive et intermédiaires sont également reproduites en détail.

PLANCHE XV. — Cette planche représente les élévations, plan et coupe d'une pile avec les enrochements.

PLANCHE XVI. — Cette planche contient tous les détails d'une culée.

PLANCHE XVII. — Cette planche représente avec un grand détail la nomenclature et la distribution des tôles des parois verticales et horizontales du pont, eu égard à l'inclinaison de l'axe des poutres sur ceux des piles. Pour les tôles verticales, la longueur adoptée est uniformément de 8^m,16, à l'exception des extrémités ; pour les tôles horizontales, elle est de 6^m,12, sauf les exigences de la distribution sur les piles. Les tôles verticales sont vues en plan ; les tôles horizontales sont seulement représentées par un fort trait noir ; un petit cercle de hachures indique lisiblement les extrémités de ces dernières tôles.

La deuxième figure de cette planche représente l'élévation générale du pont en tôle et sa position par rapport aux axes de l'ancien pont américain en bois, avec les palées provisoires de ce dernier, construites pour le montage.

La troisième figure est le plan de la précédente.

PLANCHE XVIII. — Cette planche représente les courbes des moments de résistance des poutres et la détermination des épaisseurs des tôles horizontales.

La figure première donne les courbes des moments de rupture d'une poutre intermédiaire pour les quatre hypothèses de surcharge, admises dans le calcul.

La partie gauche de la deuxième figure représente les moments maximum déduits des courbes précédentes, en portant sur un axe et dans le même sens les plus grandes ordonnées. Les parties en hachure représentent, à la même échelle de $0^m,01$ pour 100,000 kilogrammètres, les moments de résistance des deux parois verticales et des cornières, dont les sections sont constantes. Le coefficient est de 6 kil. par millim. carré.

La courbe figurée dans la partie de droite a pour ordonnées la différence des moments maximum et des moments de résistance des parois verticales et des cornières à l'échelle de $0^m,015$ pour 100,000 kilogrammètres.

La distribution des tôles des tables horizontales et leurs moments de résistance sont à la même échelle ; les épaisseurs indiquées en hachures comprennent les deux tôles disposées symétriquement par rapport à l'axe longitudinal de la poutre.

La troisième figure donne les mêmes détails et à la même échelle pour une poutre de rive. Les épaisseurs indiquées en hachures, dans les moments de résistance des tables horizontales, ne représentent qu'une seule feuille de tôle.

PLANCHE XIX. — Cette planche représente en coupe transversale et longitudinale et en plan les positions relatives des deux ponts, en tôle et en bois. Ces figures, jointes à celles qui sont intercalées dans le texte, et à l'explication détaillée qu'on y trouvera du levage et du montage, font bien comprendre la marche suivie dans la substitution du pont en tôle au pont en bois, et la difficulté qui accompagnait ce travail. Cette planche indique également le détail de la voie du pont, ainsi que le système du tablier en tôle, le trottoir et le garde-corps.

§ VI. — PONT DE WINDSOR.

(PL. XX, XXI ET XXII.)

Le pont de Windsor, construit en 1849 par M. Brunel, pour le passage du chemin du Great-Western sur la Tamise, près de Windsor, peut être considéré comme le type des bows-strings.

Le pont de Windsor est biais ; il est construit pour deux voies, et se compose de trois arcs reliés à leur partie inférieure par les pièces de pont, et à la partie supérieure par un contreventement qui descend jusqu'à la limite du débouché nécessaire.

Les dimensions principales du pont sont :

Débouché	$5^m,50$
Ouverture	$57^m,25$
Longueur totale des arcs.	$65^m, $ »
Flèche des arcs.	$7^m,60$
Hauteur du tirant.	$1^m,80$
Hauteur de l'arc.	$7^m,62$
Distance d'axe en axe des arcs { interméd. et de rive. . .	$5^m,334$
{ de rive.	$10^m,668$

Les deux arcs de rive sont identiques ; ils reposent, ainsi que l'arc intermédiaire, sur deux colonnes de fonte à chaque extrémité, et par l'intermédiaire d'un matelas en bois.

Le pont est prolongé des deux côtés par un viaduc en bois supporté par des colonnes en fonte.

PLANCHE XX. — Cette planche contient la vue générale du pont en élévation et en plan.

On remarque, dans l'élévation, que les montants verticaux qui réunissent la corde à l'arc ont la même projection verticale pour les trois fermes ; les extrémités

des arcs de rive sont cachées par des parapets en fonte assemblés sur les colonnes,
et qui raccordent les lignes des tirants avec celles des garde-corps du viaduc en bois.

On voit aussi les parties du viaduc en bois faisant suite au pont.

Le plan donne la position relative des fermes, la disposition générale du contreventement ; la moitié de gauche montre la voie qui est du système Brunel ; le plancher est recouvert d'une couche de balast ; la moitié de droite laisse voir le tablier,
la position des madriers du plancher et l'inclinaison des pièces de pont, indiquées
en lignes ponctuées.

PLANCHE XXI. — Cette planche contient la coupe transversale du pont et le détail de deux portions d'arcs, intermédiaire et de rive.

Dans la coupe transversale du pont, on trouve la section des arcs et des poutres
du tablier, avec les épaisseurs des tôles ; la poutre intermédiaire a deux parois verticales rendues solidaires sur toute leur hauteur, au moyen de cales en bois et de
boulons.

Les élévations donnent la construction des montants verticaux et des diagonales
qui relient les arcs aux tirants, les dimensions des tôles, des couvre-joints, leur position relative, ainsi que les détails de la rivure.

Les tôles de l'arc ont une faible longueur ; elles sont juxtaposées et réunies par
des couvre joints simples ; lorsque la paroi est formée de deux épaisseurs, les joints
sont croisés.

Les attaches des diagonales et des montants verticaux servent également de
couvre-joints.

Dans les poutres du tablier, qui résistent à un effort de traction, les couvre joints
sont toujours doubles ; chaque espèce a des dimensions constantes dans toute
la longueur des fermes, les efforts auxquels ils résistent étant aussi à peu près
constants.

Les parois verticales des tirants sont formées chacune de deux épaisseurs de tôle.
Pour éviter les couvre-joints longitudinaux, les tôles superposées qui forment ces
parois chevauchent d'environ 89 millimètres, et sont réunies simplement par des
rivets ; le mode de résistance du tirant permet cette disposition sans qu'il en résulte
d'affaiblissement.

Les coupes **AB, CD** et **EF** complètent tous les détails relatifs aux couvre-joints ;
elles donnent également, avec la coupe transversale du pont, l'assemblage des
pièces de pont avec les poutres, et leur construction. Cette dernière coupe montre
le plancher, le trottoir, le profil du parapet, et les matelas en bois interposés entre
l'extrémité des arcs et les colonnes.

Deux fractions de plan des arcs intermédiaires et de rive indiquent le mode
d'assemblage des fers du contreventement supérieur.

PLANCHE XXII. — Cette planche renferme tous les détails des extrémités des arcs.

La ferme est terminée par une sorte de caisse, dont la section horizontale est rectangulaire, et qui présente une grande résistance à l'écrasement; l'arc et la paroi verticale du tirant pénètrent cette caisse et augmentent encore sa résistance. Cette disposition est représentée avec beaucoup de détails pour l'arc de rive, par l'élévation et les coupes **AB**, **CD**, **EF**, **GH** et **KL**, pour la poutre intermédiaire par l'élévation et les coupes **PQ**, **ZZ**, **TU**.

Les coupes **LM** et **NO** montrent les attaches extrêmes des dernières diagonales.

Les arcs ont une extrémité fixe et l'autre mobile pour faciliter la dilatation. L'extrémité de la poutre de rive est représentée fixe, et celle de la poudre intermédiaire, mobile; une coupe et un plan des colonnes montrent la disposition des rouleaux et des surfaces de roulement; enfin, le parapet est reproduit en élévation de face et de profil; sa position relative, par rapport aux poutres, est en outre indiquée en lignes ponctuées derrière la poutre de rive.

§ VII. — PONT DE CHEPSTOW.

(Pl. XXIII, XXIV ET XXV.)

Le pont de Chepstow a été construit par M. Brunel de 1850 à 1852, pour le passage du South Wales, sur la Wye; il comprend deux ponts à peu près isolés, portant chacun une voie.

Chacun des ponts se compose d'un tube en tôle résistant à la compression, reposant sur deux appuis à une hauteur considérable du tablier; de deux chaînes supportant, en quatre points, sur une longueur de 30 mètres, deux poutres en garde-corps, reliées entre elles par les pièces de pont, le tablier et la voie. Deux grandes entretoises, ou chevalets, embrassent les tubes et les poutres du tablier, et rendent invariable leur distance verticale; des diagonales comprises entre ces entretoises s'opposent aux mouvements dans le sens horizontal.

L'ensemble du pont de Chepstow comprend, outre cette grande travée, deux autres travées de 30 mètres chacune.

Les dimensions principales du pont sont les suivantes :

Débouché du pont { hautes eaux	....	14^m,02
basses eaux	....	26^m,52
Ouverture *id.*	....	90^m,21
Longueur des poutres	....	90^m,67
Distance maxima de l'axe de la chaîne au tube	....	15^m,316

Diamètre des tubes.   2^m,743
Hauteur des poutres du tablier. . . . .   2^m,286
Distance d'axe en axe des tubes. . . . .   15^m,495
    Id.   *Id.*   des voies. . . . .   6^m,35
    Id.   *Id.*   des poutres de rive. . . . .   20^m,676

PLANCHE XXIII. — Cette planche contient la vue générale du pont en élévation, plan et coupe transversale, et une partie du viaduc.

L'élévation et le plan montrent la disposition des tubes, des chaînes, des poutres, qui supportent la voie, ainsi que les entretoises verticales et les diagonales ; les articulations des chaînes sur les poutres et leur mode de tension se voient sur l'élévation ; la position des chaînes, par rapport aux parois verticales des poutres du tablier, est vue dans le plan où une fraction de poutre de rive est figurée coupée. Le contreventement des deux tubes est formé d'entretoises cylindriques en tôle rivées sur ces deux tubes et réunies par des diagonales ; il y a trois contreventements semblables dans la longueur du pont. Celui de l'extrémité droite est seul reproduit pour éviter une trop grande confusion sur le plan. Sur le rocher, le support des tubes est en maçonnerie, l'autre est en fonte.

Le plan de la partie du viaduc reproduite donne une portion de la voie, une portion du tablier et une vue des pièces de pont ; enfin, la coupe **AB** montre la section transversale de la voie, des trottoirs, des poutres du tablier, des tubes et l'élévation de face de la culée en fonte. Cette culée repose sur six tubes en fonte remplis de béton, qui ont été enfoncés, ainsi que tous les autres, en draguant à l'intérieur ; la charge des poutres de rive est en outre reportée en partie sur quatre tubes qui s'élèvent seulement à la hauteur des hautes eaux, et augmentent la stabilité de l'ensemble. La culée est entourée d'une batardeau en bois, qui la défend des glaces.

PLANCHE XXIV. — Cette planche contient les principaux détails des tubes, des poutres, du tablier et des chaînes ; la première figure de gauche (coupe suivant **AA**) montre la section du tube à l'assemblage des chaînes diagonales et du chevalet. Le diaphragme intérieur, qui s'oppose en ce point à la déformation du tube, existe aussi aux extrémités sur les culées et a des intervalles de 4 mètres dans toute la longueur ; une élévation de la même partie du tube complète, avec la coupe **BB**, les détails de cette partie intéressante du pont.

Les coupes **CC**, **DD**, **II** et **EE** montrent toute la construction des grands chevalets verticaux qui sont reliés à 5 mètres de hauteur par une traverse ou entretoise, dont la section est représentée par les coupes **FF** et **GG**.

On peut remarquer sur ces différentes figures la disposition des rivets, elle y est reproduite en détail. La même planche contient le détail de la suspension des poutres du tablier et des vis qui règlent la tension des chaînes, près du milieu de ces poutres. Les coupes **HH**, **II**, **JJ**, **MM**, **NN** et **LL** ne laissent aucune incertitude sur l'exécution de ces différentes parties du pont. A droite de la planche se trouve une élévation de l'extrémité du tube reposant sur la culée en maçonnerie; les coupes **QQ** et **SS** montrent l'articulation des chaînes à cette extrémité, ainsi que le support du tube qui repose sur des rouleaux pour faciliter la dilatation; l'autre extrémité est fixée sur la culée en fonte. Les extrémités des tubes sont terminées par des anneaux en fonte vus en élévation de face, en coupe transversale (coupe **RR**), et en coupe longitudinale (coupe **SS**).

L'extrémité de la poutre du tablier, qui repose sur la culée en maçonnerie, est également reproduite en élévation et en plan (coupe **TT**) avec la glissière à rouleaux et les attaches des pièces de pont.

PLANCHE XXV. — Cette planche contient les détails de la culée en fonte; ils comprennent : une coupe et une élévation longitudinales de cette culée, et une coupe transversale (coupe suivant **AB**). Ces deux figures indiquent le mode d'assemblage des différentes parties des culées, et comment elles sont fixées sur les colonnes des fondations; l'entablement en tôle, assemblé sur la partie supérieure de la culée, et les extrémités des tubes qu'il reçoit, sont également représentés en détail.

La coupe **CD** montre en plan la position relative de la culée et des colonnes des fondations. La solidarité de ces colonnes est obtenue au moyen d'entretoises, de croix de Saint-André et du plancher. Les extrémités des poutres du tablier, fixées ainsi que les tubes sur cette culée, y sont aussi représentées.

La portion de plan à droite montre une coupe horizontale de l'entablement avec l'indication des trous d'homme, et une coupe horizontale à la partie supérieure de la culée. Le plancher y est aussi figuré.

§ VIII. — PONT DE NEWARK.

(Pl. XXVI et XXVII.)

Ce pont, construit par M. J. Cubitt, sur la Trent, près de Newark, donne passage au chemin du Great Northern. Il se compose de deux ponts tout à fait semblables et indépendants l'un de l'autre; ils portent chacun une voie. Chaque pont se compose de deux poutres formées d'un tube horizontal en fonte à la partie supérieure, et à la partie inférieure d'une chaîne parallèle au tube. Le tube et la chaîne sont reliés par des bielles alternativement en fonte et en fer, et disposés symétriquement par rapport au milieu du pont. Les bielles forment, avec les parties du tube ou de chaînes comprises entre deux assemblages successifs, des triangles équilatéraux, au nombre de dix-huit.

Les poutres reposent, par leurs extrémités, sur de forts appuis triangulaires. Elles sont rendues solidaires par des entretoises et un contreventement supérieur et inférieur, et, à chaque entrée du pont, par un arceau en fonte qui réunit les appuis triangulaires.

Le plancher est formé de madriers reposant directement sur les chaînes.

Voici les données principales du pont :

Débouché.	$6^m,10$
Ouverture.	$29^m,72$
Longueur du pont.	$84^m.38$
Hauteur des poutres (de l'axe du tube à l'axe des chaînes).	$4^m,883$
Distance entre les poutres de chaque voie.	$4^m,623$
Id. *Id.* de rive.	$10^m,312$
Id. *Id.* de garde-corps.	$11^m,226$

Le pont de Newark est un spécimen intéressant des ponts latices, ce système y est appliqué d'une manière tout à fait élémentaire.

PLANCHE XXVI. — Cette planche contient une vue générale du pont en élévation, deux coupes transversales, et le plan. La moitié gauche du plan montre la disposition du contreventement supérieur, le plancher et la voie ; la partie de droite, le contreventement inférieur, la disposition des chaînes et le plan de la culée.

PLANCHE XXVII. — Cette planche renferme tous les détails d'exécution du pont. Une coupe verticale des poutres en fonte montre la variation de leur épaisseur de l'extrémité jusqu'au milieu. L'articulation des tubes avec les bielles y est vue moitié en coupe et moitié en élévation, ainsi que les trous des boulons qui soutiennent les chaînes au milieu de l'intervalle de deux articulations. La portion des tubes qui s'articule avec les bielles est encore reproduite dans cette planche, et la coupe **KL** indique la section du tube et sa bride d'assemblage. Les chaînes sont représentées en élévation et en plan, ainsi que leur articulation avec les bielles ; la même figure montre le contreventement inférieur. Le contreventement supérieur est également reproduit en détail ; les coupes **IJ** et **ST** montrent l'assemblage des entretoises avec les tubes et les diagonales du contreventement. Cette disposition est la même pour les parties supérieure et inférieure des poutres ; il en est de même pour l'assemblage des diagonales entre elles. Les différentes espèces de bielles en fonte sont reproduites, ainsi que la disposition spéciale des bielles du milieu. La symétrie oblige à en articuler deux au même point. Un seul spécimen de bielle en fer est donné. Les supports des poutres sont reproduits en élévation avec beaucoup de détails. Les coupes **CD**, **EF** et **CH** donnent à grande échelle la section et les assemblages des différentes parties de ces supports. Le garde-corps est en fonte. Il est vu en élévation. La coupe **OP** montre l'assemblage des différentes parties du garde-corps entre elles et avec la main-courante. Enfin, l'indication de l'assemblage du tablier avec les chaînes, et une coupe transversale de la voie, complètent les détails d'exécution de ce pont.

FIN DE L'EXPLICATION DES PLANCHES.

TABLE DES MATIÈRES

Résistance du fer à l'extension. — Limite d'élasticité à l'extension. — Coefficient d'élasticité à l'extension. — Résistance du fer à la compression. — Limite d'élasticité à la compression. — Coefficient d'élasticité à la compression.

Résistance de la fonte à l'extension. — Limite d'élasticité de la fonte à l'extension. — Résistance à la compression. — Limite d'élasticité à la compression. — Coefficient d'élasticité à la compression. — Coefficients de résistance pratique du fer et de la fonte à l'extension et à la compression.

Résistance du fer à la flexion. — Résistance de la fonte à la flexion. — Conclusion.

Théorie de la flexion des poutres droites.

Recherche géométrique des moments d'élasticité pour des sections composées d'éléments rectangulaires.

Recherche de la courbe des moments maximum. — Hypothèses sur la position des surcharges pour simplifier la méthode générale. — Détermination des sections de la poutre au moyen de la courbe des moments maximum. — Méthode de M. Bélanger. — Méthode de M. Clapeyron.

Simplifications apportées aux calculs précédents par ces propriétés. — Effort tranchant.

Calcul des flèches d'une poutre prismatique. — Calcul des flèches d'une poutre de hauteur variable. — Calcul des flèches d'une poutre de hauteur constante et d'épaisseur variable. — Calcul des flèches d'une poutre de hauteur constante, dont l'épaisseur varie en des points discontinus. — Calcul des flèches d'une poutre de hauteur et d'épaisseur variables.

Surcharge à considérer pour des ponts de 4 mètres d'ouverture environ. — Surcharge à considérer pour des ponts de 10 et 12 mètres environ. — Surcharge à considérer pour des ponts d'environ 15 mètres. — Surcharge à considérer pour des ponts de 30 à 50 mètres. — Surcharge à considérer pour des ponts de 60 mètres et au delà.

Poutres à $\mathbf{I}$, à double paroi verticale. — Poutres cellulaires. — Poutres à simple paroi. — Poutres latices. — Théorie des latices. — Poutres composées.

Diverses positions à donner aux voies.

Courbe d'équilibre statique. — Courbe d'équilibre dynamique. — Résultats principaux des expériences de la commission anglaise et appréciation de ces résultats. — Recherches théoriques de MM. Stokes et Willis. — Application aux essais des ponts des chemins de fer du Midi. Conclusion.

Calcul d'un arc dans l'hypothèse d'un poids uniformément réparti sur toute sa longueur. — Calcul d'un arc dans l'hypothèse d'un poids uniformément réparti sur une portion de sa longueur. — Valeur pratique des hypothèses qui servent de base aux calculs précédents. — Comparaison d'un arc et d'une poutre droite, placés dans les mêmes conditions, au point de vue du métal employé. — Formes des arcs, des tympans, etc. — Des culées.— De la dilatation des arcs.

Considérations générales.— Pont de Chepstow. — Pont de Saltash.

Principes sur lesquels doit être basée la construction d'un pont suspendu. — De la composition des tympans. — De la construction des chaînes. — Comparaison du bow-string et du pont suspendu rigide.

DEUXIEME PARTIE.

CONSTRUCTION.

Mode de résistance des rivets.— Résistance au cisaillement. — Tableaux d'expériences sur la résistance des rivets au cisaillement simple et double. — Résistance des rivets au glissement. — Tableaux d'expériences sur la résistance au glissement. — Des couvre-joints.—De la forme et des dimensions des couvre-joints.— Des têtes de rivets.

ponts encastrés de M. Clapeyron. — Valeur du moment d'encastrement qui donne la plus grande économie de métal. — Valeur du moment d'encastrement qui donne la plus grande économie de métal, lorsqu'on ne néglige pas le métal employé dans les retours d'équerre.

Formules générales.

Formules générales.

Historique du projet. — Application des formules générales des ponts à trois travées au calcul du pont de Langon. — Tableaux résumés des résultats principaux tirés de l'application des formules aux différentes hypothèses sur la surcharge. — Effort tranchant, détermination des parois verticales. — Distribution des tôles horizontales. — Détermination de la rivure aux cornières de jonction de la paroi verticale avec la table horizontale. — Calcul des pièces de pont. — Moment de renversement des piles dû à la dilatation des poutres.

Transport du pont. — Pont de service. — Chariot de service. — Levage du pont. — Mise en place des parois verticales, des parois horizontales supérieures, des pièces de pont, des nervures.

Formules générales. — Application des formules précédentes au calcul du pont de Britannia. — Tableaux résumés des résultats principaux tirés de l'application des formules aux différentes hypothèses sur la surcharge.

Formules générales. — Historique du projet du pont d'Asnières. — Application des formules précédentes au calcul du pont d'Asnières. — Tableaux résumés des résultats principaux tirés de l'application des formules aux différentes hypothèses de la surcharge. — Levage et montage du pont d'Asnières. — Levage des poutres de rive. — Levage des poutres intermédiaires. — Calcul du pont de Newark-Dyke.

 TABLE DES MATIÈRES.

CHAPITRE II. — DISCUSSION GÉNÉRALE DES DIFFÉRENTS SYSTÈMES DE PONTS ET
COMPARAISON DE LEURS AVANTAGES RESPECTIFS.......... 288

Ponts droits. Matériaux qu'on peut employer à leur construction. Ponts en bois.—
Emploi du fer et de la fonte. — Conditions imposées par la fabrication des poutres
en fonte. — Ponts en fonte du chemin de fer d'Auteuil. — Comparaison approximative des prix d'ouvrages en fonte et en fer. — Du rapport à adopter entre les sections supérieure et inférieure d'une poutre en fonte.—Ponts droits en tôle.—Avantages présentés par les ponts à poutres droites. — Avantages et inconvénients des
ponts en arc. — Ponts en arc à plusieurs arches. — Action de la variation des surcharges sur les piles. Action de la dilatation. — Bow-strings. Emploi de ces
ponts pour une ou plusieurs travées. — Ponts suspendus. Comparaison de ce système avec les bow-strings. — Emploi des ponts suspendus pour une ou plusieurs
arches. — Ponts en pierre.

RÉSUMÉ. — Détermination des dispositions particulières du pont. — Ponts en arc. —
Bow-strings et ponts suspendus. — Ponts droits. — Position des poutres par rapport
aux voies. — Ponts à poutres sous les voies. — Ponts à deux poutres en garde-corps.
— Ponts à trois poutres en garde-corps. —Position des voies dans les ponts à poutres
en garde-corps. — Ponts-tubes. —Tableau analytique et comparatif de poids des différents types de ponts en tôle.

EXPLICATION DES PLANCHES.

FIN DE LA TABLE DES MATIÈRES.

TYPOGRAPHIE HENNUYER, RUE DU BOULEVARD, 7. BATIGNOLLES.
Boulevard extérieur de Paris.

ERRATA.

Page 21. ligne 10. — Ἐνδω, *lisez* Σνδω.

Id. 21. — En évaluant v, *lisez* v et $\delta\omega$.

35 12. — Intégrons deux fois, *lisez* une fois.

38 3. — $Q = Q.^{m-1} + \dfrac{px^2}{2} - \left(\dfrac{p^m l}{2} + \dfrac{Q_o{}^{m-1} - Q_o{}^m}{l}\right)x$, *lisez :*

$$Q = Q_o{}^{m-1} + \frac{p^m x^2}{2} - \left(\frac{p^m l^m}{2} + \frac{Q_o{}^{m-1} - Q_o{}^m}{l^m}\right)x.$$

40 13. — $\dfrac{pl_2}{2}$, *lisez* $\dfrac{pl^2}{2}$.

15. — $\dfrac{px'_2}{2}$, *lisez* $\dfrac{px'^2}{2}$.

47 3, de la note, $\dfrac{EI}{\rho} = EMF$, *lisez* $\dfrac{EI}{\rho} = \Sigma MF$.

49 6. — H, I, *lisez* HI.

59 Renvoi, voir chap. VIII, *lisez* chap. I, 3ᵉ partie.

60 21. — Poutres à T, *lisez* à $\top$.

64 30. — Au Hanovre, *lisez* en Hanovre.

69 Renvoi, maintenir le poids P en b, *ajoutez* et d (*fig.* 36).

79 Equation (2), *ajoutez* au second membre $+$ const.

80 32. — Statistique, *lisez* statique.

89 8. — $GI = \dfrac{x}{2}\cos\alpha$, *lisez* $GI = \dfrac{x}{2\cos\alpha}$.

104 9. — Croisillons de bow-string, *lisez* du.

122 1. — Erreurs résultat, *lisez* résultant.

128 10. — Le nombre de, *lisez* la section des.

152 23. — Laminoir est, *lisez* laminoir qui est.

173 2. — Chap. Iᵉʳ, page 124, *lisez* chap. Iᵉʳ, page 134.

191 1. — Forme, *lisez* ferme.

194 29. — Medway, *lisez* Midway.

215 2. — LK $+$ HI, *lisez* LK $-$ HI.

220 3. — $\dfrac{2}{8}q''_{l}l^{l}$, *lisez* $\dfrac{2}{8}q''_{l}l''^2$.

221 7. — *Ajoutez* au second membre de l'équation $+ Q'$.

Page 224, ligne 14. — Page 48, *lisez* 38.

229   11. — $\dfrac{p'l}{2} \quad \dfrac{Q'_o}{l'}$, *lisez* $\dfrac{p'l}{2} - \dfrac{Q'_o}{l'}$.

245   23. — Répétée, *lisez* repérée.

257   14. — $= m_2 \dfrac{144}{74}$, *lisez* $m_3 = \dfrac{144}{74}$.

Id.   22. — 3000 kil., *lisez* 4000 kil.

258   3. — *Ajoutez*, pour compléter les formules générales :

$$Q'''_o = \frac{2}{8} q''', l'''^2.$$

Id.   14. — L'historique du, *lisez* l'historique de ce.

260   3. — $p'' = p''' = 11500$, *lisez* $p'' = p''' = 11300$.

Id.   2 du tableau, $A'_2 = 778665$, *lisez* $A'_2 = 765132$.

265   5. — α'_o, *lisez* α''_o.

269   8. — $4^m,04$, *lisez* $4^m,08$.

272   19. — *Ajoutez*, pour compléter les formules générales :

$$Q'''_o = \frac{2}{8} q''', l'^2 \text{ et } Q^{iv}_o = \frac{2}{8} q^{iv}, l'^2.$$

274   Tableau, $A'_2 = 83904$, *lisez* 85904.

285   12. — Les points, *lisez* les poids.

319   25. — Longueur des travées extrêmes $64^m,08$, *lisez* $62^m,83$.

321   33. — Verticale des, *lisez* verticale et des.

323   18. — Sont deux, *lisez* sont, dans les intervalles, deux.